概率统计与建模

（第四版）

主　编　李俊林
副主编　夏桂梅

科学出版社
北京

内 容 简 介

本书是在 2020 年出版的第三版的基础上修订而成. 本书共 10 章, 内容包括随机事件与概率、随机变量及其分布、多维随机变量及其分布、随机变量的数字特征、大数定律与中心极限定理、数理统计的基本概念、参数估计、假设检验、方差分析和回归分析、Python 在概率论与数理统计中的应用等. 为培养学生建模的兴趣, 本书在第 1—9 章每章中介绍了一些与概率统计相关的数学建模, 希望可以增强学生对数学建模的认识和运用. 每章后还附有习题, 帮助读者深入理解课程内容. 此外, 本书还通过二维码链接知识点视频、数学家介绍、线上测试题以及习题答案, 供读者学习参考.

本书可作为高等工科院校各专业概率论与数理统计课程的教材, 也可作为各类成人教育同类专业的教科书, 还可以作为工程技术人员的参考书.

图书在版编目 (CIP) 数据

概率统计与建模 / 李俊林主编. -- 4 版. -- 北京：科学出版社, 2025. 6. -- ISBN 978-7-03-080780-9

Ⅰ. O21; O141.4

中国国家版本馆 CIP 数据核字第 2024KV1027 号

责任编辑：王 静 李香叶 / 责任校对：杨聪敏
责任印制：师艳茹 / 封面设计：陈 敬

科学出版社 出版
北京东黄城根北街 16 号
邮政编码：100717
http://www.sciencep.com

北京天宇星印刷厂印刷
科学出版社发行 各地新华书店经销

*

2010 年 8 月第 一 版 开本：720×1000 1/16
2015 年 8 月第 二 版 印张：17
2020 年 8 月第 三 版 字数：343 000
2025 年 6 月第 四 版 2025 年 6 月第八次印刷

定价：59.00 元
（如有印装质量问题, 我社负责调换）

前　言

概率论与数理统计作为高等学校的公共基础课程，其概念与理论往往使学生感到理解困难，这给教师授课增加了难度. 为此，我们总结多年教学实践经验，于 2002 年编写了讲义，供本校学生使用. 2005 年讲义正式出版. 考虑到硕士研究生教育的快速发展，以及本科生学习的多层次需要，同时考虑到概率论与数理统计这门课程与实际应用联系密切，且在数学建模中有着广泛应用，我们于 2007 年着手修订讲义，并于 2010 年正式在科学出版社出版《概率统计与建模》. 在使用过程中，感谢各位老师所提出的宝贵意见，敦促编者们在教材的修订过程中努力创新、不断完善，分别于 2015 年出版《概率统计与建模》（第二版）、2020 年出版《概率统计与建模》（第三版）. 本次修订，增加了第 10 章的内容，并对第三版中的课后习题部分进行了全面更新. 在题型上，增加了选择题与填空题；在内容上，采取循序渐进、逐步提高的方式编写. 每章的习题分为 A、B 两部分，其中 A 部分的习题为基础类的综合题，供学生课后练习；B 部分的习题大多选自历年的考研试题，综合性更强，为提高类的综合题，供学有余力的学生练习. 教材中所介绍的与概率论与数理统计相关的数学模型，对初步培养大学生数学建模的兴趣、增强对数学建模的基本认识和运用，起到了很明显的教学效果. 同时，为了培养学生的数学素养和对本课程的兴趣，我们在章后通过二维码链接了相关数学家介绍，希望学生可以更好地理解与本课程相关的数学背景知识. 此外，二维码还链接了知识点视频、线上测试题以及习题答案，供读者学习参考.

本书共 10 章，内容包括随机事件与概率、随机变量及其分布、多维随机变量及其分布、随机变量的数字特征、大数定律与中心极限定理、数理统计的基本概念、参数估计、假设检验、方差分析和回归分析、Python 在概率论与数理统计中的应用等. 讲授全书约需 48 学时（带 * 部分仅供参考，不包括在内），不同院校、不同专业根据具体要求灵活安排内容和学时，合理组织教学.

本书由李俊林担任主编，负责全书的体系安排，组织编写以及审稿、定稿工作. 第 1 章由夏桂梅编写，第 2 章、第 5 章由麻晓波编写，第 3 章、第 4 章由崔学英编写，第 6 章、第 10 章由高廷凯编写，第 7 章、第 8 章由杨栋辉编写，第 9 章由张红燕编写.

本书可作为高等工科院校各专业概率论与数理统计课程的通用教材，也可作为各类成人教育同类专业的教科书，还可作为工程技术人员和相关建模人员的参考书.

本书在编写过程中得到了科学出版社、太原科技大学应用科学学院数学系的大力支持，编者在此向他们表示衷心的感谢！

由于作者水平有限，书中难免存在不足之处，恳请读者批评指正.

编　者

2025 年 6 月

目　　录

前言

第1章　随机事件与概率 ·· 1
    1.1　随机事件及其运算 ·· 1
    1.2　概率的直观意义及其运算 ·· 7
    1.3　概率的公理化定义及其性质 ·· 12
    1.4　条件概率与全概率公式 ·· 15
    1.5　事件的独立性 ·· 20
  *1.6　初等概率模型 ·· 25
    习题1 ·· 31

第2章　随机变量及其分布 ··· 34
    2.1　随机变量与分布函数的概念 ·· 34
    2.2　离散型随机变量 ·· 37
    2.3　连续型随机变量 ·· 44
    2.4　随机变量函数的分布 ··· 52
  *2.5　泊松流与排队论 ·· 56
    习题2 ·· 62

第3章　多维随机变量及其分布 ·· 67
    3.1　多维随机变量的概念 ··· 67
    3.2　二维离散型随机变量 ··· 69
    3.3　二维连续型随机变量 ··· 76
    3.4　二维随机变量函数的分布 ·· 83
  *3.5　保险理赔总量模型 ··· 88
    习题3 ·· 90

第4章　随机变量的数字特征 ··· 97
    4.1　数学期望 ·· 97
    4.2　方差 ··· 102
    4.3　协方差及相关系数 ·· 106
  *4.4　风险决策 ··· 112
    习题4 ··· 119

第 5 章 大数定律与中心极限定理 123
- 5.1 大数定律 123
- 5.2 中心极限定理 128
- *5.3 高尔顿钉板试验 132
- 习题 5 135

第 6 章 数理统计的基本概念 138
- 6.1 总体与样本 138
- 6.2 统计量 140
- 6.3 抽样分布 143
- *6.4 随机模拟 150
- 习题 6 156

第 7 章 参数估计 160
- 7.1 点估计方法 160
- 7.2 估计量的评选标准 166
- 7.3 区间估计 170
- *7.4 敏感问题的调查 182
- 习题 7 184

第 8 章 假设检验 188
- 8.1 假设检验的基本概念 188
- 8.2 正态总体均值的检验 191
- 8.3 正态总体方差的检验 196
- *8.4 关于一般总体数学期望的假设检验 201
- *8.5 非参数 χ^2 检验 203
- *8.6 子样容量的确定 207
- 习题 8 210

第 9 章 方差分析和回归分析 213
- 9.1 方差分析 213
- 9.2 回归分析 219
- *9.3 统计模型 232
- 习题 9 235

第 10 章 Python 在概率论与数理统计中的应用 238
- 10.1 随机变量的概率计算 238
- 10.2 随机变量数字特征计算 238
- 10.3 参数估计 238
- 10.4 假设检验 241
- 10.5 一元线性回归 244

习题 10 ··· 247
参考文献 ·· 248
附录 A　常用概率统计表 ··· 249
　　附表 1　泊松分布表 ··· 249
　　附表 2　标准正态分布表 ··· 251
　　附表 3　χ^2 分布表 ··· 252
　　附表 4　t 分布表 ·· 254
　　附表 5　F 分布表 ··· 255
附录 B　习题答案 ·· 262

第 1 章　随机事件与概率

在自然界与人类的社会活动中常常会出现各种各样的现象,归纳起来可分为两种现象:确定性的和随机性的. 在确定的试验条件下必然会发生的现象称为**确定性现象**. 经典的数学理论,如微积分、微分方程等,是研究确定性现象的有力工具. 另一类现象则不然,在一定条件下,可能发生,也可能不发生,具有不确定性,我们将这类现象称为**随机现象**. 例如,将一枚硬币向上抛,着地时究竟正面向上还是反面向上,这在上抛前是无法断言的. 又如,从含有不合格品的一批某种产品中任意抽一件检查,其检查结果可能是合格品也可能是不合格品,这在抽取之前无法准确地预言,但是,经过长期实践,人们知道,多次重复上抛同一枚硬币出现正面向上与反面向上的次数差不多各占一半. 当从含有不合格品的一批产品中重复抽样时,抽到合格品的次数与抽取总次数之比呈现出某种稳定性. 在个别试验中呈现不确定的结果,在大量重复试验中结果却呈现出某种规律性,这种规律性称为**统计规律性**. 概率论与数理统计就是现代数学理论中研究随机现象统计规律性的一门基础学科,分为概率论与数理统计两部分. 它与经典数学是相辅相成、相互渗透的. 例如,弹道曲线可归结为微分方程问题,而实际中还需要用概率统计的方法将捉摸不定的空气阻力、弹性振动等因素加以考虑,分析炮弹飞行路线不确定性的规律. 本章介绍概率论中的基本概念——样本空间、随机事件及其概率,并进一步讨论随机事件的关系与运算,以及概率的性质与计算方法.

1.1　随机事件及其运算

为研究随机现象的统计规律性作准备,本节介绍随机试验、样本空间、随机事件及事件间的关系与运算.

1.1.1　随机试验

通常,把对自然现象的观察或进行一次试验,统称为一个**试验**. 如果这个试验在相同的条件下可以重复进行,而且每次试验的结果事先无法预料,我们就称它为一个**随机试验**,并用字母 E 或 E_1,E_2 等表示. 下面给出一些随机试验的例子.

随机试验与样本空间

试验 E_1：掷一枚均匀的硬币，观察正面 H、反面 T 出现的情况.

试验 E_2：掷一枚骰子，观察出现的点数.

试验 E_3：记录某电话交换台在 8:00～8:10 内接收到的呼唤次数.

试验 E_4：从一批灯泡中，任取一只，测试它的使用寿命.

上面所举的四个试验例子，尽管内容各异，但它们有着共同的特点：

1° 可以在相同的条件下重复进行；

2° 每次试验的可能结果不止一个，并且事前能明确试验的所有可能结果；

3° 进行一次试验之前不能确定哪一个结果出现，但每次试验总是出现所有可能结果中的一个.

我们把这三个特点称为随机试验的三条特性. 以下所提到的试验都是指具有上述特性的随机试验.

1.1.2 样本空间

要研究一个随机试验 E，不仅要弄清楚这个试验所有可能的结果，还要了解其含义，而每一个可能的结果的含义是指试验后所观察（测）到的最简单的直接结果，它不包含其余的任何一个可能的结果. 我们把试验后所观察（测）到的这种最简单的每一个直接结果称为该试验的一个**基本事件**. 全体基本事件所构成的集合称为随机试验的**样本空间**. 样本空间通常用字母 Ω 表示，为了区别不同试验的样本空间，也可以用 Ω_1, Ω_2 等表示. Ω 中的元素即基本事件，也称为**样本点**，常用字母 ω 表示，必要时也可以用 ω_1, ω_2 等表示不同的样本点.

下面是本节四个例题中试验的样本空间.

试验 E_1 的样本空间 $\Omega_1 = \{H, T\}$.

试验 E_2 的样本空间 $\Omega_2 = \{1, 2, 3, 4, 5, 6\}$.

试验 E_3 的样本空间 $\Omega_3 = \{0, 1, 2, 3, \cdots\}$.

试验 E_4 的样本空间 $\Omega_4 = \{t | t \geq 0\}$，其中 t 为灯泡的寿命. 但应当注意的是，样本空间的元素取决于试验的目的. 若在 E_4 中只考虑取得的灯泡的优劣，则 E_4 的样本空间 $\Omega_4 = \{$优质品，合格品，次品$\}$.

由此可见，样本空间可以是数集，也可以不是数集；样本空间可以是有限集，也可以是无限集.

1.1.3 随机事件

当研究随机试验时，人们通常关心的不仅是某个样本点在试验后是否出现，而更关心的是满足某些条件的样本点在试验后是否出现. 例如，在 E_4 中，测试灯泡的使用寿命以确定该批灯泡的质量. 若假定使用寿命超过 1000 小时为合格品，则人们关心的是试验结果是否大于 1000 小时. 满足这个条件的样本点组成了样本空间的子集. 我们把样本空间的子集称为**随机事件**,简称**事件**. 事件通常用大写字母 A,B,C 等表示,也可以用语言描述加花括号来表示. 例如,在 E_3 中,{呼唤次数不超过 5 次}. 显然,基本事件就是仅含一个样本点的随机事件,一个样本空间可以有许多随机事件.

随机试验中,若组成随机事件 A 的某个样本点出现,则称**事件 A 发生**,否则称**事件 A 不发生**. 如 E_2 中,若用 A 表示{出现奇数点},即{1,3,5},它是 Ω_2 的子集,是一个随机事件,它在一次试验中可能发生,也可能不发生,当且仅当掷出的点数是 1,3,5 中的任何一个时,则称事件 A 发生. 同样地,若用 B 表示{出现偶数点},即{2,4,6},它是 Ω_2 的子集,也是一个随机事件.

由于样本空间 Ω 是其本身的一个子集,因而也是一个随机事件. 又因为样本空间 Ω 包含所有的样本点,所以每次试验必定有 Ω 中的一个样本点出现,即 Ω 必然发生,因而称 Ω 为**必然事件**. 又因为空集 $\varnothing$ 总是样本空间 Ω 的一个子集,所以 $\varnothing$ 也是一个随机事件. 由于 $\varnothing$ 不包含任何一个样本点,故每次试验 $\varnothing$ 必定不发生,因此 $\varnothing$ 称为**不可能事件**.

必然事件与不可能事件已无随机性可言,在概率论中,为讨论方便,仍把 Ω 与 $\varnothing$ 当成两个特殊的随机事件.

1.1.4 事件间的关系与运算

在一个样本空间中,可以有许多随机事件. 我们希望通过对较简单的事件的了解去掌握较复杂的事件. 为此,需要研究事件之间的关系与事件之间的运算. 由于事件是一个集合,因此事件之间的关系与运算应该按照集合论中集合之间的关系与运算来规定.

给定一个随机试验 E, Ω 是它的样本空间,事件 A,B,C 与 $A_i(i=1,2,\cdots)$ 都是 Ω 的子集.

1. 包含关系

若事件 A 的发生必导致事件 B 的发生,则称事件 B **包含**事件 A,记作 $A \subset B$ (或 $B \supset A$). 图 1-1 给出了包含关系的一个直观的几何解释.

例如,在试验 E_4 中,$A=${灯泡使用寿命不超过 200 小时},$B=${灯泡使用寿命不超过 300 小时},则 $A \subset B$.

2. 相等关系

两个事件 A 与 B,若 $A \subset B$ 与 $B \subset A$ 同时成立,

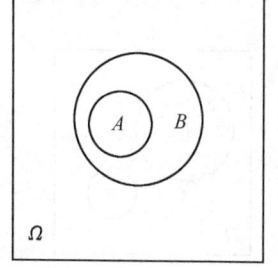

图 1-1

则称 A 与 B **相等**或**等价**，记为 $A=B$.

3. 和（或并）事件

两个事件 A,B 中至少有一个发生的事件，称为 A 与 B 的**和（或并）**事件，记为 $A\cup B$. 图 1-2 给出了这种运算的一个几何表示（阴影部分）.

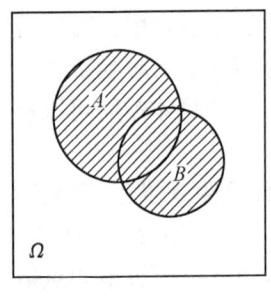

图 1-2

例如，在某班级中，事件 $A=\{$订阅语文报的学生$\}$，事件 $B=\{$订阅数学报的学生$\}$，则和事件 $A\cup B=\{$订阅语文报或数学报的学生$\}$.

两个事件和的概念还可以推广到有限个和可列个事件的情形，也就是说 $\bigcup\limits_{k=1}^{n}A_k=A_1\cup A_2\cup\cdots\cup A_n$ 表示事件 $A_1,A_2,\cdots,A_n$ 中至少有一个发生的事件. $\bigcup\limits_{k=1}^{\infty}A_k=A_1\cup A_2\cup\cdots$ 表示事件 $A_1,A_2,\cdots$ 中至少有一个发生的事件.

例如，某人进行射击，直到击中目标为止. 若 $A=\{$击中$\}$，$A_k=\{$射击到第 k 次才击中$\}$，显然有 $A=\bigcup\limits_{k=1}^{\infty}A_k$.

4. 积（或交）事件

两个事件 A 与 B 同时发生的事件，称为 A 与 B 的**积（或交）**事件，记为 $A\cap B$ 或 AB，其几何表示如图 1-3 所示（阴影部分）.

例如，记事件 $A=\{$订阅语文报的学生$\}$，$B=\{$订阅数学报的学生$\}$，则 $A\cap B=\{$同时订阅语文报和数学报的学生$\}$.

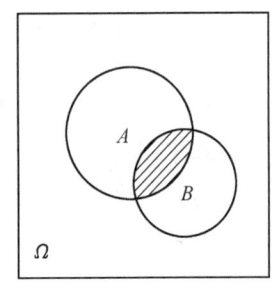

图 1-3

类似地，两个事件积的概念也可以推广到有限个和可列个事件的情形. 我们用 $\bigcap\limits_{k=1}^{n}A_k$ 表示 n 个事件 $A_1,A_2,\cdots,A_n$ 的积事件；用 $\bigcap\limits_{k=1}^{\infty}A_k$ 表示可列个事件 $A_1,A_2,\cdots$ 的积事件.

5. 互斥（互不相容）事件

如果事件 A 与 B 不能同时发生，即 $AB=\varnothing$，则称 A,B 为**互斥事件**或**互不相容事件**. 其几何表示如图 1-4 所示.

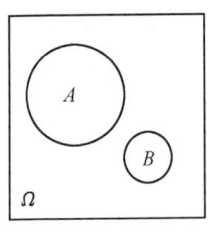

图 1-4

例如，在试验 E_2 中，若 $A_k=\{$出现 k 点$\}$ $(k=1,2,\cdots,6)$，显然有 $A_iA_j=\varnothing(i\neq j)$，称 $A_1,A_2,\cdots,A_6$ **两两互斥**.

6. 逆(对立)事件

如果事件 A 与 B 必有一个发生,但不能同时发生,即关系式 $A \cap B = \varnothing$ 与 $A \cup B = \Omega$ 同时成立,则称事件 B 是事件 A 的**逆事件**或**对立事件**,记为 $\overline{A} = B$. 同理 $\overline{B} = A$,其几何表示如图 1-5 所示.

例如,在试验 E_1 中,若 $A = \{$出现正面$\}$,则 $\overline{A} = \{$出现反面$\}$.

7. 差事件

事件 A 发生而事件 B 不发生的事件,称作 A 与 B 的**差**,记为 $A - B$,其几何表示如图 1-6 所示(阴影部分),并注意到 $A - B = A - AB = A\overline{B}$.

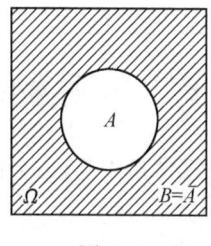
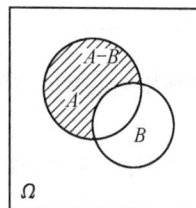
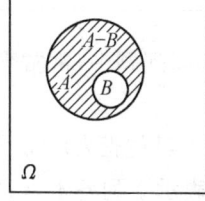

图 1-5 　　　　　图 1-6

由于事件的关系与运算和集合论中的关系与运算可以完全对照起来,是一致的,所以事件之间的运算满足下列性质:

$1°\ A \subset A, A \cup A = A, A \cap A = A$;
$2°\ A \subset B, B \subset C$,则 $A \subset C$(传递性);
$3°\ A \cup B = B \cup A, A \cap B = B \cap A$(交换律);
$4°\ (A \cup B) \cup C = A \cup (B \cup C), (A \cap B) \cap C = A \cap (B \cap C)$(结合律);
$5°\ (A \cup B) \cap C = (A \cap C) \cup (B \cap C), (A \cap B) \cup C = (A \cup C) \cap (B \cup C)$(分配律);
$6°\ A - B = A \cap \overline{B}$;
$7°\ \overline{A \cup B} = \overline{A} \cap \overline{B}, \overline{A \cap B} = \overline{A} \cup \overline{B}$;
$8°\ \varnothing \subset A \subset \Omega, A \cap B \subset A \cup B, A \cap B \subset B \subset A \cup B$.

性质 $7°$ 可推广如下:
$$\overline{A_1 \cup A_2 \cup \cdots \cup A_n} = \overline{A_1} \cap \overline{A_2} \cap \cdots \cap \overline{A_n},$$
$$\overline{A_1 \cap A_2 \cap \cdots \cap A_n} = \overline{A_1} \cup \overline{A_2} \cup \cdots \cup \overline{A_n}.$$

常把上述公式称为**对偶公式**或**德摩根公式**.

现将集合论中的术语与概率论中的术语对照列表,如表 1-1 所示.

表 1-1

符号	概率论	集合论
Ω	样本空间,必然事件	全集
$\varnothing$	不可能事件	空集
$\omega \in \Omega$	基本事件	Ω 中的点(或称元素)
$A \subset \Omega$	事件 A	Ω 的子集 A
$A \subset B$	事件 B 包含事件 A	A 是 B 的子集
$A = B$	事件 A 与事件 B 相等(或等价)	集合 A 与 B 相等(或等价)
$A \cup B$	事件 A 与 B 至少有一个发生	集合 A 与 B 的并集
$A \cap B$	事件 A 与 B 同时发生	集合 A 与 B 的交集
$\bar{A}$	事件 A 的对立事件	集合 A 的余集(或补集)
$A - B$	事件 A 发生但事件 B 不发生	集合 A 与 B 的差集
$A \cap B = \varnothing$	事件 A 与 B 互斥	集合 A 与 B 无公共元素

在具体问题中,常常需要利用给定的一些事件,通过它们的运算,表示出另外一些事件.

例 1 某位工人加工了三个零件,$A_i = \{$加工的第 i 个零件是正品$\}$($i=1,2,3$),试用 A_i 表示下列各事件:

(1) $A = \{$只有第一个零件是正品$\}$;

(2) $B = \{$只有一个零件是正品$\}$;

(3) $C = \{$至少有一个零件是正品$\}$;

(4) $D = \{$正品零件不多于一个$\}$.

解 (1) A 发生,意味着第二、第三个零件是次品,即 A_1 发生,并且 $\bar{A}_2$ 与 $\bar{A}_3$ 同时发生,所以 $A = A_1 \bar{A}_2 \bar{A}_3$.

(2) B 发生,并不指定哪一个是正品.三个事件$\{$只有第 i 个零件是正品$\}$($i=1,2,3$)中任意一个发生,都意味着事件 B 发生,所以 $B = A_1 \bar{A}_2 \bar{A}_3 \cup \bar{A}_1 A_2 \bar{A}_3 \cup \bar{A}_1 \bar{A}_2 A_3$.

(3) C 发生,就是指$\{$第一、二、三个零件中至少有一个是正品$\}$发生,所以 $C = A_1 \cup A_2 \cup A_3$.

(4) D 发生,意味着三个零件中至多有一个正品,所以 $D = \bar{A}_1 \bar{A}_2 \bar{A}_3 \cup A_1 \bar{A}_2 \bar{A}_3 \cup \bar{A}_1 A_2 \bar{A}_3 \cup \bar{A}_1 \bar{A}_2 A_3$.

例 2 电路如图 1-7 所示,令 $A_i = \{$第 i 个接点开关闭合$\}$($i=1,2,3,4$),试用 A_i 表示事件 $B = \{L, R$ 是通路$\}$;$C = \{L, R$ 是断路$\}$.

解 B 发生,只要三个事件$\{1$ 闭合$\}$,$\{2,3$ 同时闭合$\}$或$\{4$ 闭合$\}$中的任何一个发生即可,所以

$$B = A_1 \cup A_2 A_3 \cup A_4.$$

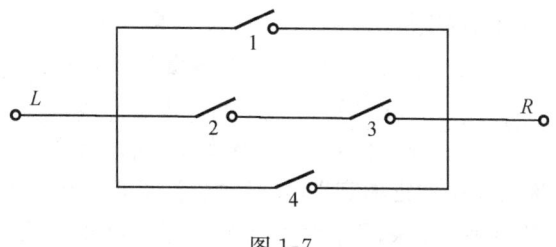

图 1-7

C 发生就是指"L,R 是断路",所以

$$C = \overline{B} = \overline{A_1 \cup A_2 A_3 \cup A_4} = \overline{A_1}(\overline{A_2 A_3})\overline{A_4}$$
$$= \overline{A_1}(\overline{A_2} \cup \overline{A_3})\overline{A_4} = \overline{A_1}\,\overline{A_2}\,\overline{A_4} \cup \overline{A_1}\,\overline{A_3}\,\overline{A_4}.$$

1.2 概率的直观意义及其运算

对于随机事件在一次试验中是否发生,我们不能事先预知,但是在大量重复试验中,人们可以发现它具有内在的规律性.这种规律性最明显的表现就是事件在试验中发生的可能性有大小之分,这就是人们常说的做某件事有百分之几的成功把握,或某种现象发生的可能为百分之几等.对于事件发生可能性的大小,自然需要用一个数量指标去刻画它.这个指标,首先应该是随机事件本身所具有的属性,不能带有主观性,且能在大量重复试验中得到验证;其次必须符合常理.例如,事件发生可能性大的就赋予它较大的值;反之,就赋予它较小的值.

我们把刻画事件发生可能性大小的数量指标叫做事件的**概率**.事件 A 的概率用 $P(A)$ 表示,且规定 $0 \leqslant P(A) \leqslant 1$.而如何计算概率?恰恰是本章以下内容讨论的主题.本节首先提出在一些简单情形下如何合理确定概率,即古典概率定义和几何概率定义,然后从随机事件的频率出发,给出概率的统计定义.

1.2.1 古典概率

古典概率

现在我们来讨论一类简单的随机试验,其特征是

1° 样本空间只有有限个基本事件 $\omega_1, \omega_2, \cdots, \omega_n$(有限性);

2° 各基本事件发生的可能性相等(等可能性).

我们把这类试验称为**古典概型**.由于它是概率论发展初期的主要研究对象,时间久远,故称为古典概型.

例如,在一盒子中装有大小、形状一样、编号依次为 $1, 2, \cdots, n$ 的 n 个球,从中任取一球,$\omega_i = \{$取得编号为 i 的球$\}$($i = 1, 2, \cdots, n$),则 $\Omega = \{\omega_1, \omega_2, \cdots, \omega_n\}$.由于取球是任意的,所以各基本事件发生的可能性相等.因此,这个问题属于古典概型.

定义 1.2.1 设样本空间 $\Omega=\{\omega_1,\omega_2,\cdots,\omega_n\}$,事件 $A=\{\omega_{k_1},\omega_{k_2},\cdots,\omega_{k_m}\}$,其中 $k_1,k_2,\cdots,k_m$ 为 $1,2,\cdots,n$ 中某 m 个不同的数,则事件 A 的概率为

$$P(A)=\frac{m(A\text{ 中所包含的基本事件数})}{n(\text{样本空间中基本事件的总数})}. \qquad (1.2.1)$$

概率的这种定义,称为概率的**古典定义**,用这种方法算得的概率称为**古典概率**.

例 1 从一副扑克牌(52 张,不含大小王)中,任意抽出 4 张,求抽得 2 张红桃和 2 张黑桃的概率.

解 设事件 $A=\{$任意抽出 4 张,有 2 张红桃和 2 张黑桃$\}$,因为样本空间的基本事件总数 $n=C_{52}^4$,而事件 A 中所含的基本事件数 $m=C_{13}^2 C_{13}^2$,故有

$$P(A)=\frac{C_{13}^2 C_{13}^2}{C_{52}^4}=0.0225.$$

例 2 一批产品共有 100 件,其中有 3 件次品,其余都是正品. 现按下述两种方式,随机地取出两件产品:

(1) 有放回抽样,即第一次任取一件产品,测试后放回原来的产品中,第二次再从中任取一件产品;

(2) 无放回抽样,即第一次任取一件产品,测试后不再放回原来的产品中,第二次再从第一次取出后所余的产品中任取一件产品.

试就上述两种情况,分别求取出的两件中恰有一件次品的概率各是多少.

解 设 $A=\{$取出的两件中恰有一件次品$\}$.

(1) 按此方式,第一次任取一件产品,测试后要放回原批中,因而第一次、第二次任意抽取一件产品时,都有 100 种不同的选取方法,由乘法原理可知,共有 100^2 种不同的取法,而每种取法都对应着一个样本点,故在该方式下,试验的样本点总数为 $n=100^2$. 而事件 A 包含的样本点数 $m=C_3^1 C_{97}^1 + C_{97}^1 C_3^1$,从而

$$P(A)=\frac{C_3^1 C_{97}^1 + C_{97}^1 C_3^1}{100^2}=0.0582.$$

(2) 按这种方式,由于第一次取出的产品测试后不再放回原批中,故第一次有 100 件产品可供选取,而第二次只能从原批中余下的 99 件任选一件,按此方式取出两件产品共有 $100\times 99 = A_{100}^2$ 种不同取法,相应的样本点总数为 $n=A_{100}^2$,而此时事件 A 包含的样本点数仍为 $m=C_3^1 C_{97}^1 + C_{97}^1 C_3^1$,故

$$P(A)=\frac{C_3^1 C_{97}^1 + C_{97}^1 C_3^1}{A_{100}^2}=0.0588.$$

在抽样问题中,无放回抽样亦可看作一次任取若干个样品. 因此,例 2 中方式 (2) 的试验可以看作"一次随机抽取出两件产品"的试验,其样本空间也相应地改变,而样本点总数应由组合公式计算,即 $n=C_{100}^2$,事件 A 所包含的样本点也按相应的方法计算,即 $m=C_3^1 C_{97}^1$,故

$$P(A) = \frac{C_3^1 C_{97}^1}{C_{100}^2} = 0.0588.$$

由此可见,对同一问题,若解决问题的思路不同,所对应的试验也不同,则样本空间的"设计"与样本点的计数法也不同,但所求的概率应该是相同的.

在例 2 中(1),(2)两种抽样下,我们看到尽管所求事件的概率数值不同,但差别不大. 这是由于产品总数较大而抽查的产品数量又较小. 因此,在一些实际问题中,当产品批量很大,而抽查的产品数量又很小时,人们通常把无放回抽样当成有放回抽样处理,使问题得到简化.

1.2.2 几何概率

古典概率的定义要求试验满足有限性和等可能性,但是很多随机试验并不满足有限性这一条件. 请看下面几个简单的例子.

某十字路口自动交通信号灯的红绿灯周期为 60s,其中由南至北方向红灯时间为 15s. 试求随机到达(由南至北)该路口的一辆汽车恰遇红灯的概率.

一片面积为 S 的树林中有一块面积为 S_0 的空地,一架飞机随机地向这片树林空投一个包裹,假定包裹不会投出这片树林之外. 试求包裹落在空地上的概率.

已知在 10mL 自来水中有 1 个大肠杆菌. 今从中随机地取出 3mL 自来水放在显微镜下观察. 试求发现大肠杆菌的概率.

在上述问题中,样本空间 Ω 分别是一维有限区间、二维、三维有界区域,它们通常用长度、面积、体积来度量大小. 另外它们都含有无穷多个样本点,并且各样本点还是等可能出现的. 这里"等可能性"的确切含义是:当 A 是样本空间的一个子集时,$P(A)$ 与 A 的位置、形状无关,而只与 A 的长度、面积或体积成正比. 此时不能用古典概率计算.

定义 1.2.2 设样本空间 Ω 是某个有限区域(可以是一维、二维、三维),每个样本点等可能地出现,当事件 A 是样本空间的一个子集时,事件 A 的概率为

$$P(A) = \frac{m(A)}{m(\Omega)}, \tag{1.2.2}$$

这里 $m(\cdot)$ 在一维的情形下表示长度,在二维的情形下表示面积,在三维的情形下表示体积. 概率的这种定义,称为**概率的几何定义**. 用这种方法得到的概率称为**几何概率**.

上面的例子,由定义 1.2.2 易得,概率分别为 $\frac{15}{60}, \frac{S_0}{S}, \frac{3}{10}$.

例 3 在一个陀螺的圆周上均匀地刻上区间 $[0,4)$ 上的数字,在平整光滑的支撑面上旋转陀螺,求它停下时与支撑面接触点的刻度在 $[1,2]$ 上的概率.

解 旋转陀螺停下时与支撑面接触点的刻度是 $[0,4)$ 上的任一个值都是等可能的,其样本点有无限多个,则样本空间 $\Omega = \{[0,4)\}$. 设事件 $A = \{$陀螺停下时与

支撑面接触点的刻度在$[1,2]$上}.则由几何概率公式(1.2.2)得

$$P(A) = \frac{[1,2] \text{ 的长度}}{[0,4) \text{ 的长度}} = 0.25.$$

例 4 甲乙二人相约于T_1到T_2这段时间内在某处会面,并约定先到的一人只等候一段时间t就离去.设每人在$[T_1,T_2]$上各时刻到达会面地点都是等可能的,求甲与乙这次相约未能会面的概率.

解 设x,y分别表示甲与乙到达的时刻,则有

$$T_1 \leqslant x \leqslant T_2, \quad T_1 \leqslant y \leqslant T_2.$$

将点(x,y)视为xOy坐标面上的任意点,则样本空间

$$\Omega = \{(x,y) \mid T_1 \leqslant x \leqslant T_2, T_1 \leqslant y \leqslant T_2\},$$

如图 1-8 所示(正方形区域),甲乙未能会面是一个随机事件,可表示为

$$A = \{(x,y) \mid |x-y| > t, T_1 \leqslant x \leqslant T_2, T_1 \leqslant y \leqslant T_2\},$$

如图 1-8 阴影部分所示.由式(1.2.2),得两人未能会面的概率

$$P(A) = \frac{A \text{ 的面积}}{\Omega \text{ 的面积}} = \frac{(T_2-T_1-t)^2}{(T_2-T_1)^2}.$$

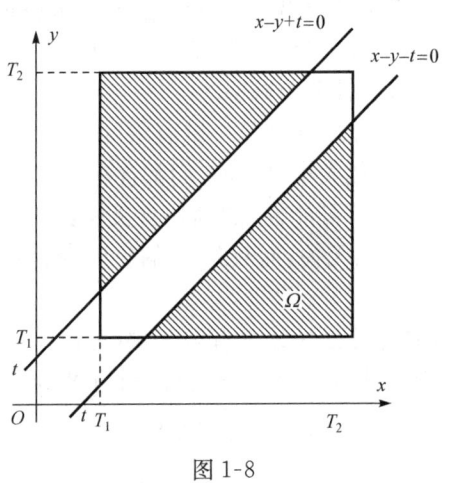

图 1-8

1.2.3 统计概率

几何概率虽然去掉了样本空间有限性的限制,但它需要满足等可能性,这在实际问题中有很大的局限性,例如,掷一枚不均匀的硬币试验就不具有等可能性,为此人们在频率的基础上引进了统计概率.

定义 1.2.3 设随机事件A在n次试验中发生了k次,则比值$\dfrac{k}{n}$称为事件A在n次试验中发生的**频率**,记为$f_n(A)$,即$f_n(A) = \dfrac{k}{n}$.

对于事件的频率,具有如下性质:

1° $0 \leqslant f_n(A) \leqslant 1$;

2° $f_n(\Omega)=1$;

3° 设事件 $A_1, A_2, \cdots, A_k$ 两两互斥,则 $f_n\left[\bigcup_{i=1}^{k} A_i\right] = \sum_{i=1}^{k} f_n(A_i)$.

大量实践证明,当试验重复的次数较多,即 n 较大时,事件 A 的频率总在一个确定的常数 p 附近摆动,并随着 n 的增大,频率 $\dfrac{k}{n}$ 与此常数 p 的偏差越来越小,这就是频率的稳定性.

例 5 说明频率稳定性的例子.

1) 抛硬币试验

历史上有不少人做过抛硬币试验,其结果见表 1-2,从表 1-2 中的数据可以看出:出现正面的频率逐渐稳定在 0.5.

表 1-2 历史上抛硬币试验的若干结果

试验者	抛硬币次数	出现正面次数	频率
德摩根(de Morgan)	2048	1061	0.5181
蒲丰(Buffon)	4040	2048	0.5069
费勒(Feller)	10000	4979	0.4979
皮尔逊(Pearson)	12000	6019	0.5016
皮尔逊	24000	12012	0.5005

2) 英文字母的频率

人们在生活实践中已经认识到:英语中某些字母出现的频率要高于另外一些字母.但 26 个英文字母各自出现的频率到底是多少?有人对各类典型的英语书刊中字母出现的频率进行统计,发现各个字母的使用频率相当稳定(表 1-3).这项研究在计算机键盘的设计(在方便的地方安排使用频率最高的字母键)、信息的编码(在键盘编排中,较短的码通常用于频率最高的字母等方面都是十分有用的.

表 1-3 英文字母的使用频率

字母	使用频率	字母	使用频率	字母	使用频率
E	0.1268	L	0.0394	P	0.0186
T	0.0978	D	0.0389	B	0.0156
A	0.0788	U	0.0280	V	0.0102
O	0.0776	C	0.0268	K	0.0060
I	0.0707	F	0.0256	X	0.0016
N	0.0706	M	0.0244	J	0.0010
S	0.0634	W	0.0214	Q	0.0009
R	0.0594	Y	0.0202	Z	0.0006
H	0.0573	G	0.0187		

3) 女婴出生频率

研究女婴出生频率,对人口统计是很重要的. 历史上较早研究这个问题的有拉普拉斯(1749～1827),他对伦敦、彼得堡、柏林和全法国的大量人口资料进行研究,发现女婴出生频率总是在 21/43 左右波动.

统计学家克拉梅(1893～1985)用瑞典 1935 年的官方统计资料(表 1-4),发现女婴出生频率总是在 0.482 左右波动.

表 1-4 瑞典 1935 年各月出生女婴的频率

月份	1	2	3	4	5	6	7
婴儿数	7280	6957	7883	7884	7892	7609	7585
女婴数	3537	3407	3866	3711	3775	3665	3621
女婴频率	0.4859	0.4897	0.4904	0.4707	0.4783	0.4817	0.4774
月份	8	9	10	11	12	全年	
婴儿数	7393	7203	6903	6552	7132	88273	
女婴数	3596	3491	3391	3160	3371	42591	
女婴频率	0.4864	0.4847	0.4912	0.4823	0.4727	0.4825	

由频率的稳定性,给出概率的统计定义.

定义 1.2.4 在一组不变的条件下,重复做 n 次试验,k 表示 n 次试验中事件 A 发生的次数. 当试验次数 n 增大时,频率 $\frac{k}{n}$ 稳定地在某一常数 p 的附近摆动,则 $P(A)=p$,概率的这种定义,称为概率的**统计定义**. 用这种方法得到的概率称为**统计概率**.

1.3 概率的公理化定义及其性质

在 1.2 节中,我们针对不同的问题,介绍了古典概率、几何概率以及统计概率. 但古典概率与几何概率都是在等可能性的基础上建立起来的,因而它们在应用上都有很大的局限性. 统计概率涉及频率的稳定性,由此计算概率往往涉及大量的重复试验,这是很不现实的. 简单地把频率作为概率,虽然也不失为一种较有效的方法,但是它有随机波动性. 例如,两人各抛同一枚硬币 10000 次,一人发现出现了 5003 次正面,另一人发现出现了 4994 次正面,那么在 0.5003 与 0.4994 这两个频率中究竟用哪一个作为概率呢? 近代概率论的公理化体系正是在这种背景下提出的,它不仅包含前面所述的特殊情形,而且更具有一般性.

1.3.1 概率的公理化定义

人们经过研究发现,不论是古典概率还是几何概率或频率,都具有下列三条基本性质:

1° 对于任意一个事件 A,$P(A) \geqslant 0$(非负性);
2° 对于必然事件 Ω,有 $P(\Omega)=1$(规范性);
3° 当事件 A,B 互斥时,有 $P(A \cup B)=P(A)+P(B)$(可加性).

在上述三条性质的基础上,1933 年苏联数学家柯尔莫哥洛夫给出了概率的公理化定义.

定义 1.3.1 设 E 为随机试验,Ω 为其样本空间,对于 E 中的每一个事件 A,对应一个实数,记作 $P(A)$,若它满足下列三条公理,则就称 $P(A)$ 为事件 A 的**概率**.

公理 1.3.1(非负性) 对于任意事件 A,$0 \leqslant P(A) \leqslant 1$;

公理 1.3.2(规范性) 对于必然事件 Ω,有 $P(\Omega)=1$;

公理 1.3.3(可列可加性) 当可列个事件 $A_1,A_2,\cdots,A_n,\cdots$ 两两互斥时,有
$$P(A_1 \cup A_2 \cup \cdots \cup A_n \cup \cdots) = P(A_1)+P(A_2)+\cdots+P(A_n)+\cdots.$$

1.3.2 概率的性质

在概率的三条公理的基础上,可以推导出以下的一些重要性质.

性质 1.3.1 对于任意一个事件 A,
$$P(A) = 1 - P(\overline{A}). \tag{1.3.1}$$

证明 因为 A 与 $\overline{A}$ 满足 $A \cup \overline{A}=\Omega$,$A \cap \overline{A}=\varnothing$,由公理 1.3.2 及公理 1.3.3 可得
$$P(\Omega) = P(A \cup \overline{A}) = P(A)+P(\overline{A}) = 1,$$
所以 $P(A)=1-P(\overline{A})$.

性质 1.3.2 $P(\varnothing)=0$.

证明 在性质 1.3.1 中,令 $A=\varnothing$,则 $\overline{A}=\Omega$,从而 $P(\varnothing)=1-P(\Omega)=0$.

性质 1.3.3 当事件 A,B 满足 $A \supset B$ 时,有
1° $P(A-B)=P(A)-P(B)$; $\tag{1.3.2}$
2° $P(A) \geqslant P(B)$. $\tag{1.3.3}$

证明 因为 $B \subset A$,所以 $A=B \cup (A-B)$,而 $B \cap (A-B)=\varnothing$,故有
$$P(A) = P(B \cup (A-B)) = P(B)+P(A-B),$$
即
$$P(A-B) = P(A)-P(B).$$
又因为 $P(A-B) \geqslant 0$,所以 $P(A) \geqslant P(B)$.

性质 1.3.4 对于任意两个事件 A,B,有
$$P(A \cup B) = P(A) + P(B) - P(AB). \qquad (1.3.4)$$
公式(1.3.4)称为**加法公式**.

证明 因为 $A \cup B = A + (B - AB)$,并且 A 与 $B - AB$ 互斥,由公理 1.3.3 和性质 1.3.3 可得
$$P(A \cup B) = P(A) + P(B - AB) = P(A) + P(B) - P(AB).$$

加法公式可以推广到更多个事件上去.例如,任意三个事件 A,B,C,有
$$P(A \cup B \cup C) = P(A) + P(B) + P(C) - P(AB)$$
$$- P(BC) - P(AC) + P(ABC).$$

而对于任意 n 个事件 $A_1, A_2, \cdots, A_n$,用数学归纳法可以证明:
$$P\left(\bigcup_{i=1}^n A_i\right) = \sum_{i=1}^n P(A_i) - \sum_{1 \leqslant i < j \leqslant n} P(A_i A_j)$$
$$+ \sum_{1 \leqslant i < j < k \leqslant n} P(A_i A_j A_k) + \cdots + (-1)^{n-1} P(A_1 A_2 \cdots A_n). \qquad (1.3.5)$$

例 1 某批产品共 50 件,其中有 5 件次品,其余都是正品,现从中任取 10 件,求取出的 10 件中至少有一件次品的概率.

解 设事件 $A = \{$任取的 10 件中至少有一件次品$\}$,则 $\overline{A} = \{$任取的 10 件中无次品$\}$,而
$$P(\overline{A}) = \frac{C_{45}^{10}}{C_{50}^{10}} = 0.3106,$$
所以 $P(A) = 1 - P(\overline{A}) = 0.6894.$

本例若不借助对立事件的概率,则其解法就比较麻烦.因为至少有一件次品应包括恰有一、二、三、四、五件次品这五种情形.读者可自行考虑其解法.

例 2 将编号为 1,2,3 的三本书任意地排列在书架上,求至少有一本书从左到右的排列序号与它的编号相同的概率.

解 设事件 $A = \{$至少有一本书的排列序号与它的编号相同$\}$,$A_i = \{$第 i 本书恰好排在第 i 个位置上$\}$,$i = 1, 2, 3$,则显然有 $A = A_1 \cup A_2 \cup A_3$,由加法公式,有
$$P(A_1 \cup A_2 \cup A_3) = P(A_1) + P(A_2) + P(A_3) - P(A_1 A_2)$$
$$- P(A_1 A_3) - P(A_2 A_3) + P(A_1 A_2 A_3).$$

又因为
$$P(A_1) = P(A_2) = P(A_3) = \frac{2}{A_3^3} = \frac{1}{3},$$
$$P(A_1 A_2) = P(A_1 A_3) = P(A_2 A_3) = \frac{1}{A_3^3} = \frac{1}{6},$$
$$P(A_1 A_2 A_3) = \frac{1}{A_3^3} = \frac{1}{6},$$

所以
$$P(A) = \frac{1}{3} + \frac{1}{3} + \frac{1}{3} - \frac{1}{6} - \frac{1}{6} - \frac{1}{6} + \frac{1}{6} = \frac{2}{3}.$$

1.4 条件概率与全概率公式

条件概率与乘法公式

1.4.1 条件概率与乘法公式

在许多问题中,往往要求除考虑事件 B 发生的概率 $P(B)$ 外,还需考虑"在事件 A 已发生"这一附加条件下,事件 B 发生的概率. 一般来讲,后者的概率与前者的概率未必相同. 为了区别起见,我们把后者称为事件 A 已经发生的条件下事件 B 发生的**条件概率**,记作 $P(B|A)$. 而不论事件 A 是否发生,只考虑事件 B 发生的概率 $P(B)$,称为**无条件概率**.

例1 某厂两车间生产同一种产品 100 件,其生产情况如表 1-5 所示. 现从 100 件中取一件,设 $A=\{$取得正品$\}$,$B=\{$取得一车间的产品$\}$,求 $P(A)$,$P(B)$,$P(B|A)$,$P(A|B)$.

表 1-5

类型	正品	次品	合计
一车间	56	4	60
二车间	32	8	40
合计	88	12	100

解 因 100 件产品中有 88 件正品,故 $P(A)=\dfrac{88}{100}$.

因 100 件产品中有 60 件为一车间生产,故 $P(B)=\dfrac{60}{100}$.

因 $P(B|A)$ 是指"正品是一车间生产的概率",故 $P(B|A)=\dfrac{56}{88}$.

$P(A|B)$ 是指"一车间生产的正品的概率",故 $P(A|B)=\dfrac{56}{60}$.

显然 $P(A) \neq P(A|B)$,$P(B) \neq P(B|A)$.

用事件 AB 表示$\{$取到的是正品且是一车间生产的$\}$,则 $P(AB)=\dfrac{56}{100}$.

经过仔细观察,不难发现上述概率具有下述关系:
$$P(A|B) = \frac{56}{60} = \frac{56/100}{60/100} = \frac{P(AB)}{P(B)},$$
$$P(B|A) = \frac{56}{88} = \frac{56/100}{88/100} = \frac{P(AB)}{P(A)}.$$

对于古典概型,在 $P(A)>0$ 和 $P(B)>0$ 的条件下,上述两个关系总是成立的. 由此启发,我们对条件概率定义如下.

定义 1.4.1 设 A,B 为随机试验 E 中的两个事件,且 $P(A)>0$,称

$$P(B\mid A)=\frac{P(AB)}{P(A)} \tag{1.4.1}$$

为事件 A 发生的条件下事件 B 发生的**条件概率**.

类似地,当 $P(B)>0$ 时,称

$$P(A\mid B)=\frac{P(AB)}{P(B)} \tag{1.4.2}$$

为事件 B 发生的条件下事件 A 发生的**条件概率**.

不难验证,条件概率满足概率的公理化定义及有关概率的性质. 但要注意,使用计算公式必须在同一条件下进行.

由条件概率的定义立刻可以得到概率的**乘法公式**,即若 A,B 为两事件,且 $P(A)>0$,则

$$P(AB)=P(A)P(B\mid A). \tag{1.4.3}$$

由对称性,当 $P(B)>0$ 时,有 $P(AB)=P(B)P(A\mid B)$.

乘法公式可推广到有限个事件,例如,当 $P(AB)>0$ 时,有

$$P(ABC)=P(A)P(B\mid A)P(C\mid AB).$$

一般地,当 $n\geqslant 2$ 且 $P(A_1A_2\cdots A_{n-1})>0$ 时,用数学归纳法不难证明:

$$P(A_1A_2\cdots A_n)=P(A_1)P(A_2\mid A_1)P(A_3\mid A_1A_2)\cdots P(A_n\mid A_1\cdots A_{n-1}). \tag{1.4.4}$$

计算条件概率有两种方法:

1° 在样本空间 Ω 的缩减样本空间 Ω_A 中,计算 B 发生的概率,就得到 $P(B\mid A)$(缩减样本空间法);

2° 在样本空间 Ω 中,先计算 $P(A),P(AB)$,再按公式 $P(B\mid A)=\dfrac{P(AB)}{P(A)}$ 求得(公式法).

例 2 五个乒乓球(三新、二旧),每次取一个,无放回地取两次,求在第一次取到新球的条件下第二次取到新球的概率.

解 设 $A=\{$第一次取到新球$\}$,$B=\{$第二次取到新球$\}$.

解法一 在缩减的样本空间 Ω_A 中,由于已取走一个新球,故 Ω_A 的基本事件总数为 4,所以

$$P(B\mid A)=\frac{2}{4}=0.5.$$

解法二 因无放回地取两次,故样本空间 Ω 的基本事件总数 $n=5\times 4=20$,从而

$$P(A)=\frac{3\times 4}{20}=\frac{3}{5},\quad P(AB)=\frac{3\times 2}{20}=\frac{3}{10},$$

所以
$$P(B\mid A)=\frac{P(AB)}{P(A)}=\frac{3}{10}\times\frac{5}{3}=\frac{1}{2}.$$

例3 100件产品中有5件次品,从中连续无返回地抽取3件,问第三次才取到次品的概率.

解 设 $A_i=\{第 i 次取到次品\}(i=1,2,3)$, $B=\{第三次才取到次品\}$,则 $B=\overline{A}_1\overline{A}_2A_3$,由乘法公式得

$$P(B)=P(\overline{A}_1\overline{A}_2A_3)=P(\overline{A}_1)P(\overline{A}_2\mid\overline{A}_1)P(A_3\mid\overline{A}_1\overline{A}_2)$$
$$=\frac{95}{100}\times\frac{94}{99}\times\frac{5}{98}=0.046.$$

全概率公式与贝叶斯公式

1.4.2 全概率公式与贝叶斯公式

为了计算一个复杂事件的概率,如果这个事件伴随着一系列简单事件的发生而发生,我们也常常利用这个伴随的系列简单事件,将复杂事件分割成一些简单事件的和,即将复杂问题分解为简单问题,而后逐一解决,这就是**全概率公式**.

首先来考察一个例子.

例4 某商店库存中有100台相同型号的洗衣机待售,其中有60台是甲厂生产的、有25台是乙厂生产的、有15台是丙厂生产的.已知这三个厂生产的洗衣机质量不同,它们的不合格率依次为0.1,0.4,0.2,一位顾客从这批洗衣机中随机地取了1台.问:

(1) 顾客取到不合格洗衣机的概率是多少?

(2) 顾客开箱后发现洗衣机不合格,但这台洗衣机的厂标已脱落,试问这台洗衣机是甲、乙、丙厂生产的概率各有多大?

从题目给出的条件中,虽然无法确定取出的1台洗衣机是哪个工厂生产的,但这台洗衣机必定是三个工厂中的一个工厂生产的.基于这个简单事实,便可引出解决这类问题最方便的方法,这就是下面将要介绍的两个公式——全概率公式与贝叶斯(Bayes)公式.

定义 1.4.2 如果 n 个事件 $A_1,A_2,\cdots,A_n$ 满足下列条件:

$1°$ $A_1,A_2,\cdots,A_n$ 两两互斥;

$2°$ $A_1\cup A_2\cup\cdots\cup A_n=\Omega$,

那么称这 n 个事件 $A_1,A_2,\cdots,A_n$ 构成样本空间 Ω 的一个**划分**(或**完备事件组**).

定理 1.4.1 设 n 个事件 $A_1,A_2,\cdots,A_n$ 构成样本空间 Ω 的一个划分,B 是一个事件,则

$1°$ 当 $P(A_i)>0(i=1,2,\cdots,n)$ 时,$P(B)=\sum\limits_{i=1}^{n}P(A_i)P(B\mid A_i)$; (**全概率公式**)

(1.4.5)

2° 当 $P(A_i)>0 (i=1,2,\cdots,n)$ 且 $P(B)>0$ 时,

$$P(A_i \mid B) = \frac{P(A_i)P(B \mid A_i)}{\sum\limits_{j=1}^{n} P(A_j)P(B \mid A_j)} \quad (i=1,2,\cdots,n). \qquad \text{(贝叶斯公式)}$$

(1.4.6)

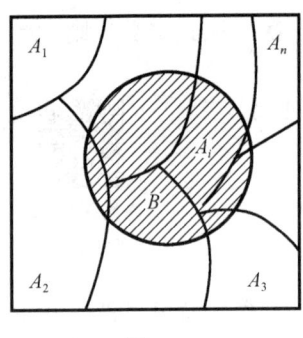

图 1-9

证明 图 1-9 给出了证明思路的一个几何表示.

1° 由于 $B = B \cap \Omega = B \cap \left[\bigcup\limits_{i=1}^{n} A_i\right] = \bigcup\limits_{i=1}^{n} A_i B$,

且 $A_1 B, A_2 B, \cdots, A_n B$ 是 n 个两两互不相容的事件,由加法公式,有

$$P(B) = \sum_{i=1}^{n} P(A_i B) = \sum_{i=1}^{n} P(A_i) P(B \mid A_i).$$

2° 因为

$$P(B)P(A_i \mid B) = P(A_i)P(B \mid A_i) = P(A_i B),$$

所以

$$P(A_i \mid B) = \frac{P(A_i)P(B \mid A_i)}{P(B)} = \frac{P(A_i)P(B \mid A_i)}{\sum\limits_{j=1}^{n} P(A_j)P(B \mid A_j)} \quad (i=1,2,\cdots,n).$$

例 4 的求解 设事件 A_1, A_2, A_3 分别表示"顾客取到的洗衣机是甲厂、乙厂、丙厂生产的",则 $A_1 \cup A_2 \cup A_3 = \Omega$,且 A_1, A_2, A_3 互不相容,由题意知

$$P(A_1) = 0.6, \quad P(A_2) = 0.25, \quad P(A_3) = 0.15.$$

(1) 设事件 $B = \{$顾客取到的洗衣机不合格$\}$,按题意有

$$P(B \mid A_1) = 0.1, \quad P(B \mid A_2) = 0.4, \quad P(B \mid A_3) = 0.2,$$

于是,由全概率公式得

$$P(B) = \sum_{i=1}^{3} P(A_i)P(B \mid A_i) = 0.6 \times 0.1 + 0.25 \times 0.4 + 0.15 \times 0.2 = 0.19.$$

(2) 由式(1.4.6),要求的三个概率分别为

$$P(A_1 \mid B) = \frac{0.6 \times 0.1}{0.19} = 0.316,$$

$$P(A_2 \mid B) = \frac{0.25 \times 0.4}{0.19} = 0.526,$$

$$P(A_3 \mid B) = \frac{0.15 \times 0.2}{0.19} = 0.158.$$

顾客以此得出结论:这台无商标的不合格洗衣机很可能是乙厂生产的,因为在三个条件概率中 $P(A_2 \mid B)$ 最大.

例 5　三台机床加工同样的零件,其废品率分别为 0.05,0.03 和 0.02. 加工出来的零件放在一起,零件数之比为 4∶3∶2,求:

(1) 任意取出一件零件是废品的概率;

(2) 若取出的是废品,它是由第二台机床加工的概率.

解　(1) 设 $B=\{$任取一件零件是废品$\}$, $A_i=\{$取到第 i 台机床加工的零件$\}$ $(i=1,2,3)$. 显然, A_1,A_2,A_3 两两互斥,且 $A_1\cup A_2\cup A_3=\Omega$,由于

$$P(A_1)=\frac{4}{9}, \qquad P(A_2)=\frac{3}{9}, \qquad P(A_3)=\frac{2}{9},$$

$$P(B\mid A_1)=0.05, \quad P(B\mid A_2)=0.03, \quad P(B\mid A_3)=0.02,$$

按全概率公式有

$$P(B)=\sum_{i=1}^{3}P(A_i)P(B\mid A_i)=\frac{4}{9}\times 0.05+\frac{3}{9}\times 0.03+\frac{2}{9}\times 0.02=0.0367.$$

(2) 由题意知,这里要求的是 $P(A_2\mid B)$,由贝叶斯公式有

$$P(A_2\mid B)=\frac{P(A_2)P(B\mid A_2)}{P(B)}=\frac{\frac{3}{9}\times 0.03}{0.0367}=0.272.$$

由以上两例可以看出,如果把事件 B 看作一个试验结果,把构成样本空间划分的事件 $A_1,A_2,\cdots,A_n$ 看作导致 B 发生的各种原因,那么事件 B 的概率可由全概率公式求得. 反之,如果 B 确实发生了,但不知它是由 $A_1,A_2,\cdots,A_n$ 中哪一事件的发生所引起的,即已知试验的结果并且要推测原因时,一般都用贝叶斯公式. 全概率公式的直观意义就是已知"原因"求"结果",而贝叶斯公式的直观意义是已知"结果"找"原因". 再来看一个例子.

例 6　对以往数据分析的结果表明,当机器调整良好时,产品的合格率为 98%,当机器发生某种故障时,其合格率为 55%. 每天早上机器开动时,机器调整良好的概率为 95%. 试求已知某日早上第一件产品是合格品时,机器调整良好的概率是多少?

解　设 A 为事件"产品合格",B 为事件"机器调整良好". 已知 $P(A\mid B)=0.98, P(A\mid \overline{B})=0.55, P(B)=0.95, P(\overline{B})=0.05$,求的概率为 $P(B\mid A)$,由贝叶斯公式可得

$$P(B\mid A)=\frac{P(A\mid B)P(B)}{P(A\mid B)P(B)+P(A\mid \overline{B})P(\overline{B})}$$
$$=\frac{0.98\times 0.95}{0.98\times 0.95+0.55\times 0.05}=0.97.$$

这就是说,当生产出的第一件产品是合格品时,此时机器调整良好的概率为 0.97. 而 $P(B)=0.95$ 是由以往的数据分析得到的,称为**先验概率**. 而在得到信息(即生

产出的第一件产品是合格品)之后再重新加以修正的概率(即所求的概率为 0.97),称为**后验概率**. 有了后验概率我们就能对机器的情况有进一步的了解.

1.5 事件的独立性

事件的独立性

1.5.1 事件的独立性

在一个随机试验中,A,B 是两个事件. 一般来讲,它们是否发生是相互影响的,这表现为 $P(B|A) \neq P(B)$ 或 $P(A|B) \neq P(A)$,但在有些情形下,$P(B|A) = P(B)$ 或 $P(A|B) = P(A)$ 成立.

例如,袋中有 3 个红球、7 个白球,采取有放回抽样的方法,从袋中随机地取两次,每次取 1 个球,设事件 $A = \{$第一次取到的球是红球$\}$,事件 $B = \{$第二次取到的球是红球$\}$,由古典概率计算公式得

$$P(A) = P(B) = 0.3,$$

$$P(AB) = \frac{3 \times 3}{10 \times 10} = 0.09,$$

于是

$$P(B \mid A) = \frac{P(AB)}{P(A)} = 0.3 = P(B),$$

易见,等式 $P(AB) = P(A)P(B)$ 也成立.

从直观上我们也可以知道,在作有放回抽样时,事件 A 的发生对事件 B 发生的概率是不会影响的. 由此,我们引出以下事件相互独立性的概念.

定义 1.5.1 A,B 为两个事件,若

$$P(AB) = P(A)P(B), \tag{1.5.1}$$

则称 A 与 B **相互独立**.

定理 1.5.1 若事件 A 与 B 相互独立,则 A 与 $\overline{B}$,$\overline{A}$ 与 B,$\overline{A}$ 与 $\overline{B}$ 也相互独立.

证明 因为

$$A = A\Omega = A(B \cup \overline{B}) = (AB) \cup (A\overline{B}) \text{ 且} (AB) \cap (A\overline{B}) = \varnothing,$$

所以

$$P(A) = P(AB) + P(A\overline{B}),$$

从而

$$P(A\overline{B}) = P(A) - P(AB) = P(A) - P(A)P(B)$$
$$= P(A)(1 - P(B)) = P(A)P(\overline{B}).$$

由定义知,A 与 $\overline{B}$ 相互独立. 由对称性知 $\overline{A}$ 与 B 也相互独立. 把所证的结果用于 $\overline{A}$ 与 $\overline{B}$,可见 $\overline{A}$ 与 $\overline{B}$ 相互独立.

事件的独立性可以推广到更多个事件上去.

定义 1.5.2 设 A,B,C 为三个事件,若

$$P(AB) = P(A)P(B), \qquad (1.5.2)$$
$$P(AC) = P(A)P(C), \qquad (1.5.3)$$
$$P(BC) = P(B)P(C), \qquad (1.5.4)$$
$$P(ABC) = P(A)P(B)P(C) \qquad (1.5.5)$$

都成立,则称**事件 A,B,C 相互独立**.

注意,若 A,B,C 同时满足(1.5.2)式~(1.5.4)式,则称三事件**两两独立**. 只有加上(1.5.5)式,才能说明此三个事件相互独立. 对于两个事件来说,相互独立和两两独立是一致的. 但对于三个以上的事件,相互独立必保证两两独立,而两两独立不能导出相互独立.

例1 袋中有四个球,其中1个红球、1个白球、1个蓝球,另一个球在球面的三个不同部分分别涂上红色、白色、蓝色. 现从口袋中随机地取1个球. 设事件 $A=$ {摸到的球涂有红色},事件 $B=$ {摸到的球涂有白色},事件 $C=$ {摸到的球涂有蓝色}. 证明 A,B,C 两两独立,但不相互独立.

证明 因为

$$P(A) = P(B) = P(C) = \frac{2}{4} = \frac{1}{2},$$
$$P(AB) = P(A)P(B) = \frac{1}{4},$$
$$P(AC) = P(A)P(C) = \frac{1}{4},$$
$$P(BC) = P(B)P(C) = \frac{1}{4},$$

但

$$P(ABC) = \frac{1}{4} \neq P(A)P(B)P(C),$$

所以事件 A,B,C 两两独立,但不相互独立.

定义 1.5.3 设 $A_1, A_2, \cdots, A_n$ 为 n 个事件,若对任意的整数 $k(1 < k \leqslant n)$ 和对任意的 k 个整数 $i_1, i_2, \cdots, i_k (1 \leqslant i_1 < i_2 < \cdots < i_k \leqslant n)$,都有

$$P(A_{i_1} A_{i_2} \cdots A_{i_k}) = P(A_{i_1}) P(A_{i_2}) \cdots P(A_{i_k}) \qquad (1.5.6)$$

成立,则称 $A_1, A_2, \cdots, A_n$ **相互独立**.

多个相互独立事件具有如下性质:

1° 若事件 $A_1, A_2, \cdots, A_n$ 相互独立,则 $A_1, A_2, \cdots, A_n$ 中任意 $k(\geqslant 2)$ 个事件 $A_{i_1}, A_{i_2}, \cdots, A_{i_k}, 1 \leqslant i_1 < i_2 < \cdots < i_k \leqslant n$ 也相互独立;

2° 若事件 $A_1, A_2, \cdots, A_n$ 相互独立,则事件 $B_1, B_2, \cdots, B_n$ 也相互独立,其中 B_i

或为 A_i,或为 $\overline{A_i}$,$i=1,2,\cdots,n$.

事件的相互独立性是概率论中的一个重要概念,用定义判断独立性常用在理论推导和证明,而在实际问题中,则往往是根据问题的实际意义来判断独立性的.

例 2 甲、乙两人各自同时向一目标射击,已知甲击中目标的概率为 0.6,乙击中目标的概率为 0.5,求目标被击中的概率.

解 设 $A=\{$甲击中目标$\}$,$B=\{$乙击中目标$\}$.

根据题意,可认为 A,B 相互独立,因此 $P(AB)=P(A)P(B)=0.6\times 0.5=0.3$,所以

$$P(A\cup B) = P(A)+P(B)-P(AB) = 0.6+0.5-0.3 = 0.8.$$

另外,由 $\overline{A\cup B}=\overline{A}\,\overline{B}$ 且 A,B 相互独立,得 $\overline{A}$ 与 $\overline{B}$ 相互独立,也有

$$P(A\cup B) = 1-P(\overline{A\cup B}) = 1-P(\overline{A}\,\overline{B}) = 1-P(\overline{A})P(\overline{B})$$
$$= 1-[1-0.6][1-0.5] = 0.8.$$

例 3 已知每个人的血清中含有肝炎病毒的概率为 0.4%,且他们是否含有肝炎病毒是相互独立的. 今混合 100 个人的血清. 试求混合后的血清中含有肝炎病毒的概率.

解 事件$\{$混合后的血清中含有肝炎病毒$\}$等价于$\{$100 个人中至少有一人的血清中含有肝炎病毒$\}$. 设事件 $A_i=\{$第 i 个人的血清中含有肝炎病毒$\}$,$i=1,2,\cdots,100$. 则由德摩根公式与事件的相互独立性,所求概率为

$$P(A_1\cup A_2 \cup \cdots \cup A_{100})$$
$$=P(\overline{\overline{A_1}\overline{A_2}\cdots\overline{A_{100}}}) = 1-P(\overline{A_1}\overline{A_2}\cdots\overline{A_{100}})$$
$$=1-\prod_{i=1}^{100}P(\overline{A_i}) = 1-\prod_{i=1}^{100}\{[1-P(A_i)]\}$$
$$=1-(1-0.004)^{100} = 0.33.$$

这个结果表明,虽然每个人的血清中含有肝炎病毒的概率都很小,但是把许多人的血清混合后血清中含有肝炎病毒的概率却较大. 换句话说,小概率事件有时会产生大效应. 在实际问题中必须对此引起足够的重视.

1.5.2 独立性在可靠性问题中的应用

可靠性问题的内容是很丰富的,这里仅介绍一些串联、并联系统的可靠性问题. 一个产品(或元件、系统)的可靠性,可以用可靠度来刻画,所谓**可靠度**指的是产品能正常工作的概率.

在以下的讨论中,我们总是假定一个系统中的各个元件能否正常工作都是相互独立的.

例 4（串联系统） 设一个系统由 n 个元件串联而成，如图 1-10 所示，第 i 个元件的可靠度为 $p_i(i=1,2,\cdots,n)$，试求这个串联系统的可靠度．

解 设事件 $A_i=\{$第 i 个元件正常工作$\}$，$i=1,2,\cdots,n$．由于$\{$串联系统能正常工作$\}$等价于$\{$这 n 个元件都正常工作$\}$，因此，所求的可靠度为

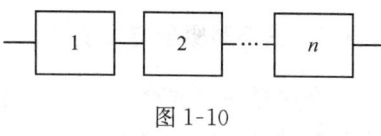

图 1-10

$$P(A_1A_2\cdots A_n)=\prod_{i=1}^{n}P(A_i)=\prod_{i=1}^{n}p_i.$$

例 5（并联系统） 设一个系统由 n 个元件并联而成，如图 1-11 所示．第 i 个元件的可靠度为 $p_i(i=1,2,\cdots,n)$．试求这个并联系统的可靠度．

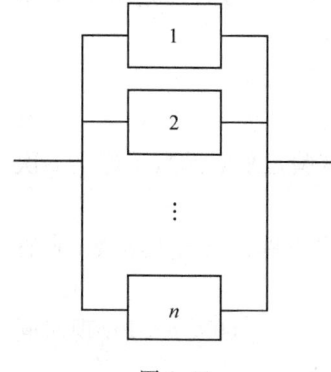

图 1-11

解 设事件 $A_i=\{$第 i 个元件正常工作$\}$，$i=1,2,\cdots,n$．由于$\{$并联系统能正常工作$\}$等价于$\{$这 n 个元件中至少有一个元件正常工作$\}$，因此，所求的可靠度为

$$P(A_1\cup A_2\cup\cdots\cup A_n)=1-P(\overline{A_1}\overline{A_2}\cdots\overline{A_n})$$
$$=1-\prod_{i=1}^{n}P(\overline{A_i})$$
$$=1-\prod_{i=1}^{n}(1-p_i).$$

例 6（混联系统） 设一个系统由四个元件组成，连接的方式如图 1-12 所示，每个元件的可靠度都是 p．试求这个混联系统的可靠度．

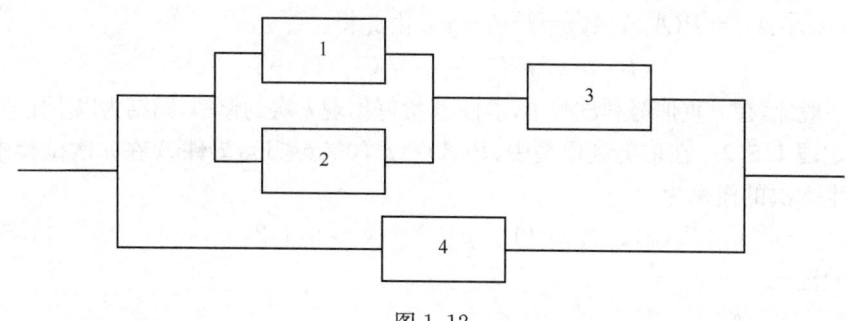

图 1-12

解 元件 1 与元件 2 组成一个并联子系统甲，由例 5 知可靠度为 $1-(1-p)^2$，把子系统甲与元件 3 串联成子系统乙，由例 4 知其可靠度为 $p[1-(1-p)^2]$，而整个系统是由子系统乙与元件 4 并联而成的，故整个混联系统的可靠度为

$$1-\{1-p[1-(1-p)^2]\}(1-p) = p+2p^2-3p^3+p^4.$$

1.5.3 伯努利概型与二项概率

有这样一类试验 E,其特点是只有两个对立的试验结果 A 及 $\bar{A}$. 这类试验广泛存在. 例如,从一批产品中任取一件,只有{合格}与{不合格};对目标射击一发子弹,只有{命中目标}与{没有命中目标};掷一枚硬币一次,也只有{正面朝上}与{反面朝上}两种对立结果. 有的试验尽管其试验结果不止两个,但若试验中仅关心某一事件 A 是否发生,则试验也可以归结为这类试验. 例如,测试电子元件的使用寿命,其结果有无限多个,但若将使用寿命大于 600 小时看作合格品,其余的看成不合格品,其结果亦可看作只有两个,即合格品与不合格品.

一般把只有两个对立结果 A 及 $\bar{A}$ 的试验称为**伯努利试验**.

把伯努利试验在相同的条件下重复进行 n 次,若每次试验 A(或 $\bar{A}$)发生与否和其他各次试验 A(或 $\bar{A}$)发生与否互不影响(称各次试验是独立的),则称这 n 次独立试验为 n **重(次)伯努利试验**,或称为**伯努利概型**.

对于伯努利概型,主要任务是研究 n 次独立试验中事件 A 发生的次数. 先看例题.

例 7 设某射手每射一发子弹命中目标的概率 $P(A)=p(0<p<1)$. 现对同一目标重复射击 3 发子弹,试求恰有 2 发命中目标的概率.

解 设事件 $A_i=\{$第 i 发命中目标$\}$,$i=1,2,3$,$B=\{$恰有 2 发命中目标$\}$.

显然 $P(A_i)=P(A)=p$. 事件 $B=A_1 A_2 \bar{A}_3 \cup A_1 \bar{A}_2 A_3 \cup \bar{A}_1 A_2 A_3$ 且 $A_1 A_2 \bar{A}_3$,$A_1 \bar{A}_2 A_3$,$\bar{A}_1 A_2 A_3$ 两两互斥,由于 A_1,A_2,A_3 相互独立,故

$$P(A_1 A_2 \bar{A}_3) = P(A_1)P(A_2)P(\bar{A}_3) = p^2(1-p).$$

又 $P(A_1 \bar{A}_2 A_3)=P(\bar{A}_1 A_2 A_3)=p^2(1-p)$. 由此得

$$P(B) = C_3^2 p^2 (1-p) = C_3^2 p^2 (1-p)^{3-2}.$$

一般地,在 n 重伯努利试验中,事件 A 恰好出现 k 次的概率,归结为以下定理.

定理 1.5.2 在伯努利概型中,$P(A)=p$ $(0<p<1)$,事件 A 在 n 次试验中恰好发生 k 次的概率为

$$P_n(k) = C_n^k p^k (1-p)^{n-k} \quad (k=0,1,2,\cdots,n), \tag{1.5.7}$$

容易验证

$$\sum_{k=0}^{n} P_n(k) = \sum_{k=0}^{n} C_n^k p^k (1-p)^{n-k} = [p+(1-p)]^n = 1,$$

因此,通常称 $P_n(k)$ 为**二项概率**. 因为它恰好是 $[p+(1-p)]^n$ 的二项式展开中的第 $k+1$ 项.

例 8 对一工厂的产品进行重复抽样检查,共取了 200 件样品. 检查结果发现

其中有 4 件废品,问能否相信这个工厂出废品的概率不超过 0.005?

解 假设此工厂出废品的概率 $p \leqslant 0.005$,那么从它的产品中抽取 200 件样品,出现 4 件废品的概率为

$$P_{200}(4) = C_{200}^4 p^4 (1-p)^{196} \leqslant C_{200}^4 (0.005)^4 (0.995)^{196} = 0.0151.$$

在长期的实践中,人们认识到:概率很小的事件在一次试验中几乎是不会发生的. 如果该厂废品率低于 0.005,检查 200 件产品出现 4 件废品的概率不超过 0.0151,但现在概率很小的事件居然在一次试验中发生了,因而我们有理由怀疑假设的正确性,即工厂的废品率不超过 0.005 不可信.

*1.6 初等概率模型

数学模型在人们的生产、工作和日常生活中发挥着越来越重要的作用. 本节首先介绍数学模型的基本知识,然后通过实例说明如何建立初等概率模型.

1.6.1 数学模型与数学建模

数学模型越来越多地出现在我们的生活中,那么什么是数学模型呢?

从广义上讲,一切数学概念、数学理论体系、各种数学公式、各种方程式、各种函数关系,以及由公式构成的算法系统等都可以叫做**数学模型**. 从狭义上讲,只有那些反映特定问题或特定的具体事物系统的数学关系的结构,才叫做数学模型.

一般来说,数学模型是关于部分现实世界和为一种特殊的目的而作的抽象,简化的数学结构. 数学模型是对所研究的对象进行模拟,用数学思维方法对要解决的问题进行简化,抽象处理,用数学符号、公式、图表等来描述(刻画)事物本质属性及内在规律. 它或者能解释特定对象的现实形态,或者能预测对象的未来状态,或者能提供处理对象的最优决策或控制. 数学模型既源于现实又高于现实,不是实际原型,而是一种模拟. 在数值上可以作为公式应用,可以推广到与原型相近的一类问题,可以作为某事物的数学语言,可译成算法语言,编写程序.

数学模型是对部分现实世界的抽象结果,那么不同领域,如社会、经济、环境、生态、医学等领域内不同的问题,经过数学抽象,可能会得到类似的数学结构,即同一模型可以应用于多个领域,解释不同问题. 同一问题用不同数学方法可以构造多种类型的数学模型.

数学模型具有高度的抽象性、高度的精确性和应用的普适性等特点. 建立一个理想的数学模型不仅需要必要的数学知识,还必须了解其他领域内与之相关的内容. 建立数学模型是一种创造性思维活动,需要有较好的抽象概括能力,善于抓住本质的洞察力,综合分析能力,掌握和使用当代科技成果的能力等. 数学建模有许

多具体应用：分析设计、预报与决策、控制与优化和规划与管理等.

数学建模是一种数学的思考方法,是运用数学的语言和方法,通过抽象、简化建立能近似刻画并解决实际问题的数学模型的一种强有力的数学手段. 数学建模是通过对实际问题的抽象、简化,确定变量和参数,并应用某些规律建立起变量、参数间的确定的数学问题（也可称为一个数学模型）,求解该数学问题,解释验证所得到的解,从而确定能否用于解决问题的多次循环、不断深化的过程. 简而言之,就是建立数学模型来解决各种实际问题的过程.

数学建模是根据需要针对实际问题组建数学模型的过程. 建立数学模型要经过哪些步骤并没有一定的模式,常与问题性质,建模目的等有关. 简单地说,建立数学模型的过程一般分为表述、求解、解释、验证几个阶段,可用流程图（图 1-13）表示.

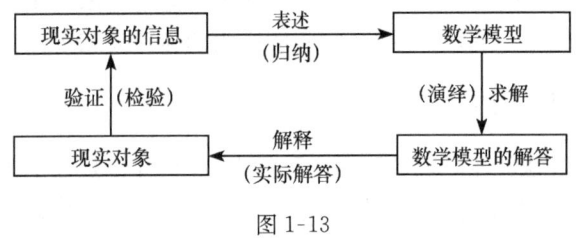

图 1-13

表述：根据建立数学模型的目的和掌握的信息,将实际问题翻译成数学问题,用数学语言确切地表述出来.

求解：选择适当的方法,求得数学模型的解答.

解释：将数学解答翻译回现实对象,给出实际问题的解答.

验证：检验解答的正确性.

数学模型的分类具有多样性,基于不同的出发点可以有不同的分类方法：

1° 根据应用领域,模型可分为人口模型、环境模型、生态模型、社会模型等.

2° 根据研究方法和对象的数学特征,模型可分为初等模型、微分方程模型、优化模型、图论模型、线性规划模型、概率模型、统计模型等.

3° 根据建模目的,模型可分为描述模型、分析模型、预报模型、决策模型、控制模型等.

4° 根据表现特性,模型可分为：确定性模型和随机性模型,取决于是否考虑随机因素的影响. 近年来随着数学的发展,又有所谓突变性模型和模糊性模型.

静态模型和动态模型取决于是否考虑时间因素引起的变化.

线性模型和非线性模型取决于模型的基本关系.

离散模型和连续模型指模型中的变量取为离散的还是连续的.

从本质上讲大多数实际问题是随机性的、动态性的、非线性的,但由于确定性、静态、线性模型易处理且可作为初步的近似来解决问题,所以建立模型时常先考虑确定性、静态、线性模型.

5° 根据对问题的认识程度,模型可分为白箱模型、灰箱模型和黑箱模型.

白箱模型通常指一些机理已较为清楚的问题,如力学、机械等学科所研究问题.这方面的模型已基本确定,只是设计、工艺改进等问题;黑箱模型主要指生命科学和社会科学等领域中一些机理(数量关系方面)很不清楚的问题.介于黑箱模型与白箱模型之间为灰箱模型,主要是经济、生态、地质等领域的问题.白箱、灰箱、黑箱三者之间无明显界限,随着科学技术进步及新问题的出现,彼此相互转化.

1.6.2 初等概率模型

1. 彩票问题

全国各省市发行着各种彩票,花几元钱买一张彩票就中几百万乃至几千万甚至上亿的巨额奖金,这大概是很多人"梦寐以求"的事,可这样的机会具体有多大?

以发行的"36选6+1"福利彩票为例,计算各奖项的中奖概率.方案如下:先从01~36个号码球中一个一个地摇出6个基本号码,再从剩下的30个球中摇出一个特别号码;彩民从01~36个号码中任选7个组成一注(不可重复),根据单注号码与中奖号码相符的个数多少确定相应的中奖等级,不考虑号码顺序,中奖等级如表1-6所示.

表 1-6

中奖等级	基本号码	特别号码	说明
一等奖	･･････	＊	选7中(6+1)
二等奖	･･････		选7中(6)
三等奖	･････	＊	选7中(5+1)
四等奖	･････		选7中(5)
五等奖	････	＊	选7中(4+1)
六等奖	････		选7中(4)
七等奖	･･･	＊	选7中(3+1)

以一注为单位计算每注彩票的中奖概率.基本事件数:从36个数中任取7个,不考虑顺序,共有 C_{36}^7 种取法.

一等奖:七个号码全中,只有一种可能,因此中奖概率为

$$P_1 = \frac{1}{C_{36}^7} = 1.1979 \times 10^{-7}.$$

二等奖：6 个基本号码全中，特别号未中，因此中奖概率为

$$P_2 = \frac{C_6^6 C_{29}^1}{C_{36}^7} = 3.4740 \times 10^{-6}.$$

三等奖：6 个基本号码中 5 个，特别号中了，因此中奖概率为

$$P_3 = \frac{C_6^5 C_{29}^1 C_1^1}{C_{36}^7} = 2.0844 \times 10^{-5}.$$

四等奖：6 个基本号码中 5 个，特别号未中，因此中奖概率为

$$P_4 = \frac{C_6^5 C_{29}^2}{C_{36}^7} = 2.9182 \times 10^{-4}.$$

五等奖：6 个基本号码中 4 个，特别号中了，因此中奖概率为

$$P_5 = \frac{C_6^4 C_{29}^2 C_1^1}{C_{36}^7} = 7.2954 \times 10^{-4}.$$

六等奖：6 个基本号码中 4 个，特别号未中，因此中奖概率为

$$P_6 = \frac{C_6^4 C_{29}^3}{C_{36}^7} = 6.5659 \times 10^{-3}.$$

七等奖：6 个基本号码中 3 个，特别号中了，因此中奖概率为

$$P_7 = \frac{C_6^3 C_{29}^3 C_1^1}{C_{36}^7} = 8.7545 \times 10^{-3}.$$

通过计算发现买彩票中头奖的概率大约只有几千万分之一，但仍有许多人抱着"早中、晚中、早晚要中"的侥幸心理，我们不妨假设某彩票每周开奖一次，每次提供一千万分之一的中头奖的机会，且每周开奖是独立的，若你每周买一张彩票，坚持十年（每年 52 周）之久，你从未中奖的概率是多少？记 A_i 为"第 i 次开奖没中头奖"，$i=1,2,3,\cdots,520$，则十年你从未中头奖的概率为

$$P(A_1 A_2 \cdots A_{520}) \prod_{i=1}^{520} P(A_i) = (1-10^{-7})^{520} = 0.999948001.$$

这个概率表明你十年从未中头奖是很正常的事，有人可能会想我每周多买几张彩票，中奖机会就大了。我们算一下，若每周买 100 张，你中一次大奖的概率大约要 1000 年，若每周买 1000 张彩票（人民币 2000 元），中一次大奖的时间要 100 年。

2. 赌博破产问题

两个人 A 和 B 玩一种赌博游戏，直到其中一人输光所有的财产。假定开始时，A 的财产是 a 元，B 的财产是 b 元，并且输者每次给赢者 1 元。设 p 表示单次游戏中 A 赢的概率，B 赢的概率是 $q=1-p$。

(1) A 与 B 最终破产的概率有多大？

(2) 如果两个人的技巧同等高明，那么 A 与 B 破产的概率有多大？你有什么

样的启示?

(3) 在什么情况下对你会有利?

模型的求解　设 P_n 表示事件 $X_n = \{A$ 的财产是 n 元, A 最终破产$\}$ 的概率(其中 $0 \leqslant n \leqslant a+b$). 概率 P_n 按照下面两种互斥的方式与 P_{n-1} 和 P_{n+1} 相联系: A 以概率 p 赢了下一次游戏, 财产增加到 $n+1$ 元, 最终破产的概率为 P_{n+1}; A 以概率 q 输了下一次游戏, 财产变为 $n-1$ 元, 最终破产的概率为 P_{n-1}. 更确切地说, 设 $H = \{A$ 赢了下次游戏$\}$, 按照全概率公式, 有

$$X_n = X_n(H \cup \overline{H}) = X_n H \cup X_n \overline{H},$$

那么

$$P_n = P(X_n) = P(X_n \mid H)P(H) + P(X_n \mid \overline{H})P(\overline{H}) = pP_{n+1} + qP_{n-1}.$$

这里有两个平凡的边界条件: $P_0 = 1, P_{a+b} = 0$. 其中 $P_0 = 1$ 表示 A 有 0 元, A 破产; $P_{a+b} = 0$ 表示 A 拥有两人共有财产 $a+b$, 游戏结束, B 破产, A 不会破产. 由 $p + q = 1$, 得上式的递推公式

$$p(P_{n+1} - P_n) = q(P_n - P_{n-1}),$$

从而有

$$P_{n+1} - P_n = \frac{q}{p}(P_n - P_{n-1}) = \left(\frac{q}{p}\right)^n (P_1 - P_0) = \left(\frac{q}{p}\right)^n (P_1 - 1),$$

可见

$$P_{a+b} - P_n = (P_{a+b} - P_{a+b-1}) + (P_{a+b-1} - P_{a+b-2}) + \cdots + (P_{n+1} - P_n)$$

$$= \left(\frac{q}{p}\right)^{a+b-1}(P_1 - 1) + \left(\frac{q}{p}\right)^{a+b-2}(P_1 - 1) + \cdots + \left(\frac{q}{p}\right)^n (P_1 - 1)$$

$$= \sum_{k=n}^{a+b-1} \left(\frac{q}{p}\right)^k (P_1 - 1)$$

$$= (P_1 - 1) \frac{\left(\frac{q}{p}\right)^n - \left(\frac{q}{p}\right)^{a+b}}{1 - \frac{q}{p}},$$

由于 $P_{a+b} = 0$, 所以

$$P_n = (1 - P_1) \frac{\left(\frac{q}{p}\right)^n - \left(\frac{q}{p}\right)^{a+b}}{1 - \frac{q}{p}},$$

显然, 当 $n = 0$ 时有

$$P_0 = 1 = (1 - P_1) \frac{1 - \left(\frac{q}{p}\right)^{a+b}}{1 - \frac{q}{p}},$$

以上两个式子作比得

$$\frac{P_n}{P_0} = \frac{\left(\frac{q}{p}\right)^n - \left(\frac{q}{p}\right)^{a+b}}{1 - \left(\frac{q}{p}\right)^{a+b}},$$

可见,当 $n=a$,即 A 有 a 元且 $p \neq q$ 时,最终破产的概率为

$$P_a = \frac{\left(\frac{q}{p}\right)^a - \left(\frac{q}{p}\right)^{a+b}}{1 - \left(\frac{q}{p}\right)^{a+b}} = \left(\frac{q}{p}\right)^a \frac{1 - \left(\frac{q}{p}\right)^b}{1 - \left(\frac{q}{p}\right)^{a+b}} = \frac{q^a p^b - q^{a+b}}{p^{a+b} - q^{a+b}},$$

同理可得,当 B 的钱数是 b 元且 $p \neq q$ 时,最终破产的概率为

$$Q_b = \frac{\left(\frac{p}{q}\right)^b - \left(\frac{p}{q}\right)^{a+b}}{1 - \left(\frac{p}{q}\right)^{a+b}} = \left(\frac{p}{q}\right)^b \frac{1 - \left(\frac{p}{q}\right)^a}{1 - \left(\frac{p}{q}\right)^{a+b}} = \frac{q^a p^b - p^{a+b}}{q^{a+b} - p^{a+b}}.$$

从而可得 $P_a + Q_b = 1$. 因此,当游戏一直进行下去时,A 和 B 都不破产的概率是 0. 又 $1 - P_a$ 表示 A 有 a 元且 A 取胜的概率,这个概率恰好是他的对手 B 破产的概率.

下面考虑一种特殊情况,假定两人的技巧同等高明,即 $p = q = \frac{1}{2}$,这时我们有 $P_{n+1} - P_n = P_1 - 1$,那么 $P_{a+b} - P_n = 0 - P_n = (a+b-n)(P_1 - 1)$,由 $P_0 = 1$,所以 $P_1 - 1 = -\frac{1}{a+b}$,那么

$$P_a = \frac{b}{a+b}, \quad Q_b = \frac{a}{a+b}.$$

这表明当两个人的技巧同等高明时,他们破产的概率反比于他们各自拥有的财产. 因此在实力相当时,同一个拥有巨额财富的对手玩这种游戏是不明智的,因为从长期来看,你输掉所有财产似乎是必然的. 在纸牌赌博中,与庄家赌博就属于这种情况,这时最明智的选择就是见好就收,及时出局.

那么,在什么情况下对你会有利呢?当 $p > q$ 时,

$$P_a = \left(\frac{q}{p}\right)^a - \frac{1 - \left(\frac{q}{p}\right)^b}{1 - \left(\frac{q}{p}\right)^{a+b}} < \left(\frac{q}{p}\right)^a,$$

并且可以看到,当 $b \to \infty$ 时,$P_a \to \left(\frac{q}{p}\right)^a$. 因此,当单次游戏对自己有利时,即使面对一个无限富有的对手,你也有可能逃脱破产的厄运,逃脱破产的概率是

$$1 - P_a = 1 - \left(\frac{q}{p}\right)^a,$$

这个表达式揭示出：一个有一定数量的财产并富有赌博技巧的人从来不会破产，事实上他最终将变得更富有（当然这个人必须活得足够长才能使这种情况发生）．

习 题 1

A

1. 选择题

(1) 甲、乙、丙三人各射一次靶，记 A："甲中靶"，B："乙中靶"，C："丙中靶"，则下述运算可表示"三人中恰好有一人中靶"事件的是（　　）．

A. $\overline{A \cup B \cup C}$ 　　　　　　B. $A\overline{BC} \cup \overline{A}B\overline{C} \cup \overline{AB}C$

C. $AB\overline{C} \cup A\overline{B}C \cup \overline{A}BC$ 　　D. $\overline{ABC}$

(2) 对于事件 A,B，如果 $A \supset B$，$P(B) > 0$，则（　　）．

A. $P(B|A) = P(B)$ 　　　　　B. $P(A|B) = P(A)$

C. $P(\overline{A} \cup \overline{B}) = P(\overline{B})$ 　　　　D. $P(\overline{A} \cup \overline{B}) = P(\overline{A})$

(3) 设任意两个事件 A 与 B，若 $P(AB)=0$，则有（　　）．

A. A 和 B 必互逆 　　　　　B. A 和 B 必相互独立

C. $P(A-B) = P(A)$ 　　　　　D. $P(A)=0$ 或 $P(B)=0$

(4) 设 $P(A) = 0.4$，$P(B) = 0.3$，$P(A \cup B) = 0.6$，则 $P(A\overline{B}) = （　　）$．

A. 0.4 　　B. 0.3 　　C. 0.2 　　D. 0.5

(5) 下列各命题中正确的是（　　）．

A. 若事件 A,B 独立，则 $P(A \cup B) = P(A) + P(B)$

B. 若事件 A,B 独立，则事件 $\overline{A}$ 与 B，$\overline{A}$ 与 $\overline{B}$ 分别独立

C. 事件 A,B,C 独立的充要条件是 A,B,C 两两独立

D. 若事件 A 与 B 独立，则 $P(A|B) = P(B)$

2. 判断题（正确打√，错误打×）

(1) 若事件 A 的概率为 0.7，则在 10 次试验中 A 将发生 7 次．　　　　　　　　（　　）

(2) 任意两个事件 A 与 B，都满足 $P(A\overline{B}) = P(A-B) = P(A-AB) = P(A) - P(AB)$．

（　　）

(3) 若三个事件两两独立，则一定相互独立，反之不成立．　　　　　　　　　　（　　）

(4) 若两个事件互不相容，则两个事件不能同时发生，但可以都不发生；若两个事件对立，则必有一个事件发生，且仅有一个事件发生．　　　　　　　　　　　　　　　　（　　）

(5) 随机事件 A 与 B 是对立事件，则 $\overline{A}$ 与 $\overline{B}$ 仍是对立事件．　　　　　　（　　）

3. 填空题

(1) 已知 $P(A) = 0.7$，$P(A-B) = 0.3$，则 $P(\overline{AB}) = $ _____．

(2) 设事件 A,B 互不相容，且 $P(A) = p$，$P(B) = q$，则 $P(\overline{A}B) = $ _____．

(3) 设随机事件 A,B 相互独立,且 $P(A)=0.2$, $P(B)=0.3$,则 $P(AB)=$ _____, $P(\overline{AB})=$ _____.

(4) 一袋中有 50 个乒乓球,其中 20 个红球,30 个白球,今两人从袋中各取一球,取后不放回,则第二个人取到红球的概率为 _____.

(5) 在 4 次独立重复试验中,事件 A 至少出现一次的概率为 65/81,则事件 A 在每次试验中发生的概率为 _____.

4. 设 A,B,C 为三事件,用 A,B,C 的运算关系表示下列各事件:

(1) A,B,C 中至少有一个发生;

(2) A,B,C 中恰好有一个发生;

(3) A,B,C 都不发生;

(4) A,B,C 中不多于一个发生;

(5) A,B,C 中不多于两个发生.

5. 甲、乙两人约定星期日早晨 7 时到 8 时之间到某公共汽车站乘车,假定甲、乙到达车站的时刻是互不相干的,且每人在 7 时到 8 时这段时间内任何时刻到达车站是等可能的. 已知在这段时间内有四辆公共汽车,它们的开车时刻分别为 7:15,7:30,7:45,8:00. 若甲乙约定"车来就乘,彼此不等",求甲、乙同乘一辆车的概率.

6. 设某光学仪器厂制造的透镜,第一次落下时打破的概率为 1/2,若第一次落下未打破,第二次落下打破的概率为 7/10;若前两次落下未打破,第三次落下打破的概率为 9/10. 求透镜落下三次而未打破的概率.

7. 要制造一种机器零件,甲机床废品率为 0.05,而乙机床废品率为 0.1,而它们的生产是独立的,从它们制造的产品中,分别任意抽取一件,求:

(1) 至少有一件废品的概率;(2) 至多有一件废品的概率.

8. 玻璃杯成箱出售,每箱 20 只,假设各箱含 0,1,2 只残次品的概率相应为 0.8,0.1,0.1,顾客购一箱玻璃杯,在购买时,售货员随意取一箱,顾客开箱随机查看 4 只,若无残次品,则买下该箱玻璃杯;否则退回,试求:

(1) 顾客买下该箱玻璃杯的概率;

(2) 在顾客买下的一箱中,确实没有残次品的概率.

B

1. 选择题

(1) 设事件 A,B 仅一个发生的概率为 0.3,且 $P(A)+P(B)=0.5$,则 A,B 至少有一个不发生的概率为( ).

A. 0.3　　　B. 0.9　　　C. 0.5　　　D. 0.2

(2) 设 A,B 为随机事件,已知 $P(A)=0.5$, $P(B)=0.6$, $P(B|\overline{A})=0.4$,则 $P(A\cup B)=$ ( ).

A. 0.7　　　B. 0.6　　　C. 0.2　　　D. 0.5

(3) 已知 $P(A)=P(B)=P(C)=\dfrac{1}{4}$, $P(AB)=P(BC)=0$, $P(AC)=\dfrac{3}{16}$,则 A,B,都不发生的概率为( ).

A. $\dfrac{7}{16}$ B. $\dfrac{15}{16}$ C. $\dfrac{3}{16}$ D. $\dfrac{12}{16}$

(4)随机事件 A,B 满足 $P(A)=P(B)=0.5$,且 $P(A\cup B)=1$,则必有( ).
A. $A\cup B=\Omega$ B. $AB=\varnothing$
C. $P(\bar{A}\cup\bar{B})=1$ D. $P(A-B)=0$

(5)设 $0<P(A)<1$,$0<P(B)<1$,$P(A\mid B)+P(\bar{A}\mid\bar{B})=1$,则( ).
A. 事件 A 与事件 B 互不相容   B. 事件 A 与事件 B 相互独立
C. 事件 A 与事件 B 相互对立   D. 事件 A 与事件 B 互不独立

2.填空题

(1)设随机事件 A,B 满足条件 $AB=\overline{AB}$,则 $A\cup B=$ _____.

(2)甲乙两人独立解某一道数学题,已知该题被甲独立解出的概率为 0.6,被甲或乙解出的概率为 0.92.则该题被乙独立解出的概率为 _____.

(3)从五双不同尺码的鞋子中任取四只,则这四只鞋子中至少有两只配成一双的概率为 _____.

(4)已知 $P(\bar{A})=0.3$,$P(B)=0.4$,$P(A\bar{B})=0.5$,则 $P(B\mid A\cup\bar{B})=$ _____.

(5)某人有 5 把钥匙,只有一把能开门,但忘了开房门的是哪一把,逐把试开,则三次内打开的概率为 _____.

3. 工厂生产的某种产品的一级品率是 40%,问需要取多少件产品,才能使其中至少有一件一级品的概率不小于 95%.

4. 甲、乙、丙三人向靶子各射击一次,结果有 2 发子弹击中靶子.已知甲、乙、丙击中靶子的概率分别为 $4/5,3/4,2/3$,求丙脱靶的概率.

5. 甲、乙、丙三门高炮同时独立地各向敌机发射一枚炮弹,它们命中敌机的概率都是 0.2,飞机被击中 1 弹而坠毁的概率为 0.1,被击中 2 弹而坠毁的概率为 0.5,被击中 3 弹必定坠毁.
(1)试求飞机坠毁的概率;
(2) 已知飞机已经坠毁,试求它在坠毁前只被命中 1 弹的概率.

6. 有两个盒子,第一个盒子中装有 2 个红球,1 个白球,第二个盒中装一半红球,一半白球,现从两盒中各任取一球放在一起,再从中取一球,问
(1)这个球是红球的概率;
(2)若发现这个球是红球,问第一个盒中取出的球是红球的概率.

贝叶斯

第 1 章测试题

第 2 章　随机变量及其分布

在第 1 章中,我们在随机试验的样本空间的基础上研究了随机事件及其概率. 但是样本空间是一个一般的集合,不便于用微积分等数学工具来处理与揭示随机现象的统计规律性. 所以,从本章开始,我们将通过随机变量来研究随机现象.

2.1　随机变量与分布函数的概念

随机变量与分布函数

通过第 1 章的学习,读者可能已经发现,许多随机试验的结果都与实数密切相关. 如果我们把各种随机试验的结果数量化,即用一个变量 X 来描述试验的结果,使试验的结果与实数之间建立一种对应关系,那么将使我们在研究随机试验时,更为简便和直观.

2.1.1　随机变量的定义

定义 2.1.1　设 E 是一个随机试验,Ω 是它的样本空间. 如果对 Ω 中的每一个样本点 ω,都有一个实数 $X(\omega)$ 和它对应,那么就把这样一个定义域为 Ω 的单值实值函数 $X=X(\omega)$ 称为**随机变量**.

本书将以大写英文字母 X,Y,Z 等表示随机变量.

例 1　投掷一枚硬币,观察出现正反面的情况. 试验有两个可能结果,出现正面 H 和出现反面 T,则样本空间 $\Omega=\{H,T\}$. 若引入随机变量 X 来表示试验结果,则

$$X=X(\omega)=\begin{cases}1, & \omega=H, \\ 0, & \omega=T.\end{cases}$$

例 2　在将一枚硬币抛掷三次,观察正面 H、反面 T 出现情况的试验中,其样本空间 $\Omega=\{HHH,HHT,HTH,THH,HTT,THT,TTH,TTT\}$,记每次试验出现正面 H 的总次数为随机变量 X,则 X 作为样本空间 Ω 上的函数定义为

ω	HHH	HHT	HTH	THH	HTT	THT	TTH	TTT
X	3	2	2	2	1	1	1	0

易见,使 X 取值为 2 的样本点构成的子集为 $A=\{HHT,HTH,THH\}$,故

$$P(X=2)=P(A)=\frac{3}{8},$$

类似地,有 $P(X\leqslant 1)=P\{HTT,THT,TTH,TTT\}=\dfrac{4}{8}=\dfrac{1}{2}.$

由此可见,随机变量作为定义在 Ω 上的函数,其值域是某个实数集,但其定义域却未必是一个实数集,因为组成样本空间的元素不一定是实数.

随机变量 X 的取值由随机试验的结果而确定,从而它具有如下特征:一是它的取值带有随机性,即试验前只知道可能取值的范围,但不能肯定它取哪个值;二是 X 取范围中的各个值有一定的概率. 因此,今后对随机变量的讨论将从两方面进行,既要知道它能取哪些值,又要知道它以多大的概率取这些值.

由于取值情况不同,我们把随机变量分为两类:离散型随机变量和非离散型随机变量. 在非离散型随机变量中,最重要也是在实际问题中经常遇到的是连续型随机变量. 后面,我们主要讨论离散型随机变量和连续型随机变量.

2.1.2 随机变量的分布函数

对于随机变量 X,我们不只看它取哪些值,更重要的是看它以多大的概率取那些值. 由随机变量的定义可知,对于每一个实数 x,$(X\leqslant x)$ 都是一个事件,因此,有一个确定的概率 $P(X\leqslant x)$ 是 x 的函数. 这个函数在理论和应用中都具有重要意义,为此,我们有以下定义.

定义 2.1.2 设 X 为一个随机变量,对任意实数 x,称函数

$$F(x)=P(X\leqslant x) \qquad (2.1.1)$$

为 X 的**分布函数**.

若将 X 看作数轴上随机点的坐标,那么 $F(x)$ 在 x 处的函数值的直观意义就是随机点 X 落在 $(-\infty,x]$ 内的概率. 因此,$F(x)$ 的定义域为整个数轴,值域为 $[0,1]$,即 $0\leqslant F(x)\leqslant 1$.

对于一个随机变量 X,若已知它的分布函数 $F(x)$,则 x 落在实轴上任一区间 $(x_1,x_2]$ 内的概率可由下式求得

$$P(x_1<X\leqslant x_2)=P(X\leqslant x_2)-P(X\leqslant x_1)=F(x_2)-F(x_1),$$

即 X 落在 $(x_1,x_2]$ 内的概率等于 $F(x)$ 在 $(x_1,x_2]$ 内的增量.

分布函数具有下述性质:

$1°$ $F(x)$ 单调非减,即当 $x_1<x_2$ 时,有 $F(x_1)\leqslant F(x_2)$;

$2°$ $0\leqslant F(x)\leqslant 1$,且

$$F(-\infty)=\lim_{x\to-\infty}F(x)=0,$$
$$F(+\infty)=\lim_{x\to+\infty}F(x)=1;$$

$3°$ $F(x)$ 是右连续的,即 $\lim\limits_{x\to x_0^+}F(x)=F(x_0+0)=F(x_0)\,(-\infty<x_0<+\infty).$

对于性质 1°，因为 $x_1 < x_2$，所以 $\{X \leqslant x_1\} \subset \{X \leqslant x_2\}$，由概率的性质有
$$P(X \leqslant x_1) \leqslant P(X \leqslant x_2), \quad 即 \quad F(x_1) \leqslant F(x_2).$$

对于性质 2° 给出如下直观说明：

由 $0 \leqslant F(x) \leqslant 1$ 及性质 1° 知 $F(x)$ 单调有界，故极限 $\lim\limits_{x \to -\infty} F(x)$ 存在，而 $\lim\limits_{x \to -\infty} F(x) = \lim\limits_{x \to -\infty} P(X \leqslant x)$，右边表达式的直观意义是：当 x 沿数轴无限向左移动时，随机点 X 落在 x 左边的概率的极限，显然为零. 类似地可以说明 $F(+\infty) = 1$.

反之可以证明，对于任意一个函数，若满足上述三条性质，则它一定可以作为某个随机变量的分布函数.

例 3 设随机变量 X 的分布函数为 $F(x) = A + B \arctan x$，试确定系数 A 与 B.

解 由分布函数的性质 $F(-\infty) = 0, F(+\infty) = 1$，得
$$\begin{cases} A + B\left(-\dfrac{\pi}{2}\right) = 0, \\ A + B\left(+\dfrac{\pi}{2}\right) = 1, \end{cases}$$

解方程组，得
$$A = \frac{1}{2}, \quad B = \frac{1}{\pi}.$$

2.1.3 引入随机变量的意义

对所考察的随机现象，当引入随机变量以后，随机事件即可用随机变量满足某关系式来描述. 反之，给出随机变量 X 满足的某个关系式，它将表达该随机现象中的某个事件.

例如，某厂生产的灯泡按国家标准，合格品的使用寿命应不小于 1000 小时. 设事件 A 表示"从该厂产品中随机地取出一只灯泡，发现它是不合格品". 由于 $\Omega = [0, +\infty)$，因此可以用随机变量 X 表示"随机地取出一只灯泡的寿命"，此时，事件 A 可以表示成 $\{0 \leqslant X < 1000\}$ 或 $\{X \in [0, 1000)\}$，相应的概率 $P(A)$ 可以表示成 $P(0 \leqslant X < 1000)$ 或 $P(X \in [0, 1000))$. 又如，前面我们已经对抛硬币的试验引入随机变量 X，此时，当我们计算"出现正面"这一事件的概率时，可以把它表达成
$$P(X = 1) = \frac{1}{2}.$$

随机变量概念的引入，使得对随机现象统计规律的研究，由对事件及事件概率的研究转化为对随机变量及其取值规律的研究，这是概率论发展史上的一个重大突破，它使我们能够运用数学分析这个更有效的方法对随机试验的结果进行广泛且深入的研究.

2.2 离散型随机变量

离散型随机变量的分布律与分布函数

2.2.1 离散型随机变量的分布律与分布函数

如果随机变量只可能取有限个或可列个值,则称这个随机变量为**离散型随机变量**.

例如,投掷一颗骰子出现的点数;某交通道口中午 1 小时内汽车的流量;n 重伯努利试验中事件 A 发生的次数等,它们都是离散型随机变量.

如 2.1 节中所述,描述一个离散型随机变量的取值规律,不仅要知道它可能取到的所有值,而且还需要知道它取各个可能值的概率. 为此,我们引入离散型随机变量分布律的定义.

定义 2.2.1 设 X 是一个离散型随机变量,它所有可能的取值为 $x_1, x_2, \cdots, x_n, \cdots$,相应地取这些值的概率为

$$p_k = P(X = x_k), \quad k = 1, 2, \cdots, n, \cdots, \tag{2.2.1}$$

称 (2.2.1) 式为离散型随机变量 X 的**概率分布**或**分布律**.

X 的分布律还可以写成下面的表格形式:

X	x_1	x_2	$\cdots$	x_n	$\cdots$
p_k	p_1	p_2	$\cdots$	p_n	$\cdots$

其中 $p_n (n=1,2,\cdots)$ 表示 X 取值 x_n 时的概率. 另外,为了便于计算分布函数,通常把 X 的各种取值按从小到大的次序排列.

由概率的定义,知 p_k 具有下面的性质:

1° $p_k \geqslant 0 (k=1,2,\cdots)$;

2° $\sum\limits_{k=1}^{\infty} p_k = 1$.

反之,所有满足上述性质 1° 和 2° 的数列 $\{p_k\}$ 都可以作为某个离散型随机变量的分布律.

例 1 袋中装有大小、质地完全相同的 3 个红球,2 个白球,1 个蓝球.从袋中任取 4 个球,求取得的红球数 X 的分布律.

解 从 6 个球中取 4 个球的所有不同取法有 C_6^4 种,取出的 4 个球中的红球数 X 可能是 $1, 2, 3$. 由题意可知

$$P(X=1) = \frac{C_3^1 C_3^3}{C_6^4} = \frac{1}{5}, \quad P(X=2) = \frac{C_3^2 C_3^2}{C_6^4} = \frac{3}{5},$$

$$P(X=3) = \frac{C_3^3 C_3^1}{C_6^4} = \frac{1}{5},$$

于是，X 的分布律为

X	1	2	3
p_k	$\dfrac{1}{5}$	$\dfrac{3}{5}$	$\dfrac{1}{5}$

对于离散型随机变量，如其分布律为 $p_k=P(X=x_k)$，$k=1,2,3,\cdots$，则其分布函数为

$$F(x)=P(X\leqslant x)=\sum_{k:x_k\leqslant x}p_k,\quad \forall x\in \mathbf{R}, \tag{2.2.2}$$

这里和式是指对一切满足 $x_k\leqslant x$ 的 k 求和，$F(x)$ 在 $x=x_k(k=1,2,\cdots)$ 处有跳跃，其跳跃值恰为随机变量 X 在该点处的概率 $p_k=P(X=x_k)$.

例 2 设随机变量 X 的分布律为

X	-1	0	2
p_k	$\dfrac{1}{3}$	$\dfrac{1}{2}$	$\dfrac{1}{6}$

求：(1) X 的分布函数；

(2) $P\left(X\leqslant -\dfrac{1}{2}\right)$，$P\left(0<X\leqslant \dfrac{3}{2}\right)$，$P\left(0\leqslant X\leqslant \dfrac{3}{2}\right)$.

解 (1) 当 $x<-1$ 时，

$$F(x)=P(X\leqslant x)=P(\varnothing)=0;$$

当 $-1\leqslant x<0$ 时，

$$F(x)=P(X\leqslant x)=P(X=-1)=\dfrac{1}{3};$$

当 $0\leqslant x<2$ 时，

$$F(x)=P(X\leqslant x)=P(X=-1)+P(X=0)=\dfrac{1}{3}+\dfrac{1}{2}=\dfrac{5}{6};$$

当 $x\geqslant 2$ 时，

$$F(x)=P(X\leqslant x)=P(X=-1)+P(X=0)+P(X=2)$$
$$=\dfrac{1}{3}+\dfrac{1}{2}+\dfrac{1}{6}=1.$$

它的图形是一条阶梯形曲线，在 $x=-1$，$x=0$ 及 $x=2$ 处具有跳跃，所以

$$F(x)=\begin{cases}0, & x<-1,\\ \dfrac{1}{3}, & -1\leqslant x<0,\\ \dfrac{5}{6}, & 0\leqslant x<2,\\ 1, & x\geqslant 2,\end{cases}$$

其跳跃值分别为 $\dfrac{1}{3},\dfrac{1}{2}$ 及 $\dfrac{1}{6}$（图 2-1）.

(2) $P\left(X\leqslant -\dfrac{1}{2}\right)=F\left(-\dfrac{1}{2}\right)=\dfrac{1}{3}$,

$P\left(0<X\leqslant \dfrac{3}{2}\right)=F\left(\dfrac{3}{2}\right)-F(0)=\dfrac{5}{6}-\dfrac{5}{6}=0$,

$P\left(0\leqslant X\leqslant \dfrac{3}{2}\right)=P\left(0<X\leqslant \dfrac{3}{2}\right)+P(X=0)=0+\dfrac{1}{2}=\dfrac{1}{2}.$

图 2-1

2.2.2 几种重要的离散型分布

离散型随机变量的分布很多,在实际问题中,常见的离散型分布是两点分布、二项分布、泊松(Poisson)分布、超几何分布、几何分布、负二项分布以及均匀分布,其中以前三种尤为重要. 以下分别予以讨论.

几种重要的离散型分布

1. 两点分布

如果随机变量 X 的分布律为

$$p_k=P(X=x_k)=p^k(1-p)^{1-k},\quad k=0,1\quad (0<p<1)\quad (2.2.3)$$

或写作

X	x_0	x_1
p_k	$1-p$	p

则称 X 服从参数为 p 的**两点分布**.

特殊地,当 $x_0=0,x_1=1$ 时,称 X 服从参数为 p 的**(0-1)分布**,记作 $X\sim B(1,p)$.

(0-1)分布可用来描述实际问题中相当广泛的一类随机试验. 例如,一个电路系统的连通与否、检验一件产品是否合格,以及掷币试验等. 一般地,当一个随机试验仅有两个可能的结果时,我们总可以在其样本空间 Ω 上定义一个服从(0-1)分布的随机变量.

例如,掷一颗均匀的骰子,定义 $\omega_1=\{$上表面是 6 点$\},\omega_2=\{$上表面不是 6 点$\}$,则可以定义 $\Omega=\{\omega_1,\omega_2\}$ 上的随机变量:

$$X = \begin{cases} 1, & \omega = \omega_1, \\ 0, & \omega = \omega_2, \end{cases}$$

其分布律为

X	0	1
p_k	$\dfrac{5}{6}$	$\dfrac{1}{6}$

即 X 服从参数为 $\dfrac{1}{6}$ 的 (0-1) 分布.

2. 二项分布

如果随机变量 X 的分布律为

$$P(X=k) = C_n^k p^k (1-p)^{n-k}, \quad k=0,1,2,\cdots,n, \tag{2.2.4}$$

其中 $0<p<1$, 则称随机变量 X 服从参数为 n,p 的**二项分布**, 记作 $X \sim B(n,p)$.

二项分布是由 n 重伯努利试验引入的一种重要的分布. 一般地, 对于 n 重伯努利试验, 如果每次试验中事件 A 发生的概率为 p, 那么用以描述 n 次试验中事件 A 发生次数的随机变量 X 服从参数为 n,p 的二项分布.

对于二项分布, 易见

(1) $P(X=k) > 0 \,(0 \leqslant k \leqslant n)$;

(2) $\sum\limits_{k=0}^{n} P(X=k) = \sum\limits_{k=0}^{n} C_n^k p^k (1-p)^{n-k} = [(1-p)+p]^n = 1.$

比较二项分布与 (0-1) 分布, 不难看出, 当 $n=1$ 时二项分布就是 (0-1) 分布.

例 3 某人投篮命中率为 0.6, 若他连投 10 次, 问至少命中 2 次的概率.

解 设 10 次投篮命中的次数为 X, 则 $X \sim B(10, 0.6)$,

$$\begin{aligned} P(X \geqslant 2) &= 1 - P(X=0) - P(X=1) \\ &= 1 - C_{10}^0 \, 0.6^0 \times 0.4^{10} - C_{10}^1 \, 0.6 \times 0.4^9 \\ &= 0.9983. \end{aligned}$$

3. 泊松分布

如果随机变量 X 的分布律为

$$P(X=k) = \frac{\lambda^k}{k!} e^{-\lambda}, \quad k=0,1,2,\cdots, \tag{2.2.5}$$

其中 $\lambda > 0$, 那么称随机变量 X 服从参数为 λ 的**泊松分布**, 记作 $X \sim P(\lambda)$.

容易验证:

(1) $P(X=k) = \dfrac{\lambda^k}{k!} e^{-\lambda} \geqslant 0 \,(k=0,1,2,\cdots)$;

(2) $\sum_{k=0}^{\infty} P(X=k) = \sum_{k=0}^{\infty} \frac{\lambda^k}{k!} e^{-\lambda} = 1.$

事实上,许多实际问题中引入的随机变量是服从泊松分布的.例如,在单位时间内电话交换台接到的呼唤次数、公路交叉口处在单位时间内过往的汽车辆数、纺织厂生产的一定数量的布匹上的疵点数、铸件的砂眼数等在一定条件下都是服从泊松分布的.

二项分布与泊松分布有着密切的关系,下面的定理将证明泊松分布是二项分布当 $n \to \infty$ 时的极限分布.

定理 2.2.1(泊松定理) 在 n 重伯努利试验中,如果每次试验中事件 A 发生的概率为 p_n,且 $\lim_{n\to\infty} np_n = \lambda$,则对于任意一个非负整数 k,

$$\lim_{n\to\infty} C_n^k p_n^k (1-p_n)^{n-k} = \frac{\lambda^k}{k!} e^{-\lambda}, \quad k=0,1,2,\cdots. \tag{2.2.6}$$

证明 记 $\lambda_n = np_n$,则由 $p_n = \frac{\lambda_n}{n}$ 得

$$C_n^k p_n^k (1-p_n)^{n-k} = C_n^k \left(\frac{\lambda_n}{n}\right)^k \left(1-\frac{\lambda_n}{n}\right)^{n-k}$$

$$= \frac{n(n-1)(n-2)\cdots(n-k+1)}{k!} \left(\frac{\lambda_n}{n}\right)^k \left(1-\frac{\lambda_n}{n}\right)^{n-k}$$

$$= \frac{\lambda_n^k}{k!} \left(1-\frac{\lambda_n}{n}\right)^{n\cdot\frac{n-k}{n}} \left[\left(1-\frac{1}{n}\right)\left(1-\frac{2}{n}\right)\cdots\left(1-\frac{k-1}{n}\right)\right],$$

又因为对于任意一个固定的非负整数 k,

$$\lim_{n\to\infty} \left(1-\frac{\lambda_n}{n}\right)^n = \lim_{n\to\infty} \left[\left(1-\frac{\lambda_n}{n}\right)^{-\frac{n}{\lambda_n}}\right]^{-\lambda_n} = e^{-\lambda},$$

$$\lim_{n\to\infty} \lambda_n^k = \lambda^k,$$

$$\lim_{n\to\infty} \left[\left(1-\frac{1}{n}\right)\left(1-\frac{2}{n}\right)\cdots\left(1-\frac{k-1}{n}\right)\right] = 1,$$

所以

$$\lim_{n\to\infty} C_n^k p_n^k (1-p_n)^{n-k} = e^{-\lambda} \frac{\lambda^k}{k!},$$

证毕.

在二项分布的概率计算中,如果 n 很大而 p 接近于零,那么利用二项分布计算概率,计算量往往都比较大.由泊松定理,可取其近似值

$$C_n^k p_n^k (1-p_n)^{n-k} = e^{-\lambda} \frac{\lambda^k}{k!}, \quad \text{其中} \quad \lambda = np, \tag{2.2.7}$$

而后者可查泊松分布表(附表1)求得.

例4 根据以往的统计资料,某种疾病的发病率为 0.001,试问在一个 5000 人的单位中,至少有两人患此病的概率有多大?

解 设 5000 人中患此病的人数为 X，则 $X \sim B(5000, 0.001)$，因而至少有两人患此病的概率为

$$\begin{aligned} P(X \geqslant 2) &= 1 - P(X < 2) \\ &= 1 - P(X = 0) - P(X = 1) \\ &= 1 - (0.999)^{5000} - 5000 \times 0.001 \times 0.999^{4999} \\ &= 0.95964. \end{aligned}$$

上式的计算比较麻烦，注意到这里 n 很大，而 p 接近于零，因此可用上述近似公式计算：由 $\lambda = np = 5$，查泊松分布表得 $P(X \geqslant 2) = 0.959572$.

与前面的结果相比较，相差甚微. 事实上，在实际应用中，当 $n \geqslant 10, p \leqslant 0.1$ 时，利用泊松分布来近似代替二项分布，其近似度相当好.

*4. 超几何分布

如果随机变量 X 的分布律为

$$P(X = k) = \frac{C_M^k C_{N-M}^{n-k}}{C_N^n}, \tag{2.2.8}$$

其中 N, M, n, k 均为非负整数，且 $M \leqslant N, n \leqslant N, \max(0, M+n-N) \leqslant k \leqslant \min(M, n)$，则称随机变量 X 服从参数为 N, M, n 的**超几何分布**，记作 $X \sim H(N, M, n)$.

超几何分布是产品抽样检验中的重要公式，上面的分布律公式可看作由含 M 件次品的 N 件同类产品中，任意抽出 n 件，这 n 件中有 k 件次品的概率.

可以看出，二项分布与超几何分布的区别：二项分布是假定每次抽取时所得次品的概率不变，各次抽取相互独立（抽样方法等价于有放回抽样）；而超几何分布则认为每次抽取时抽得次品的概率是变化的，各次抽取是不相互独立的（抽样方法等价于无放回抽样）. 在应用中，只要当 $N \geqslant 10n$ 时，超几何分布可用二项分布来近似，取 $p = \dfrac{M}{N}$.

例 5 某条流水线生产的产品中，一级品率为 90%. 今从某天生产的 1000 件产品中，随机地抽取 20 件作检查. 试求：

(1) 恰有 18 件一级品的概率；

(2) 一级品不超过 18 件的概率.

解 设 X 表示"20 件产品中一级品的个数". 由于 $1000 \gg 10 \times 20$，因此可以近似地认为 $X \sim B(20, 0.9)$.

(1) 所求概率为

$$P(X = 18) = C_{20}^{18} 0.9^{18} \times 0.1^2 = 0.285;$$

(2) 所求概率为
$$P(X\leqslant 18) = 1 - P(X>18)$$
$$= 1 - P(X=19) - P(X=20)$$
$$= 1 - 0.27 - 0.122$$
$$= 0.608.$$

*5. 几何分布

如果随机变量 X 的分布律为
$$P(X=k) = p(1-p)^{k-1}, \quad k=1,2,\cdots, \tag{2.2.9}$$
则称随机变量 X 服从参数为 p 的**几何分布**,记作 $X \sim G(p)$.

几何分布也是重复独立地做伯努利试验产生的,只是试验次数预先不能确定,它是一个取正整数值的随机变量.

几何分布是一种等待分布. 由于在已知 n 次试验尚未成功的条件下,再试验 k 次仍然未成功的概率与重新开始 k 次未成功的概率相等,而与 n 无关,因此,几何概率具有无记忆性.

例如,某位足球运动员罚点球命中的概率为 $p(0<p<1)$,且不限制他罚球的次数,只是一旦命中即停止. 若以 X 表示首次命中时的罚球次数,则随机变量 X 必定服从参数为 p 的几何分布.

*6. 负二项分布

如果随机变量 X 的分布律为
$$P(X=k) = C_{k-1}^{r-1} p^r (1-p)^{k-r}, \quad k=r, r+1, \cdots, \tag{2.2.10}$$
则称随机变量 X 服从参数为 r 和 p 的**负二项分布**. 记作 $X \sim NB(r,p)$.

由定义可知,负二项分布也是一个离散型的等待分布,它是已做 k 次伯努利试验时第 r 个质点(故障、命令等)到达的离散型时刻.

比较负二项分布与几何分布,不难看出,$r=1$ 时的负二项分布就是几何分布.

例 6(Banach(巴拿赫)问题) 某售货员同时出售两包同样的书各 N 本,每次售书时他等可能地任选一包,从中取出一本,直到他某次取完书后立即发现一包已空时为止. 问这时一包已空而另一包尚余 $r(\leqslant N)$ 本书的概率 p_r 为多少?

解 每次选一包取书构成一随机试验,共有两个基本事件,概率均为 $\frac{1}{2}$;到取书后发现一包已空时,如另一包尚有 r 本,那么已做了 $N+N-r=2N-r$ 次试验,而第 $2N-r$ 次取的书应当是某包的第 N 本,故为一个 $NB\left(N, \frac{1}{2}\right)$ 的分布,从而(注意未取定是哪一包,因此有 2 倍)

$$p_r = 2\mathrm{C}_{2N-r-1}^{N-1}\left(\frac{1}{2}\right)^N\left(\frac{1}{2}\right)^{(2N-r)-N} = \mathrm{C}_{2N-r-1}^{N-1}\left(\frac{1}{2}\right)^{2N-r-1}.$$

如果问题换为:取完书后不能立即发现此包已空,而直到再次从此包取书时才能发现它已空,检查发现另一包尚有 r 本书,求此事件的概率. 注意由于此时试验次数为 $N+1+N-r=2N-r+1$ 次,最后一次即第 $2N-r+1$ 次必须选自现已空的那包,故为一个 $NB\left(N+1,\dfrac{1}{2}\right)$ 的分布,从而

$$p_r = 2\mathrm{C}_{(2N-r+1)-1}^{(N+1)-1}\left(\frac{1}{2}\right)^{N+1}\left(\frac{1}{2}\right)^{(2N-r+1)-(N+1)} = \mathrm{C}_{2N-r}^{N}\left(\frac{1}{2}\right)^{2N-r}.$$

* 7. 均匀分布

如果随机变量 X 的分布律为

$$P(X=a_k) = \frac{1}{n}, \quad k=1,2,\cdots,n, \qquad (2.2.11)$$

则称随机变量 X 服从集合 $\{a_1,a_2,\cdots,a_n\}$ 上的(**离散型**)均匀分布.

易见,均匀分布的基本特征是:样本空间是一个有限集,且每种试验结果以相等的概率出现.

2.3 连续型随机变量

对于非离散型随机变量,我们只研究其中最重要的一种——连续型随机变量. 由于这种随机变量的所有可能的取值不能像离散型随机变量那样一一列出,因而不能用分布律来描述它的概率分布,在理论上和实际应用中我们常用概率密度函数来描述它.

2.3.1 连续型随机变量的密度函数与分布函数

定义 2.3.1 对于随机变量 X 的分布函数 $F(x)$,如果存在非负可积函数 $f(x)$,使得对任意实数 x,有

$$F(x) = P(X \leqslant x) = \int_{-\infty}^{x} f(t)\mathrm{d}t, \qquad (2.3.1)$$

则称 X 为**连续型随机变量**,称 $f(x)$ 为 X 的**概率密度函数**,简称**密度函数**或**概率密度**.

概率密度函数有如下性质:

$1°\ f(x) \geqslant 0$;

$2°\ \int_{-\infty}^{+\infty} f(x)\mathrm{d}x = 1.$

反之,一个定义在 $(-\infty,+\infty)$ 上的可积函数 $f(x)$,如果能满足性质 $1°$ 和性质 $2°$,那么它总可以作为某个连续型随机变量的概率密度函数.

3° 由定义可计算出连续型随机变量 X 落在区间 $(a,b]$ 内的概率为

$$P(a < X \leqslant b) = P(X \leqslant b) - P(X \leqslant a) = F(b) - F(a) = \int_a^b f(x) \mathrm{d}x.$$

上式的直观意义为：连续型随机变量落在区间 $(a,b]$ 内的概率等于以密度函数的曲线 $y=f(x)$ 为顶，区间 $(a,b]$ 为底的曲边梯形的面积，如图 2-2 中阴影部分。从这个意义上可知，连续型随机变量 X 取任一定值 a 的概率为零，即

$$P(X = a) = 0.$$

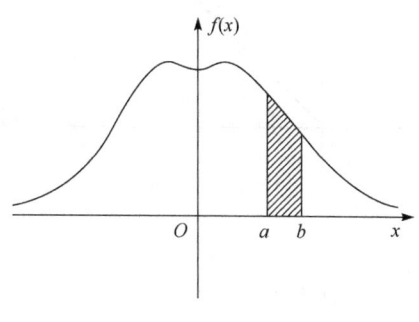

图 2-2

该结论与离散型随机变量显然不同，这也正是连续型随机变量不能用分布律描述的原因。同时这一事实表明，一个概率为零的事件，未必是不可能事件。

进一步可以得到，计算连续型随机变量落在某一区间上的概率时，不必区分区间是否包含端点，即有

$$P(a < X < b) = P(a \leqslant X \leqslant b) = P(a \leqslant X < b) = P(a < X \leqslant b)$$
$$= \int_a^b f(x) \mathrm{d}x = F(b) - F(a).$$

4° 由微积分知识可知，非负可积函数的变上限积分是连续函数，因此，连续型随机变量的分布函数必是连续的，且在 $f(x)$ 的连续点处有

$$F'(x) = f(x).$$

例 1 等可能地向区间 $(0,1)$ 上投掷质点，设落点位置的坐标为随机变量 X，求：
(1) X 的分布函数；
(2) X 的密度函数；
(3) $P(0.3 < X < 0.7)$。

解 (1) 当 $x \leqslant 0$ 时，$P(X \leqslant x) = P(\varnothing) = 0$。

当 $0 < x < 1$ 时，因为 $(-\infty, x] \cap (0,1) = (0, x]$ 且由于质点落入 $(0,1)$ 内每一点处是等可能的，即质点落入区间 $(0,1)$ 中任一子区间上的概率与该子区间的长度成正比，所以

$$P(X \leqslant x) = \frac{x-0}{1-0} = x.$$

当 $x \geqslant 1$ 时，$(-\infty, x] \cap (0,1) = (0,1)$，有

$$P(X \leqslant x) = \frac{1-0}{1-0} = 1,$$

即所求的分布函数为

$$F(x) = \begin{cases} 0, & x \leqslant 0, \\ x, & 0 < x < 1, \\ 1, & x \geqslant 1. \end{cases}$$

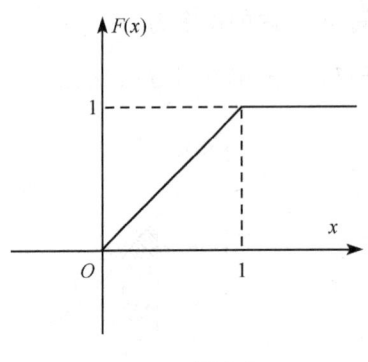

图 2-3

图 2-3 给出了 $F(x)$ 的图形,显然是一条连续的曲线.

(2) 由 $F'(x) = f(x)$ 得

$$f(x) = \begin{cases} 1, & 0 < x < 1, \\ 0, & \text{其他}. \end{cases}$$

(3) $P(0.3 < X < 0.7) = F(0.7) - F(0.3) = 0.7 - 0.3 = 0.4$.

2.3.2 几种重要的连续型分布

1. 均匀分布

设随机变量 X 的概率密度函数为

$$f(x) = \begin{cases} \dfrac{1}{b-a}, & a < x < b, \\ 0, & \text{其他}, \end{cases} \tag{2.3.2}$$

则称 X 服从区间 (a,b) 上的**均匀分布**,记作 $X \sim U(a,b)$.

易见,$\int_{-\infty}^{+\infty} f(x) \mathrm{d}x = \int_a^b \dfrac{1}{b-a} \mathrm{d}x = 1$,且可求得分布函数如下:

$$F(x) = \begin{cases} 0, & x < a, \\ \dfrac{x-a}{b-a}, & a \leqslant x < b, \\ 1, & x \geqslant b. \end{cases}$$

图 2-4 及图 2-5 分别为 X 的概率密度图及分布函数图.

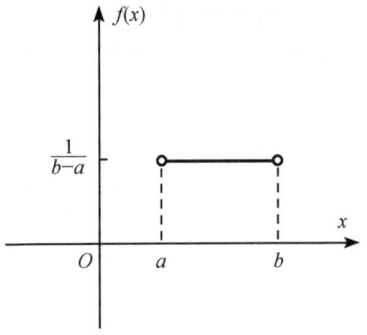

图 2-4

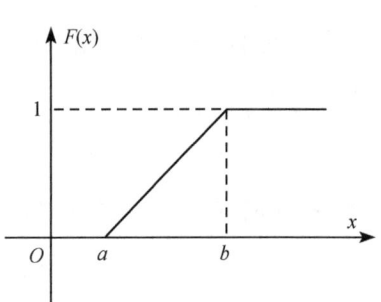

图 2-5

容易看到,对任意满足 $a\leqslant x_1<x_2\leqslant b$ 的区间 (x_1,x_2),有

$$P(x_1<X<x_2)=\int_{x_1}^{x_2}\frac{1}{b-a}\mathrm{d}x=\frac{x_2-x_1}{b-a},$$

这说明随机变量 X 落在 (a,b) 中任一子区间 (x_1,x_2) 内的概率,只依赖于该子区间的长度,而与子区间的位置无关,这正是均匀分布的概率意义.

例 2 已知某公共汽车站每隔 10 分钟来一次班车,设某乘客到站的时刻是随机的,即任一时刻到站的可能性是相等的,求该乘客到站后等车时间超过 5 分钟的概率和不超过 2 分钟的概率.

解 设该乘客等车时间为 X,则 X 服从 $(0,10)$ 上的均匀分布,其概率密度为

$$f(x)=\begin{cases}\dfrac{1}{10}, & 0<x<10,\\ 0, & 其他,\end{cases}$$

于是,等车时间超过 5 分钟的概率为

$$P(5<X\leqslant 10)=\int_5^{10}f(x)\mathrm{d}x=\int_5^{10}\frac{1}{10}\mathrm{d}x=\frac{1}{2},$$

等车时间不超过 2 分钟的概率为

$$P(0<X\leqslant 2)=\int_0^2 f(x)\mathrm{d}x=\int_0^2\frac{1}{10}\mathrm{d}x=\frac{1}{5}.$$

2. 指数分布

设随机变量 X 的概率密度为

$$f(x)=\begin{cases}\lambda\mathrm{e}^{-\lambda x}, & x>0,\\ 0, & x\leqslant 0,\end{cases} \tag{2.3.3}$$

其中 $\lambda>0$ 为常数,则称 X 服从参数为 λ 的**指数分布**,记作 $X\sim E(\lambda)$.

对于指数分布,$\int_{-\infty}^{+\infty}f(x)\mathrm{d}x=\int_0^{+\infty}\lambda\mathrm{e}^{-\lambda x}\mathrm{d}x=1$,且相应的分布函数为

$$F(x)=\begin{cases}1-\mathrm{e}^{-\lambda x}, & x\geqslant 0,\\ 0, & x<0,\end{cases}\quad 其中\quad \lambda>0.$$

图 2-6 为服从指数分布的随机变量 X 的密度函数图形.

指数分布经常作为各种"寿命"分布的近似而得到重要应用,例如,电子元件的寿命、动物的寿命等.此外,到某特定事件发生所需等待的时间也常被认为服从指数分布,例如,从现在起到一次地震发生所需等待的时间、

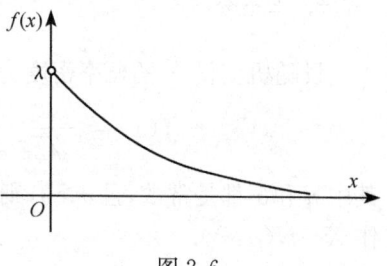

图 2-6

等待服务的时间等,都认为是服从指数分布的随机变量.

例3 某电子元件的寿命(单位:年)服从参数为3的指数分布:
(1) 求该电子元件寿命超过2年的概率;
(2) 已知该电子元件已使用了1.5年,求它还能使用2年的概率为多少?

解 设该电子元件的寿命为X,则它的密度函数为

$$f(x) = \begin{cases} 3e^{-3x}, & x>0, \\ 0, & x \leqslant 0. \end{cases}$$

(1) 电子元件寿命超过2年的概率为

$$P(X>2) = \int_2^{+\infty} 3e^{-3x} dx = e^{-6};$$

(2) 已知该电子元件已使用了1.5年,它还能使用2年的概率为

$$P(X>3.5 \mid X>1.5) = \frac{P(X>3.5, X>1.5)}{P(X>1.5)}$$

$$= \frac{\int_{3.5}^{+\infty} 3e^{-3x} dx}{\int_{1.5}^{+\infty} 3e^{-3x} dx} = e^{-6}.$$

一般地,若X服从指数分布,则对任意$s>0, t>0$,有

$$P(X>s+t \mid X>s) = \frac{P(X>s+t)}{P(X>s)} = \frac{\int_{s+t}^{+\infty} \lambda e^{-\lambda x} dx}{\int_s^{+\infty} \lambda e^{-\lambda x} dx}$$

$$= \frac{e^{-\lambda(s+t)}}{e^{-\lambda s}} = e^{-\lambda t} = P(X>t),$$

即

$$P(X>s+t \mid X>s) = P(X>t).$$

这种性质称为**指数分布的无记忆性**.它的直观意义为:若把X看作某种元件的寿命,则此式表明,如果已知该元件寿命大于s年,那么其寿命再增长t年的概率与已有寿命年限s无关(这就是说元件对它已使用过的s年没有记忆).

3. 正态分布

设随机变量X的概率密度为

正态分布

$$f(x) = \frac{1}{\sqrt{2\pi}\,\sigma} e^{-\frac{(x-\mu)^2}{2\sigma^2}}, \quad -\infty < x < +\infty, \tag{2.3.4}$$

其中μ和σ都是常数,且$\sigma>0$,则称随机变量X服从参数为μ, σ^2的**正态分布**,记作$X \sim N(\mu, \sigma^2)$.

这时X的分布函数为

$$F(x) = \frac{1}{\sqrt{2\pi}\,\sigma} \int_{-\infty}^{x} e^{-\frac{(t-\mu)^2}{2\sigma^2}} dt, \quad -\infty < x < +\infty.$$

1) 正态密度曲线的性质及其概率意义

正态密度函数 $f(x) = \frac{1}{\sqrt{2\pi}\,\sigma} e^{-\frac{(x-\mu)^2}{2\sigma^2}}$ 的图形如图 2-7 所示，称其为**正态密度曲线**.

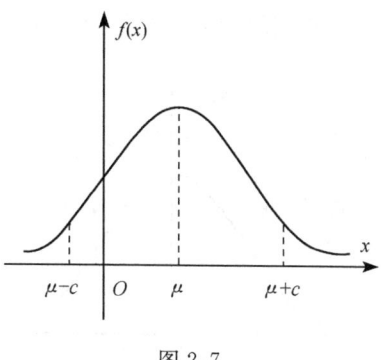

图 2-7

由函数 $f(x)$ 的图形不难看出正态密度曲线具有如下性质：

$1°$ 整个曲线关于 $x=\mu$ 对称，其概率意义是：对任意 $c>0$，有

$$P(\mu - c < X \leqslant \mu) = P(\mu < X \leqslant \mu + c).$$

$2°$ $x=\mu$ 是函数 $f(x)$ 唯一的极值点，且 $f(x)$ 在此点处取得最大值 $f(\mu) = \frac{1}{\sqrt{2\pi}\,\sigma}$. 整个曲线呈现钟形，从概率意义上看，这表明 $x=\mu$ 附近是随机变量 X 取值最集中的范围，即取定一个单位长度的区间，当该区间中点距 μ 越近时，X 落在区间上的概率越大；反之，当该区间中点距 μ 越远时，X 落在区间上的概率越小.

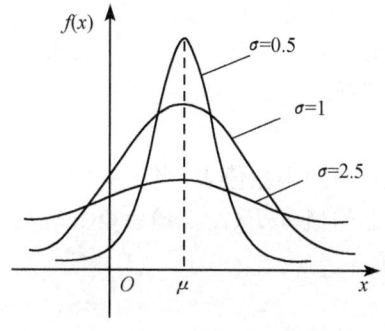

图 2-8

$3°$ 对于固定的 μ 值，当 σ 变化时，由于 $f(x)$ 的最大值为 $f(\mu) = \frac{1}{\sqrt{2\pi}\,\sigma}$，故当 σ 越大时，$f(\mu)$ 越小，从而曲线越平坦；反之，当 σ 越小时，$f(\mu)$ 越大（图 2-8），从而曲线越陡峭. 此性质的概率意义为：对于固定的 μ，若 σ 越小，则 X 取值落在 μ 附近的概率越大，亦即 X 的取值越集中在 μ 附近；反之，若 σ 越大，则 X 的取值越分散.

当 σ 固定而 μ 值变动时，曲线只沿 x 轴平移，这说明 μ 值只确定 X 取值集中的位置.

$4°$ 曲线在 $x=\mu\pm\sigma$ 处有拐点.

$5°$ 当 $x\to\pm\infty$ 时，有 $f(x)\to 0$，故曲线以 x 轴为渐近线.

特别地，当 $\mu=0, \sigma=1$ 时的正态分布 $N(0,1)$ 称为**标准正态分布**，相应的概率密度和分布函数通常分别记作 $\varphi(x)$ 和 $\Phi(x)$，即有

$$\varphi(x) = \frac{1}{\sqrt{2\pi}} e^{-\frac{x^2}{2}}, \quad -\infty < x < +\infty, \tag{2.3.5}$$

$$\Phi(x) = \frac{1}{\sqrt{2\pi}} \int_{-\infty}^{x} e^{-\frac{t^2}{2}} dt, \quad -\infty < x < +\infty. \tag{2.3.6}$$

它们的函数图形分别如图 2-9 和图 2-10 所示.

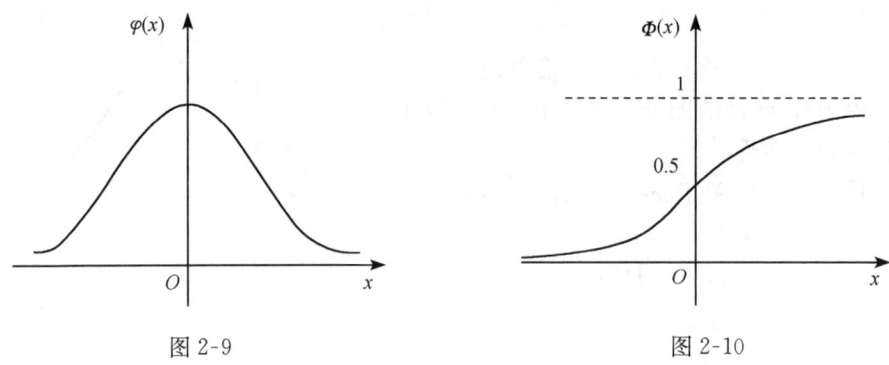

图 2-9　　　　　　　　　图 2-10

显然 $\varphi(x)$ 为偶函数,且

$$\Phi(-x) = \int_{-\infty}^{-x} \varphi(t) dt \xrightarrow{\diamondsuit t = -u} \int_{x}^{+\infty} \varphi(u) du$$
$$= \int_{-\infty}^{+\infty} \varphi(u) du - \int_{-\infty}^{x} \varphi(u) du = 1 - \Phi(x),$$

即有

$$\Phi(-x) = 1 - \Phi(x). \tag{2.3.7}$$

这一关系式在正态变量的概率计算中将经常用到.

2) X 服从正态分布时的概率计算

首先,当 $X \sim N(0,1)$ 时,本书附表 2 已给出 $\Phi(x)$ 的函数值表:当 $x \geqslant 0$ 时,可直接从表中查得随机变量 X 落在区间 $(-\infty, x]$ 上的概率 $P(X \leqslant x) = \Phi(x)$;当 $x < 0$ 时,可利用关系式(2.3.7)求得相应的概率值.

于是对于数轴上任意区间 (x_1, x_2) 有

$$P(x_1 < X < x_2) = P(x_1 < X \leqslant x_2) = \Phi(x_2) - \Phi(x_1).$$

其次,当 $X \sim N(\mu, \sigma^2)$ 时,作线性变换 $Y = \dfrac{X-\mu}{\sigma}$,则 Y 的分布函数为

$$P(Y \leqslant x) = P\left(\frac{X-\mu}{\sigma} \leqslant x\right) = P(X \leqslant \mu + \sigma x) = \int_{-\infty}^{\mu+\sigma x} \frac{1}{\sqrt{2\pi}\sigma} e^{-\frac{(t-\mu)^2}{2\sigma^2}} dt$$

$$\xrightarrow{u = \frac{t-\mu}{\sigma}} \frac{1}{\sqrt{2\pi}} \int_{-\infty}^{x} e^{-\frac{u^2}{2}} du = \Phi(x),$$

即

$$Y = \frac{X-\mu}{\sigma} \sim N(0,1),$$

故随机变量 X 的分布函数为

$$F(x) = P(X \leqslant x) = P\left(\frac{X-\mu}{\sigma} \leqslant \frac{x-\mu}{\sigma}\right) = \Phi\left(\frac{x-\mu}{\sigma}\right). \quad (2.3.8)$$

于是,对数轴上的任意区间 (x_1, x_2) 有

$$\begin{aligned}P(x_1 < X < x_2) &= P(x_1 < X \leqslant x_2) = F(x_2) - F(x_1)\\&= \Phi\left(\frac{x_2-\mu}{\sigma}\right) - \Phi\left(\frac{x_1-\mu}{\sigma}\right).\end{aligned} \quad (2.3.9)$$

3) 3σ 法则

若 $X \sim N(\mu, \sigma^2)$,令 $X^* = \dfrac{X-\mu}{\sigma}$,则

$$P(|X-\mu| \leqslant k\sigma) = P(|X^*| \leqslant k) = \Phi(k) - \Phi(-k) = 2\Phi(k) - 1. \quad (2.3.10)$$

查正态分布表,可得

$P(|X^*| \leqslant 1) = 2\Phi(1) - 1 = 0.6826,$

$P(|X^*| \leqslant 2) = 2\Phi(2) - 1 = 0.9544$

及

$P(|X^*| \leqslant 3) = 2\Phi(3) - 1 = 0.9974.$

最后一个式子告诉我们,尽管正态随机变量 X 的取值范围是 $(-\infty, +\infty)$,但它的值落在区间 $(\mu-3\sigma, \mu+3\sigma)$ 之外的可能性不到 0.3%,这就是在正态性统计判别和产品质量管理中很有用的 3σ 法则(图 2-11).

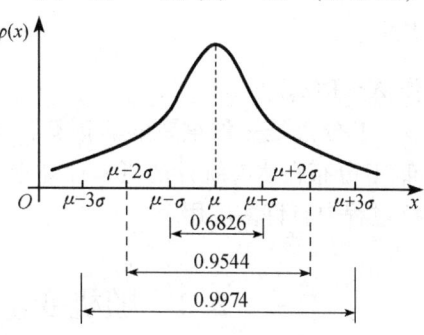

图 2-11 正态分布的 3σ 法则

例 4 设 $X \sim N(0,1)$,利用标准正态分布的分布函数表计算下列各值:
(1) $P(X > -1.24)$; (2) $P(|X| < 2.1)$; (3) $P(|X| > 1.38)$.

解 (1) $P(X > -1.24) = 1 - P(X \leqslant -1.24) = 1 - \Phi(-1.24)$
$= 1 - [1 - \Phi(1.24)] = \Phi(1.24) = 0.8925;$

(2) $P(|X| < 2.1) = P(-2.1 < X < 2.1) = \Phi(2.1) - \Phi(-2.1)$
$= \Phi(2.1) - [1 - \Phi(2.1)]$
$= 2\Phi(2.1) - 1 = 0.9642;$

(3) $P(|X| > 1.38) = P(X < -1.38) + P(X > 1.38)$
$= \Phi(-1.38) + 1 - \Phi(1.38)$
$= 2[1 - \Phi(1.38)] = 0.1676.$

例 5 设 $X \sim N(3, 9)$,计算:
(1) $P(X > 0)$; (2) $P(|X-3| > 6)$.

解 (1) $P(X > 0) = 1 - P(X \leqslant 0) = 1 - F(0) = 1 - \Phi\left(\dfrac{0-3}{3}\right)$

$$=1-\Phi(-1)=\Phi(1)=0.8413;$$

(2) $P(|X-3|>6)=P(X<-3)+P(X>9)=F(-3)+[1-F(9)]$
$$=\Phi\left(\frac{-3-3}{3}\right)+1-\Phi\left(\frac{9-3}{3}\right)=\Phi(-2)+1-\Phi(2)$$
$$=2[1-\Phi(2)]=0.0456.$$

*4. Γ 分布

若随机变量 X 的概率密度为

$$f(x)=\begin{cases}\dfrac{\lambda^{\alpha}}{\Gamma(\alpha)}x^{\alpha-1}\mathrm{e}^{-\lambda x}, & x>0,\\ 0, & x\leqslant 0,\end{cases} \quad (2.3.11)$$

其中 $\alpha>0,\lambda>0,\Gamma(\alpha)=\int_{0}^{+\infty}x^{\alpha-1}\mathrm{e}^{-x}\mathrm{d}x$,则称 X 服从参数为 α 和 λ 的 **Γ 分布**,记作 $X\sim\Gamma(\alpha,\lambda)$.

Γ 分布是一种重要的非正态分布,可以看出当 $\alpha=1$ 时的 Γ 分布就是指数分布. Γ 分布在水文统计的概率计算中经常被用到,另外,它在概率论、数理统计、随机过程中有许多应用.

2.4 随机变量函数的分布

随机变量
函数的分布

在 2.3 节中我们看到,若 $X\sim N(\mu,\sigma^2)$,则可以通过线性变换转化为另一个随机变量 $Y=\dfrac{X-\mu}{\sigma}\sim N(0,1)$,这个线性变换实际上就表示 Y 是 X 的一个函数. 一般来说,随机变量的函数仍是一个随机变量.

在实际问题中,往往会遇到求一个随机变量的函数的分布问题. 例如,地震时房屋的倒塌数为 X,函数 $y=g(x)$ 反映了房屋倒塌数 x 与带来的经济损失 y 之间的函数关系. 我们希望通过已知的 X 的分布来求出随机变量 $Y=g(X)$ 的分布. 对这类问题的解决方法,我们可利用分布函数的定义和概率意义,直接推导出计算公式.

2.4.1 离散型随机变量函数的分布

设 X 为离散型随机变量,其函数为 $Y=g(X)$,则

$$F_Y(y)=P(g(X)\leqslant y)=\sum_{k:g(x_k)\leqslant y}P(X=x_k). \quad (2.4.1)$$

例 1 设 X 的分布律为

X	-1	0	1	3	4
p_k	0.2	0.1	0.1	0.3	0.3

求:(1) $Y=-3X+1$ 的分布律;(2) $Y=(X-1)^2$ 的分布律.

解 由 X 的分布律可得

p_k	0.2	0.1	0.1	0.3	0.3
X	-1	0	1	3	4
$-3X+1$	4	1	-2	-8	-11
$(X-1)^2$	4	1	0	4	9

由上表可得

(1) $Y=-3X+1$ 的分布律为

Y	-11	-8	-2	1	4
p_k	0.3	0.3	0.1	0.1	0.2

(2) $Y=(X-1)^2$ 的分布律为

Y	0	1	4	9
p_k	0.1	0.1	0.5	0.3

一般地,设离散型随机变量 X 的分布律为

X	x_1	x_2	x_3	$\cdots$	x_n	$\cdots$
p_k	p_1	p_2	p_3	$\cdots$	p_n	$\cdots$

随机变量 $Y=g(X)$ 是 X 的函数.

当 X 取某值 x_n 时,Y 取值 $y_n=g(x_n)$,如果所有 $g(x_n)$ 的值全不相等,那么随机变量 Y 的分布律是

Y	y_1	y_2	y_3	$\cdots$	y_n	$\cdots$
p_k	p_1	p_2	p_3	$\cdots$	p_n	$\cdots$

如果某些 $y_n=g(x_n)$ 有相同的值,那么这些相同的值仅取一次.根据概率的可加性应把相应的概率 p_n 加起来,就得到 Y 的分布.

2.4.2 连续型随机变量函数的分布

设 X 为连续型随机变量,其函数为 $Y=g(X)$,则

$$F_Y(y) = P(g(X) \leqslant y) = \int_{x:g(x)\leqslant y} f_X(x)\mathrm{d}x, \qquad (2.4.2)$$

其概率密度函数为

$$f_Y(y) = \frac{\mathrm{d}}{\mathrm{d}y}[F_Y(y)]. \qquad (2.4.3)$$

例 2 设电流(单位:安培)X 通过一个电阻值为 3 欧姆的电阻器,且 $X \sim U(5,6)$,试求在该电阻器上消耗的功率 $Y=3X^2$ 的分布函数 $F_Y(y)$ 与概率密度函数 $f_Y(y)$.

解 X 的值域 $\Omega_X=(5,6)$,因此,$Y=3X^2$ 的值域为 $\Omega_Y=(75,108)$. X 的概率密度为

$$f(x) = \begin{cases} 1, & 5<x<6, \\ 0, & \text{其他}, \end{cases}$$

当 $75<y<108$ 时,Y 的分布函数为

$$F_Y(y) = P(Y\leqslant y) = P(3X^2\leqslant y) = P\left[-\sqrt{\frac{y}{3}} \leqslant X \leqslant \sqrt{\frac{y}{3}}\right]$$

$$= \int_{-\sqrt{\frac{y}{3}}}^{\sqrt{\frac{y}{3}}} f(x)\mathrm{d}x = \int_{5}^{\sqrt{\frac{y}{3}}} 1\mathrm{d}x = \sqrt{\frac{y}{3}} - 5,$$

因此

$$F_Y(y) = \begin{cases} 0, & y<75, \\ \sqrt{\dfrac{y}{3}}-5, & 75\leqslant y<108, \\ 1, & y\geqslant 108, \end{cases}$$

对 $F_Y(y)$ 求导,得到 Y 的概率密度为

$$f_Y(y) = \begin{cases} \dfrac{1}{2\sqrt{3y}}, & 75<y<108, \\ 0, & \text{其他.} \end{cases}$$

连续型随机变量函数的分布相对复杂些,通过总结,我们给出求连续型随机变量函数的分布函数与概率密度函数的具体步骤:

1° 由 X 的值域 Ω_X 确定 Y 的值域 Ω_Y;

2° 对任意一个 $y\in\Omega_Y$,求出

$$F_Y(y) = P(Y\leqslant y) = P(g(X)\leqslant y) = P(X\in S_y) = \int_{S_y} f(x)\mathrm{d}x,$$

其中 $S_y=\{x:g(x)\leqslant y\}$ 往往是一个或若干个与 y 相关的区间的并集;

3° 按分布函数的性质写出 $F_Y(y)(-\infty<y<+\infty)$;

4° 通过求导得 $f_Y(y)(-\infty<y<+\infty)$.

例 3 设 $X \sim N(0,1)$,求 $Y=X^2$ 的概率密度.

解 由于 $Y=X^2 \geqslant 0$,所以当 $y<0$ 时,$F_Y(y)=0$;当 $y \geqslant 0$ 时,
$$F_Y(y) = P(Y \leqslant y) = P(X^2 \leqslant y) = P(-\sqrt{y} \leqslant X \leqslant \sqrt{y})$$
$$= 2\Phi_X(\sqrt{y}) - 1,$$

于是
$$f_Y(y) = \begin{cases} \dfrac{1}{\sqrt{y}} \varphi_X(\sqrt{y}), & y > 0, \\ 0, & y \leqslant 0, \end{cases}$$

即
$$f_Y(y) = \begin{cases} \dfrac{1}{\sqrt{2\pi}} y^{-\frac{1}{2}} e^{-\frac{y}{2}}, & y > 0, \\ 0, & y \leqslant 0. \end{cases}$$

定理 2.4.1 设随机变量 X 的概率密度函数为 $f_X(x), x \in (-\infty, +\infty)$,函数 $y=g(x)$ 严格单调且连续可导,从而其唯一反函数 $x=h(y)$ 连续可导,则随机变量 $Y=g(X)$ 是连续型随机变量,其概率密度函数为

$$f_Y(y) = \begin{cases} f_X(h(y)) \, | h'(y) |, & \alpha < y < \beta, \\ 0, & \text{其他,} \end{cases} \tag{2.4.4}$$

其中 $\alpha = \min(g(-\infty), g(+\infty)), \beta = \max(g(-\infty), g(+\infty))$.

证明 由 $y=g(x)$ 单调知 $Y=g(X)$ 在 (α, β) 取值. 从而当 $y \leqslant \alpha$ 时,$F_Y(y)=0$. 当 $y \geqslant \beta$ 时,$F_Y(y)=1$. 当 $\alpha < y < \beta$ 时,不妨设 $y=g(x)$ 严格单调增加,在下面第一个积分中作变量替换 $x=h(z)$,则 $\mathrm{d}x = h'(z) \mathrm{d}z$,

$$F_Y(y) = P(g(X) \leqslant y) = P(X \leqslant h(y)) = \int_{-\infty}^{h(y)} f_X(x) \mathrm{d}x$$
$$= \int_{-\infty}^{y} f_X(h(z)) h'(z) \mathrm{d}z,$$

将上式求导即可.

同理,当 $y=g(x)$ 严格单调减少时,得到类似证明,从而定理得证.

若 $f_X(x)$ 在有限区间 (a,b) 以外等于零,则只需满足 $y=g(x)$ 在 (a,b) 内严格单调且连续可导即可,此时 $\alpha = \min(g(a), g(b)), \beta = \max(g(a), g(b))$.

推论 2.4.1 设随机变量 X 有概率密度函数 $f_X(x)$,则 $Y=aX+b(a \neq 0)$ 仍是连续型随机变量,其概率密度函数为

$$f_Y(y) = \begin{cases} \dfrac{1}{|a|} f_X\left(\dfrac{y-b}{a}\right), & \alpha < y < \beta, \\ 0, & \text{其他.} \end{cases} \tag{2.4.5}$$

例4 设 $X \sim U(0,1)$,求 $Y=-2X+2$ 的概率密度函数.

解 由 $X \sim U(0,1)$,知

$$f_X(x) = \begin{cases} 1, & 0<x<1, \\ 0, & \text{其他}. \end{cases}$$

由 $Y=-2X+2$,知 $a=-2,b=2$,从而由(2.4.5)式得

$$f_Y(y) = \begin{cases} \dfrac{1}{2}, & 0<y<2, \\ 0, & \text{其他}. \end{cases}$$

容易看出,解题时使用定理和推论很方便,但它们要求的条件很强,在许多情况下不能直接用它,而要用到一般的方法,即先求分布函数 $F_Y(y)$,再利用概率密度函数与分布函数的关系,就可求得概率密度函数 $f_Y(y)$.

*2.5 泊松流与排队论

泊松流是泊松随机变量概念的推广,它在现实生活中有许多应用,可以构造和发展各种复杂的点过程模型,本节将简述泊松流,并通过实例说明如何建立排队论模型.

2.5.1 泊松流与泊松定理

源源不断到来的质点,称为**流**.这里质点可以是空间粒子、商场顾客、路口的车辆,从而形成粒子流、顾客流、车流等,需求、信息或指令均构成流.

定义 2.5.1 设某个流在 $(0,t]$ 时段内来到的质点数为 $\xi_{(0,t]}$,并记 $p_k(t)=P(\xi_{(0,t]}=k)$,这里 $k \in \mathbf{Z}^+ \stackrel{\text{def}}{=} \{0,1,2,\cdots\}, t \geqslant 0$. 这个流称为**泊松流**,如果其满足下面四个条件:

$1°$ 增量独立性. 设 Δ_1 和 Δ_2 是两个不相交的时间段,则在这两个时段内所增加的质点事件是独立的,即两个事件 $(\xi_{\Delta_i}=k_i, i=1,2)$ 独立,这里 k_1 和 k_2 是两个任意的非负整数.

$2°$ 增量平稳性. $P(\xi_{(s,s+t]}=k)=P(\xi_{(0,t]}=k)=p_k(t), \forall k \in \mathbf{Z}^+, 0 \leqslant s$.

$3°$ 有限性. 在任意有限长的时段内只有有限多个质点,即 $P(\xi_{(0,t]}=\infty)=0$, $\forall t \geqslant 0$,或 $\sum\limits_{k=0}^{\infty} p_k(t) = P(\xi_{(0,t]}<\infty)=1$,且设 $p_0(t)$ 不恒为 1.

$4°$ 普遍性. $\sum\limits_{k=2}^{\infty} p_k(t) = P(\xi_{(0,t]} \geqslant 2)=o(t)$,即认为在任一瞬间来到两个以上的质点是可以忽略不计的.

增量独立性中 k_1 和 k_2 可以不同,而增量平稳性要求是同一个 k. 增量平稳性

说明在长为 t 的时段内来到的质点数的概率规律,像是装在船上,始终不变的沿一条平稳流淌的时间长河,流向远方.

从定义看,泊松流的条件好像很苛刻.其实泊松流的应用是很广泛的,生产中和社会生活中很多流都可用它来近似.以某网站在 $(0,t]$ 时段内收到的点击数(访问数)为例,一条条地查验定义 2.5.1 的 $1°\sim 4°$,可以发现都是满足的.首先,在不相交的两个时间段内,访问次数当然是独立的,即有增量独立性;有限性和普遍性也显然,只是平稳性有些问题:因为凌晨 2 点到 3 点该网站的访问次数的概率规律与上午 10 点到 11 点的访问次数的概率规律绝不相同.但是,如果进行"时间剪辑",将每天访问次数高峰期连接在一起,那么平稳性还是可能得到保证的,从而形成一个泊松流.将低谷期也拼接在一起,还得到另一个泊松流,两者的差别只是访问次数的强度不同罢了.另外,条件 $3°$ 中"设 $p_0(t)$ 不恒为 1",是自然而然的事,否则,如果 $P(\xi_{(0,t]}=0)=p_0(t)=1,\forall t>0$,说明不论时段有多长,都没有质点来,这就不成为"流"了.此外,电话交换台收到的呼叫数,交通枢纽的客流和车流,自动化生产集成系统中的物流、系统的故障流,无线寻呼台收到的寻呼流(次数),网络通信中收到某类信号的次数,访问计算机网络上某个网站的次数,商场的顾客数等,常常都可用泊松流刻画.

2.5.2 泊松流与泊松分布

定理 2.5.1 设 $\xi_{(0,t]},t\geq 0$ 是泊松流,则存在某正数 λ,使

$$p_k(t)=P(\xi_{(0,t]}=k)=\frac{(\lambda t)^k}{k!}e^{-\lambda t},\quad k=0,1,\cdots.$$

由定理知

$$\xi_{(0,t]}\sim P(\lambda t),$$

即泊松流可看作参数为 λt 的泊松分布.在上式中取 $t=1$(单位时间),则得到参数为 λ 的泊松分布;取 $t=2$,则得到参数为 2λ 的泊松分布.因此泊松流是产生泊松分布的直接且最重要的背景.

历史上,泊松分布是作为二项分布的近似,由法国数学家泊松于 1837 年引入,近数十年来,泊松分布日益显示其重要性,成了概率论中最重要的几个分布之一.其原因主要是下面两点:首先是已经发现许多随机现象服从泊松分布,特别集中在如下一些领域中.一是通信和网络等信息科学技术领域,包括卫星通信中信号和信息的接收、传递与管理,计算机网络信息传输和网站的访问管理,CIMS(计算机集成制造系统)中物流和令牌传递及自动控制等.这些问题涉及排队论和可靠性,泊松分布占有很突出的地位.二是社会生活和经济生活中对服务的各种要求,如电话交换台收到的呼叫数、公共汽车站上到来的乘客数等,都近似地服从泊松分布.因此在运筹学及管理科学中泊松分布也扮演着重要角色.三是一般制造系统与设备

的可靠性、随机模拟和优化管理问题，以及物理学和生物学领域中诸如分裂到某区域的质点数、热电子的发射、显微镜下落在某区域的细胞或微生物的数目等都服从泊松分布．其次，对泊松分布的深入研究，特别是通过随机过程的研究，已发现它具有许多特殊的性质和作用，使其似乎成为构成随机现象的"基本粒子"之一，因此在理论上作用重大．同时，由于它的离散特性，便于计算机处理，在计算机应用日益普及和重要的今天，泊松分布的重要性与日俱增．

2.5.3 泊松流及其产生的连续型分布：指数分布与 Γ 分布

设 $\xi_{(0,t]}, t \geqslant 0$ 是泊松流，强度为 λ，则由泊松流的定理，有

$$p_k(t) = P(\xi_{(0,t]} = k) = \frac{(\lambda t)^k}{k!} e^{-\lambda t}, \quad k = 0, 1, \cdots.$$

令 η 为泊松流中第一个质点到达的时刻，由于

$$(\eta > t) = (\zeta_{(0,t]} = 0), \quad \forall t > 0,$$

由定理 2.5.1，$P(\eta > t) = e^{-\lambda t}$，从而 $F_\eta(t) = 1 - e^{-\lambda t}$．又 $t \leqslant 0$ 时，显然有 $F_\eta(t) = 0$，求导得到泊松流中第一个质点到达时刻 η 的概率密度函数：

$$f_\eta(t) = \begin{cases} \lambda e^{-\lambda t}, & t > 0, \\ 0 & t \leqslant 0, \end{cases}$$

这里参数正是泊松流中的强度 λ．

由指数分布的定义易知 η 服从参数为 λ 的指数分布，即 $\eta \sim E(\lambda)$．

若令 η 为泊松流中第 r 个质点到达的时刻，由于

$$(\eta_r > t) = (\xi_{(0,t]} < r), \quad \forall t > 0,$$

根据定理 2.5.1，有

$$P(\eta_r > t) = \sum_{k=0}^{r-1} \frac{(\lambda t)^k}{k!} e^{-\lambda t},$$

因此

$$f_{\eta_r}(t) = \frac{d}{dt} F_{\eta_r}(t) = [1 - P(\eta_r > t)]'$$

$$= -\sum_{k=1}^{r-1} \frac{\lambda (\lambda t)^{k-1}}{(k-1)!} e^{-\lambda t} + \sum_{k=0}^{r-1} \frac{(\lambda t)^k}{k!} \lambda e^{-\lambda t}$$

$$= \frac{\lambda (\lambda t)^{r-1}}{(r-1)!} e^{-\lambda t}.$$

在高等数学中，Γ 函数 $\Gamma(x)$ 定义为

$$\Gamma(x) = \int_0^\infty \lambda^x t^{x-1} e^{-\lambda t} dt = \int_0^\infty s^{x-1} e^{-s} ds, \quad x > 0.$$

由 Γ 函数的性质(用分部积分法可证)$\Gamma(1+x) = x\Gamma(x)$，进行递推，对正整数 r，$\Gamma(r) = (r-1)!$．又 $\Gamma(1/2) = \sqrt{\pi}$(参看微积分学中的泊松积分，也可以利用标准

正态密度性质得到),注意当 $t \leqslant 0$ 时,显然有 $F_{\eta_r}(t)=0$,从而 η_r 有概率密度函数

$$f_{\eta_r}(t) = \begin{cases} \dfrac{\lambda^r}{\Gamma(r)} t^{r-1} e^{-\lambda t}, & t>0, \\ 0, & t \leqslant 0. \end{cases}$$

易知 η_r 服从参数为 r 和 λ 的 Γ 分布:$\eta_r \sim \Gamma(r,\lambda)$,其中 r 及 λ 分别叫做形状参数及尺度参数.

由上述推导可知,泊松流中第一质点到达的时刻 η 服从指数分布,即 $\eta \sim E(\lambda)$ 第 r 个质点到达的时刻 η_r 服从 Γ 分布,即 $\eta_r \sim \Gamma(r,\lambda)$,$\Gamma$ 分布是指数分布的一般化,$\Gamma(1,\lambda)=E(\lambda)$.指数分布是一种等待分布,如连续时间的"守株待兔",待兔时间便是服从指数分布的随机变量,对应的离散型的等待分布是几何分布,而 $\Gamma(r,\lambda)$ 对应的离散型分布是负二项分布 $NB(r,p)$.在可靠性理论中,一些产品、设备和系统(如电子元件),出现第 1 个故障的时刻可认为是指数分布,而第 r 个故障出现的时刻服从 Γ 分布,在设备和系统的可靠性分析、系统分析和管理中应密切关注.

2.5.4 排队论模型

排队是生活中经常遇到的现象,也是泊松流在实际中的一个重要应用,如顾客到商店买东西、患者到医院就诊、故障机器停机待修等,常常都要排队.排队的人或事物统称为顾客,为顾客提供服务的人或事物叫做服务机构(服务员或服务台等).顾客排队要求服务的过程或现象称为排队系统或服务系统.由于顾客到达的时刻与进行服务的时间一般来说都是随机的,所以排队系统又称随机服务系统.排队系统的基本结构由四个部分构成:输入过程、服务时间、服务机构和排队规则.服务时间指顾客接受服务的时间;服务机构表明可开放多少服务设备来接待顾客;排队规则规定到达的顾客按照某种特定的次序接受服务.

排队论主要是对排队系统建立数学模型,研究其结构和运行规律为排队系统的设计和调控提供依据.下面我们研究如何运用概率论知识来建立排队论模型.

模型假设 排队过程由顾客到达规律、服务时间和排队规则组成.

1) 顾客到达规律

设在 $(t,t+\Delta t)$ 时间内到达一个顾客的概率与 Δt 成正比,比例系数为 λ,到达两个及两个以上的概率为 $o(\Delta t)$,顾客到达相互独立,顾客源无限.由概率论可知,在上述假设下,$(0,t)$ 内到达的顾客数服从参数为 λt 的泊松分布,其平均值为 λt,即单位时间内到达的顾客平均数为 λ,称为平均到达率.$[0,t)$ 内没有顾客到达的概率为 $e^{-\lambda t}$,记 T 为第一个到达的时刻,则有 $P(T \leqslant t)=1-e^{-\lambda t}$,$T$ 服从参数为 λ 的指数分布,平均到达时间间隔为 $E(T)=\dfrac{1}{\lambda}$.

2) 服务时间

设服务效率保持不变,即已经服务过一定时间的条件下再服务一段时间的概率与一开始服务这段时间的概率相同. 设 Z 为服务时间,由概率论,上述假设说明 Z 服从指数分布,设参数为 μ,则 $E(Z)=\dfrac{1}{\mu}$,即每个顾客的平均服务时间为 $\dfrac{1}{\mu}$,从而单位时间内被服务的顾客平均数为 μ,称为平均服务率.

3) 排队规则

按顾客到达的先后顺序服务,即先到先服务.

满足以上条件的模型在排队论中记为 $M/M/S$ 模型,S 为服务员的数量.

模型建立及求解　在排队系统中,人们普遍关心的是队长和服务时间,讨论 $S=1$ 的情况下,平均队长和平均等待时间.

1) 平均队长和平均等待时间

记在排队服务系统内时刻 t 有 n 个顾客的概率为 $p_n(t)$,可以推得如下微分方程:

$$\frac{\mathrm{d}p_n(t)}{\mathrm{d}t}=\lambda p_{n-1}(t)+\mu p_{n+1}(t)-(\lambda+\mu)p_n(t).$$

初始条件为

$$\frac{\mathrm{d}p_0(t)}{\mathrm{d}t}=\mu p_1(t)-(\lambda+\mu)p_0(t).$$

当 $t\to\infty$ 时,队长有稳定的分布,即 $p_n(t)$ 与 t 无关,此时上述方程可化为

$$\lambda p_{n-1}(t)+\mu p_{n+1}(t)-(\lambda+\mu)p_n(t)=0,$$

初始条件为 $\mu p_1(t)-\lambda p_0(t)=0$. 由此可解得

$$p_n(t)=\left(\frac{\lambda}{\mu}\right)^n p_0,\quad n=1,2,\cdots.$$

注　$\sum\limits_{n=0}^{\infty}p_n=1$ 并记 $\rho=\dfrac{\lambda}{\mu}$,称为服务程度,在稳态下 $p_0=1-\rho,\rho<1$.

可得在稳态下系统内有 n 个顾客的概率为

$$p_n=(1-\rho)\rho^n,$$

从而平均队长为

$$L=\sum_{n=1}^{\infty}np_n=\frac{\rho}{1-\rho}=\frac{\lambda}{1-\lambda}.$$

由于顾客到达间隔 T 服从参数为 λ 的指数分布,服务时间 Z 服从参数为 μ 的指数分布,所以顾客等待时间 Y 服从参数为 $\lambda-\mu$ 的指数分布,从而平均等待时间为

$$W=\frac{\rho}{\lambda-\mu}=\frac{L}{\lambda}.$$

2) 关于增加服务员问题

随着等待服务的顾客人数的增加，服务员人数也要相应增加，以使平均队长不会太长. 讨论两个服务员且他们的服务效率相同的情况. 若顾客只排成一队，最前面的顾客到空闲的服务员处接受服务，即 $M/M/2$ 模型. 整个服务过程的平均服务率为 2μ，欲使队长有限，则服务强度为 $\rho_2 = \dfrac{\lambda}{2\mu} < 1$. 用类似方法可求出，在稳态下平均队长为 $L_2 = \dfrac{2\rho_2}{1-\rho_2}$，平均等待时间为 $W_2 = \dfrac{2\rho_2}{\lambda(1-\rho_2)} = \dfrac{L_2}{\lambda}$，类似可得 $M/M/S$ 模型的平均队长 L_s 和平均等待时间 W_s 的计算公式：

$$L_s = s\rho + \dfrac{(s\rho)^s}{s!(1-\rho)^2} p_0, \quad W_s = \dfrac{L_s}{\lambda},$$

其中 $\rho = \dfrac{\lambda}{s\mu}$，$p_0$ 为所有服务员均空闲的概率 $p_0 = \left[\sum\limits_{k=1}^{s-1} \dfrac{(s\rho)^k}{k!} + \dfrac{(s\rho)^s}{s!(1-\rho)}\right]^{-1}$.

此模型可广泛应用于许多随机服务系统，如看病、买票、打水、理发等随机排队问题.

例 1（患者看病问题） 某医院的某科室只有一位医生值班，经长期观察，平均每小时有 4 人来看病，医生平均每小时可诊断 5 人，患者的到达过程服从泊松分布，试分析该科室的工作状况，如假设 99% 以上的患者有病，该科室至少应该有多少个座位？如果患者每等待 1 小时（不包括诊断时间）损失 30 元，问患者因排队看病造成的损失是多少？若该科室提高看病效率，平均每小时可诊断 6 人，问患者造成的损失是多少？可减少多少个座位？

解 这是一个标准的 $M/M/1$ 模型.

$$\lambda = 4(\text{个}/h), \quad u = 5(\text{个}/h), \quad \rho = 0.8,$$
$$p_n = (1-\rho)\rho^n = 0.8^n \times 0.2, \quad n = 0, 1, 2, \cdots.$$

该科室空闲概率

$$p_0 = 0.8^0 \times 0.2 = 0.2.$$

所以该科室平均有患者数

$$L_s = \dfrac{\lambda}{\mu - \lambda} = \dfrac{\rho}{1-\rho} = 4(\text{人}).$$

该科室平均等待的患者数

$$L_q = \rho L_s = 0.8 \times 4 = 3.2(\text{人})$$

看一次病平均所需的时间 $W_s = L_s/\lambda = 1(h)$，看一次病平均所需的等待时间 $W_q = L_q/\lambda = 0.8(h)$. 为了满足 99% 以上的患者有座位，该科室应设 m 个座位，满足 $P\{\text{该科室患者数} \leq m\} \geq 0.99$，即

$$\sum_{k=0}^{m} p_k = \sum_{k=0}^{m} \rho^k (1-\rho) = 1 - \rho^{m+1} \geq 0.99,$$

解得 $m \geq \dfrac{\ln 0.01}{\ln \rho} - 1 \geq \dfrac{\ln 0.01}{\ln 0.8} - 1 = 19.64$，故应设 20 个座位.

若患者每等待 1 小时损失 30 元，则每个患者平均每小时损失
$$30 \times W_q = 30 \times 0.8 = 24(元).$$

若医生每小时可诊断 6 人，则 $\mu = 6, \rho = \dfrac{2}{3}$，对应的各数量指标为
$$p_0 = \frac{1}{3} \times \left(\frac{2}{3}\right)^0 = \frac{1}{3}, \quad L_s = \frac{\lambda}{\mu - \lambda} = \frac{4}{6-4} = 2(人),$$
$$L_q = \frac{2}{3} \times 2 = \frac{4}{3}(人), \quad W_s = \frac{L_s}{\lambda} = \frac{1}{2}(人).$$

每个患者平均每小时损失 $30 \times \dfrac{1}{3} = 10(元)$，比原来降低 $24 - 10 = 14(元)$. 此时所需座位数 m 满足 $m \geq \dfrac{\ln 0.01}{\ln \frac{2}{3}} - 1 = 11.36(元)$，即只需 12 个座位，比原来减少了 8 个座位.

习 题 2

A

1. 选择题

(1) 设 $F_1(x), F_2(x)$ 分别是随机变量 X_1, X_2 的分布函数，为使 $F(x) = aF_1(x) - bF_2(x)$ 是随机变量 X 的分布函数，则在下列给定的各组数中应取（　　）.

A. $a = \dfrac{3}{5}, b = -\dfrac{2}{5}$　　　　　B. $a = \dfrac{2}{3}, b = \dfrac{2}{3}$

C. $a = -\dfrac{1}{2}, b = \dfrac{3}{2}$　　　　　D. $a = \dfrac{1}{2}, b = -\dfrac{3}{2}$

(2) 设离散型随机变量 X 的分布律为 $P(X = k) = b\lambda^k (k = 1, 2, \cdots)$，且 $b > 0$，则 λ 为（　　）.

A. 大于 0 的任意常数　　　　　B. $b + 1$

C. $\dfrac{1}{1+b}$　　　　　D. $\dfrac{1}{b-1}$

(3) 下列论断正确的是（　　）.

A. 连续型随机变量的密度函数是连续函数

B. 连续型随机变量等于 0 的概率等于 0

C. 连续型随机变量密度函数 $f(x)$ 满足 $0 \leq f(x) \leq 1$

D. 两个连续型随机变量之和是连续型随机变量

(4) 已知 $X \sim N(\mu, \sigma^2)$，则当 σ 增大时，$P(|X - \mu| < \sigma)$ 为（　　）.

A. 单调增加　　　　　B. 单调减少

C. 保持不变　　　　　D. 非单调变化

(5) 设随机变量 X 的概率密度函数 $f(x) = \dfrac{1}{\pi(1+x^2)}$,则 $Y = 3X$ 的概率密度函数为( ).

A. $\dfrac{1}{\pi(1+y^2)}$ B. $\dfrac{3}{\pi(9+y^2)}$

C. $\dfrac{9}{\pi(9+y^2)}$ D. $\dfrac{27}{\pi(9+y^2)}$

2. 填空题

(1) 随机变量 X 的分布函数为 $F(x) = \begin{cases} 0, & x < 0, \\ A\sin x + B, & 0 \leqslant x \leqslant \dfrac{\pi}{2}, \\ 1, & x > \dfrac{\pi}{2}, \end{cases}$ 则 $A = \underline{\qquad}$,

$B = \underline{\qquad}$.

(2) 设随机变量 X 的全部可能取值为 $1, 2, 3$,且 $P(X=1) = 0.2, P(X=2) = 0.4$,则 $P(X=3) = \underline{\qquad}$.

(3) 设连续型随机变量 X 的分布函数为 $F(x) = \begin{cases} 0, & x \leqslant -1, \\ 1 + k\arcsin x, & -1 < x < 0, \\ 1, & x \geqslant 0, \end{cases}$ 则 $k = \underline{\qquad}$.

(4) 已知 $X \sim N(2, 2^2)$,则 $P(0 \leqslant X \leqslant 4) = \underline{\qquad}$.

(5) 设随机变量 X 服从标准正态分布 $N(0,1)$,则 $Y = e^X$ 的概率密度为 $\underline{\qquad}$.

3. 函数 $F(x) = \begin{cases} \dfrac{\ln(x+1)}{x+1}, & x \geqslant 0, \\ 0, & x < 0 \end{cases}$ 是否可以作为某随机变量的分布函数?请说明理由.

4. 一个盒中有 5 个纪念章,编号为 $1, 2, 3, 4, 5$. 在其中等可能地任取 3 个,用 X 表示取出的 3 个纪念章上的最大号码,求随机变量 X 的分布律.

5. 从一批有 10 个合格品与 3 个次品的产品中一件一件地抽取产品,各种产品被抽到的可能性相同,求在下列情形下,直到取出合格品为止所需抽取次数的分布律.

(1) 每次取出的产品立即放回该批产品中,混合后再取下一件产品;

(2) 每次取出的产品都不放回;

(3) 每次取出一件后,总以一件合格品放回该批产品中.

6. 已知随机变量 X 的分布律为

X	-2	-1	0	1	2	4
p_i	0.2	0.1	0.3	0.1	0.2	0.1

试求关于 t 的一元二次方程 $3t^2 + 2Xt + X + 1 = 0$ 有实根的概率?

7. 设 X 的概率密度为

$$f(x) = \begin{cases} Ax^2 e^{-kx}, & x \geqslant 0, \\ 0, & \text{其他}, \end{cases}$$

$k > 0$ 是常数,求:(1) 系数 A;(2) $F(x)$;(3) $P\left(0 < X < \dfrac{1}{k}\right)$.

8. 设 X 的分布函数为
$$F(x)=\begin{cases}0, & x<1,\\ \ln x, & 1\leqslant x<e,\\ 1, & x\geqslant e,\end{cases}$$
求:(1) $P(X<2)$, $P(0<X\leqslant 3)$, $P\left(2<X<\dfrac{5}{2}\right)$; (2) $f(x)$.

9. 设 K 在 $(0,5)$ 上服从均匀分布,求 x 的方程 $4x^2+4Kx+K+2=0$ 有实根的概率.

10. 已知随机变量 X 的分布律为

X	-2	-1	0	1	2
p_i	$\dfrac{1}{8}$	$\dfrac{1}{4}$	$\dfrac{1}{8}$	$\dfrac{1}{6}$	$\dfrac{1}{3}$

试求:(1) $X+2$;(2) $-2X$;(3) X^2;(4) $|X|$ 的概率分布.

11. 设随机变量 X 的密度函数为
$$f_X(x)=\begin{cases}0, & x<0,\\ 2x^3 e^{-x^2}, & x\geqslant 0,\end{cases}$$
求 $Y=2X+3$ 的密度函数.

B

1. 选择题

(1) 下列函数中,可以作为随机变量 X 的分布函数的是(   ).

A. $F(x)=\begin{cases}0, & x<0,\\ \cos x, & 0\leqslant x\leqslant \dfrac{\pi}{2},\\ 1, & x>\dfrac{\pi}{2}\end{cases}$ B. $F(x)=\begin{cases}0, & x<0,\\ \dfrac{3-x}{2}, & 0\leqslant x<1,\\ 1, & x\geqslant 1\end{cases}$

C. $F(x)=\begin{cases}0, & x<0,\\ \sin x, & 0\leqslant x\leqslant \dfrac{3\pi}{2},\\ 1, & x>\dfrac{3\pi}{2}\end{cases}$ D. $F(x)=\begin{cases}0, & x<0,\\ \sin(2x), & 0\leqslant x<\dfrac{\pi}{4},\\ 1, & x\geqslant \dfrac{\pi}{4}\end{cases}$

(2) 设 $p_k=\dfrac{a}{k(k+1)}$ $(k=1,2,\cdots)$ 为离散型随机变量的概率分布,则 $a=$(   ).

A. $\dfrac{1}{2}$ B. 2 C. 1 D. $\dfrac{1}{3}$

(3) 设随机变量 X 的概率密度函数为 $\varphi(x)$,且已知 $\varphi(-x)=\varphi(x)$,$F(x)$ 为 X 的分布函数,则对任意实数 a,可得(   ).

A. $F(-a)=1-\int_0^a \varphi(x)dx$ B. $F(-a)=\dfrac{1}{2}-\int_0^a \varphi(x)dx$

C. $F(-a)=F(a)$ D. $F(-a)=2F(a)-1$

(4) 设随机变量 X 服从正态分布 $N(\mu_1,\sigma_1^2)$,随机变量 Y 服从正态分布 $N(\mu_2,\sigma_2^2)$,且 $P(|X-\mu_1|<1)>P(|X-\mu_2|<1)$,则必有(   ).

A. $\sigma_1 < \sigma_2$ B. $\sigma_1 > \sigma_2$
C. $\mu_1 < \mu_2$ D. $\mu_1 > \mu_2$

(5) 随机变量 X 与 Y 相互独立同分布，且 $X+Y$ 与它们服从同一名称的概率分布，则 X 和 Y 服从的分布是( )．

A. 均匀分布或正态分布　　B. 指数分布或泊松分布
C. 二项分布或指数分布　　D. 泊松分布或正态分布

2. 填空题

(1) 随机变量 X 的分布函数 $F(x) = \dfrac{1}{2}a + \dfrac{b}{e^x + 1}$，则 $a = $ _____ ，$b = $ _____ ．

(2) 随机变量 X 的分布律为

X	0	1
p_k	$9c^2 - c$	$3 - 8c$

则 $c = $ _____ ．

(3) 设随机变量 X 的概率密度函数为 $f(x) = \begin{cases} a\cos x, & |x| \leqslant \dfrac{\pi}{2}, \\ 0, & |x| > \dfrac{\pi}{2}, \end{cases}$ 则 $P\left(\dfrac{\pi}{4} \leqslant x \leqslant 100\right) = $ _____ ．

(4) 设随机变量 X 服从正态分布 $N(\mu, \sigma^2)$ $(\sigma > 0)$，且二次方程 $y^2 + 4y + X = 0$ 无实根的概率为 0.5，则 $\mu = $ _____ ．

(5) 设随机变量 X 服从标准正态分布 $N(0,1)$，则 $Y = 2X^2 + 1$ 的概率密度为 _____ ．

3. 已知随机变量 X 只能取 5,6,7,8 四个值，相应的概率依次为 $\dfrac{1}{2k}, \dfrac{3}{4k}, \dfrac{5}{8k}, \dfrac{7}{16k}$，试确定常数 k，并计算条件概率 $P(X<7 | X \neq 6)$．

4. 设有 80 台同类型设备，各台工作情况相互独立，发生故障的概率都是 0.01，且一台设备的故障一个工人能排除，考虑两种配备维修工人的方案：其一是由 4 人维护的，每人承包 20 台；其二是由 3 人共同维护 80 台的．试比较两种方案的优劣．

5. 某车间有 10 台电机各为 7.5kW 的机床，如果每台机床的工作情况是相互独立的，且每台机床平均每小时开动 12 分钟，问全部机床用电超过 48kW 的可能性有多少？

6. 一电话交换台每分钟的呼唤次数服从泊松分布 $P(4)$，求：
(1) 每分钟恰有 6 次呼唤的概率；
(2) 每分钟的呼唤次数不超过 10 次的概率；
(3) 每分钟的呼唤次数的最可能值及其概率．

7. 已知 X 的概率密度为

$$f(x) = \begin{cases} 12x^2 - 12x + 3, & 0 < x < 1, \\ 0, & \text{其他}, \end{cases}$$

计算 $P(X \leqslant 0.2 | 0.1 < X \leqslant 0.5)$．

8. 设顾客在某银行的窗口等待服务的时间 X（以分钟计）服从指数分布，其概率密度为

$$f(x) = \begin{cases} \dfrac{1}{5} e^{-\frac{x}{5}}, & x > 0, \\ 0, & 其他, \end{cases}$$

某顾客在窗口等待服务，若超过 10 分钟，他就离开，他一个月要到银行 5 次，以 Y 表示一个月内他未等到服务而离开窗口的次数，写出 Y 的分布律，并求 $P(Y \geqslant 1)$.

9. 若测量从某地到一目标的距离时带有的随机误差 X 服从正态分布 $N(20, 40^2)$：

(1) 求测量误差的绝对值不超过 30 的概率；

(2) 如果接连测量三次，各次相互独立，求至少有一次误差的绝对值不超过 30 的概率.

10. 设随机变量 X 的概率密度为

$$f_X(x) = \begin{cases} e^{-x}, & x > 0, \\ 0, & 其他, \end{cases}$$

求 $Y = e^x$ 的概率密度.

11. 设 X 的概率密度为

$$f(x) = \begin{cases} 2x, & 0 < x < 1, \\ 0, & 其他, \end{cases}$$

求：(1) $2X$；(2) $-X+1$；(3) X^2 的概率密度.

雅各布·伯努力　　第 2 章测试题

第 3 章 多维随机变量及其分布

第 2 章我们讨论了随机变量及其分布,但在许多实际问题中,对于随机试验的结果,人们感兴趣的指标可能不止一个,例如,炮弹在地面的弹着点的位置是由横坐标 X 与纵坐标 Y 来确定的,由于炮弹落点的随机性,X 与 Y 是两个随机变量,称(X,Y)为二维随机变量;又如,考察某地区居民的身体健康状况,则样本空间 Ω 是该地区全体居民,该地区的每一个居民是一个样本点 ω,若待考察的指标为该地区居民的身高(用 X 表示)、该地区居民的体重(用 Y 表示)、该地区居民的肺活量(用 Z 表示),则对每一个样本点 ω,都对应着 X,Y,Z 的一组取值,称(X,Y,Z)为三维随机变量. 类似地,我们也可以定义多维随机变量. 显然,在同一随机试验产生的各个随机变量之间,一般存在着某种联系,我们不但要研究多个随机变量各自的统计规律,而且还要研究它们之间的统计相依关系,考察它们联合取值的统计规律,即多维随机变量的分布. 本章主要讨论二维随机变量,有关要领和结论容易推广到 $n(n\geqslant 3)$维情形,在第 2 章中所讨论的随机变量,也称为一维随机变量.

3.1 多维随机变量的概念

二维随机变量以及分布

3.1.1 二维随机变量的定义与分布函数

定义 3.1.1 设 X,Y 是定义在同一个概率空间上的随机变量,则称(X,Y)为**二维随机变量**.

定义 3.1.2 设(X,Y)是二维随机变量,对任意实数 x,y,二元函数
$$F(x,y) = P((X \leqslant x) \cap (Y \leqslant y)) \xlongequal{\text{记为}} P(X \leqslant x, Y \leqslant y) \quad (3.1.1)$$
称为二维随机变量(X,Y)的**分布函数**或称为随机变量 X 和 Y 的**联合分布函数**.

二维分布函数 $F(x,y)$在点(x_0,y_0)的值 $F(x_0,y_0)$表示随机点(X,Y)落在区域$\{(x,y)|-\infty<x\leqslant x_0,-\infty<y\leqslant y_0\}$中的概率,即随机点$(X,Y)$落在以点$(x_0,y_0)$为顶点的左下方(包括边界)的无穷矩形内的概率,该矩形如图 3-1 中阴影部分.

由二维分布函数的定义,结合图 3-2,还可得出如下结论:(X,Y)落入矩形域 $D=\{(x,y)|x_1\leqslant x\leqslant x_2,y_1\leqslant y\leqslant y_2\}$中的概率为
$$P\{(X,Y) \in D\} = P\{(X,Y) \mid x_1 \leqslant X \leqslant x_2, y_1 \leqslant Y \leqslant y_2\}$$
$$= F(x_2,y_2) - F(x_1,y_2) - F(x_2,y_1) + F(x_1,y_1).$$

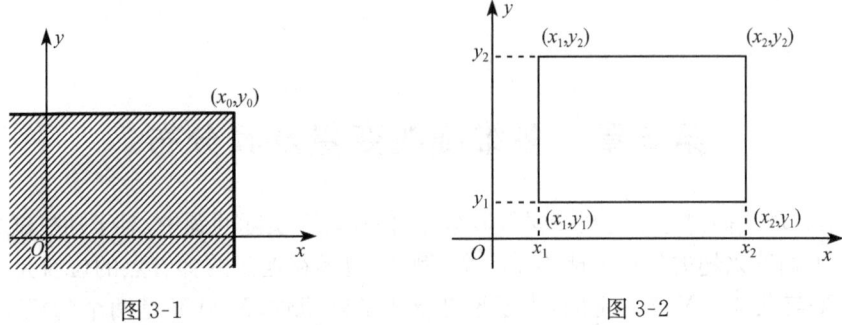

图 3-1　　　　　　　　图 3-2

联合分布函数的性质：

1° $F(x,y)$ 分别对 x 和 y 单调非减，即

当 $x_1 < x_2$ 时，$F(x_1,y) \leqslant F(x_2,y)$；当 $y_1 < y_2$ 时，$F(x,y_1) \leqslant F(x,y_2)$.

2° $F(x,y)$ 对每个变量右连续，即

$$F(x,y) = F(x+0,y), \quad F(x,y) = F(x,y+0).$$

3° $0 \leqslant F(x,y) \leqslant 1$，且

$$\lim_{x \to -\infty} F(x,y) = F(-\infty,y) = 0,$$

$$\lim_{y \to -\infty} F(x,y) = F(x,-\infty) = 0,$$

$$\lim_{\substack{x \to -\infty \\ y \to -\infty}} F(x,y) = F(-\infty,-\infty) = 0,$$

$$\lim_{\substack{x \to +\infty \\ y \to +\infty}} F(x,y) = F(+\infty,+\infty) = 1.$$

4° 对任意四个实数 $x_1 \leqslant x_2, y_1 \leqslant y_2$，有

$$F(x_2,y_2) - F(x_1,y_2) - F(x_2,y_1) + F(x_1,y_1) \geqslant 0.$$

反之，如果一个二元函数 $F(x,y)$ 满足 1°～4°，那么它可以作为某二维随机变量 (X,Y) 的联合分布函数.

3.1.2　边缘分布函数

定义 3.1.3　设二维随机变量 (X,Y) 的分布函数为 $F(x,y)$，两个分量 X 与 Y 的分布函数分别记作 $F_X(x)$ 与 $F_Y(y)$，则依次称为 (X,Y) 关于 X 及关于 Y 的**边缘分布函数**.

$F_X(x)$ 和 $F_Y(y)$ 可由联合分布函数 $F(x,y)$ 确定，事实上

$$F_X(x) = P(X \leqslant x) = P(X \leqslant x, Y < +\infty) = F(x,+\infty), \quad (3.1.2)$$

即

$$F_X(x) = \lim_{y \to +\infty} F(x,y),$$

同理有

$$F_Y(y) = F(+\infty, y), \tag{3.1.3}$$

即

$$F_Y(y) = \lim_{x \to +\infty} F(x,y).$$

3.1.3 独立性

定义 3.1.4 如果随机变量 (X,Y) 的联合分布函数恰为两个边缘分布函数的乘积,即

$$F(x,y) = F_X(x)F_Y(y), \quad -\infty < x,y < +\infty, \tag{3.1.4}$$

则称随机变量 X,Y **相互独立**.

与一维随机变量一样,本章分别对二维离散型随机变量与二维连续型随机变量的具体情况予以讨论.

3.1.4 n 维随机变量

以上的相关概念很容易推广到 $n(n \geqslant 3)$ 维情形.

设 $X_1, X_2, \cdots, X_n$ 是定义在样本空间 Ω 上的 n 个随机变量,则称 $(X_1, X_2, \cdots, X_n)$ 为 **n 维随机变量**.

n 元函数 $F(x_1, x_2, \cdots, x_n) = P(X_1 \leqslant x_1, X_2 \leqslant x_2, \cdots, X_n \leqslant x_n)$ 称为 n 维随机变量 $(X_1, X_2, \cdots, X_n)$ 的**联合分布函数**.

函数 $F_i(x_i) = P(X_i \leqslant x_i) = F(+\infty, \cdots, +\infty, x_i, +\infty, \cdots, +\infty)$ 称为 n 维随机变量 $(X_1, X_2, \cdots, X_n)$ 关于 X_i 的**边缘分布函数**.

类似于两个随机变量相互独立的定义,可以定义 n 个随机变量 $X_1, X_2, \cdots, X_n$ 的独立性:若对任意的实数 $x_1, x_2, \cdots, x_n$,满足

$$F(x_1, x_2, \cdots, x_n) = F_1(x_1)F_2(x_2)\cdots F_n(x_n),$$

则称随机变量 $X_1, X_2, \cdots, X_n$ **相互独立**.

3.2 二维离散型随机变量

二维离散型随机变量

3.2.1 二维离散型随机变量的定义和联合分布律

定义 3.2.1 若二维随机变量 (X,Y) 所有可能取得的值为有限对或可列无穷对,则称 (X,Y) 为**二维离散型随机变量**.

定义 3.2.2 设二维离散型随机变量 (X,Y) 所有可能取得的值为 $(x_i, y_j), i, j = 1, 2, \cdots$,则称

$$P(X = x_i, Y = y_j) = p_{ij}, \quad i, j = 1, 2, \cdots \tag{3.2.1}$$

为 (X,Y) 的**联合分布律**,也称为 (X,Y) 的**概率分布**.

(X,Y) 的联合分布律还可以由表 3-1 表示.

表 3-1

X \ Y	y_1	y_2	$\cdots$	y_j	$\cdots$
x_1	p_{11}	p_{12}	$\cdots$	p_{1j}	$\cdots$
x_2	p_{21}	p_{22}	$\cdots$	p_{2j}	$\cdots$
$\vdots$	$\vdots$	$\vdots$		$\vdots$	
x_i	p_{i1}	p_{i2}	$\cdots$	p_{ij}	$\cdots$
$\vdots$	$\vdots$	$\vdots$		$\vdots$	

类似于一维随机变量的情形,由概率的定义,(X,Y) 的联合分布律也具有如下的性质:

$1°$ $p_{ij} \geqslant 0 (i,j=1,2,\cdots)$;

$2°$ $\sum\limits_{i=1}^{+\infty} \sum\limits_{j=1}^{+\infty} p_{ij} = 1$.

反之,若数列 $\{p_{ij}\}(i,j=1,2,\cdots)$ 满足性质 $1°$ 和 $2°$,则它一定可以作为某二维离散型随机变量的分布律.

例1 一个口袋中装有 5 只球,其中 4 只红球、1 只白球,采用无放回抽样,接连取两次,设

$$X = \begin{cases} 1, & \text{第一次取到红球,} \\ 0, & \text{第一次取到白球,} \end{cases} \quad Y = \begin{cases} 1, & \text{第二次取到红球,} \\ 0, & \text{第二次取到白球,} \end{cases}$$

试求:

(1) X 与 Y 的联合分布律;

(2) $P(X \geqslant Y)$.

解 由题意知 $\Omega_X = \Omega_Y = \{0,1\}$,从而

$$\Omega_{(X,Y)} = \{(0,0),(0,1),(1,0),(1,1)\}.$$

(1) 由概率的乘法公式知:

$$P(X=0,Y=0) = P(X=0)P(Y=0 \mid X=0) = \frac{1}{5} \times 0 = 0,$$

$$P(X=0,Y=1) = P(X=0)P(Y=1 \mid X=0) = \frac{1}{5} \times 1 = \frac{1}{5},$$

$$P(X=1,Y=0) = P(X=1)P(Y=0 \mid X=1) = \frac{4}{5} \times \frac{1}{4} = \frac{1}{5},$$

$$P(X=1,Y=1) = P(X=1)P(Y=1 \mid X=1) = \frac{4}{5} \times \frac{3}{4} = \frac{3}{5}.$$

因此,X 与 Y 的联合分布律为

X \ Y	0	1
0	0	$\frac{1}{5}$
1	$\frac{1}{5}$	$\frac{3}{5}$

(2) 由于事件$\{X \geqslant Y\}=\{(X,Y) \in D\}$,其中$D=\{(0,0),(1,0),(1,1)\}$,因此,
$$P(X \geqslant Y) = P(X=0, Y=0) + P(X=1, Y=0) + P(X=1, Y=1) = \frac{4}{5}.$$

3.2.2 边缘分布律

定义 3.2.3 设二维离散型随机变量(X,Y)的联合分布律为
$$P(X=x_i, Y=y_j) = p_{ij}, \quad i,j=1,2,\cdots,$$
对固定的i有
$$P(X=x_i) = P(X=x_i, Y=y_1) + \cdots + P(X=x_i, Y=y_j) + \cdots$$
$$= \sum_{j=1}^{+\infty} P(X=x_i, Y=y_j) = \sum_{j=1}^{+\infty} p_{ij}, \quad i=1,2,\cdots. \quad (3.2.2)$$
类似地,对固定的j有
$$P(Y=y_j) = \sum_{i=1}^{+\infty} P(X=x_i, Y=y_j) = \sum_{i=1}^{+\infty} p_{ij}, \quad j=1,2,\cdots. \quad (3.2.3)$$
记
$$\sum_{j=1}^{+\infty} p_{ij} = p_{i\cdot}, \quad i=1,2,\cdots,$$
$$\sum_{i=1}^{+\infty} p_{ij} = p_{\cdot j}, \quad j=1,2,\cdots,$$
则分别称$p_{i\cdot}$及$p_{\cdot j}$为离散型随机变量(X,Y)的关于X及关于Y的**边缘概率分布**或**边缘分布律**.

(X,Y)的联合分布律及两个边缘分布律的关系可由表 3-2 表示.

表 3-2

X \ Y	y_1	y_2	$\cdots$	y_j	$\cdots$	$P(X=x_i)=p_{i\cdot}$
x_1	p_{11}	p_{12}	$\cdots$	p_{1j}	$\cdots$	$p_{1\cdot}$
x_2	p_{21}	p_{22}	$\cdots$	p_{2j}	$\cdots$	$p_{2\cdot}$
$\vdots$	$\vdots$	$\vdots$		$\vdots$		$\vdots$
x_i	p_{i1}	p_{i2}	$\cdots$	p_{ij}	$\cdots$	$p_{i\cdot}$
$\vdots$	$\vdots$	$\vdots$		$\vdots$		$\vdots$
$P(Y=y_j)=p_{\cdot j}$	$p_{\cdot 1}$	$p_{\cdot 2}$	$\cdots$	$p_{\cdot j}$	$\cdots$	$\sum_{i=1}^{+\infty}\sum_{j=1}^{+\infty} p_{ij} = 1$

于是关于 X 及关于 Y 的边缘分布律如下：

X	x_1	x_2	$\cdots$	x_i	$\cdots$
p_k	$p_1.$	$p_2.$	$\cdots$	$p_i.$	$\cdots$

Y	y_1	y_2	$\cdots$	y_j	$\cdots$
p_k	$p._1$	$p._2$	$\cdots$	$p._j$	$\cdots$

表 3-2 中各行诸 p_{ij} 之和为最右边一列中的 $p_i.$，而各列诸 p_{ij} 之和为最下边一行中的 $p._j$，从 $p_i.$ 和 $p._j$ 在表中的位置，我们不难看出"边缘分布律"一词的由来.

例 2 在例 1 中试求 X 与 Y 的边缘分布律. 如果把无放回抽样改成有放回抽样，试求 (X,Y) 的联合分布律与 X,Y 的边缘分布律.

解 因为例 1 中，我们已得到无放回抽样的联合分布律，把它的表格形式中的概率同行、同列分别相加，得到

X \ Y	0	1	$p_i.$
0	0	$\frac{1}{5}$	$\frac{1}{5}$
1	$\frac{1}{5}$	$\frac{3}{5}$	$\frac{4}{5}$
$p._j$	$\frac{1}{5}$	$\frac{4}{5}$	

于是得到了 X 与 Y 的边缘分布律分别是

X	0	1
p_k	$\frac{1}{5}$	$\frac{4}{5}$

Y	0	1
p_k	$\frac{1}{5}$	$\frac{4}{5}$

顺便指出，X 与 Y 虽然分布律相同，但它们是意义不同的随机变量，不能由此误认为 "$X=Y$".

在有放回抽样的情形下，不难得到

X \ Y	0	1	$p_i.$
0	$\frac{1}{5} \times \frac{1}{5} = \frac{1}{25}$	$\frac{1}{5} \times \frac{4}{5} = \frac{4}{25}$	$\frac{1}{5}$
1	$\frac{4}{5} \times \frac{1}{5} = \frac{4}{25}$	$\frac{4}{5} \times \frac{4}{5} = \frac{16}{25}$	$\frac{4}{5}$
$p._j$	$\frac{1}{5}$	$\frac{4}{5}$	

细心的读者会发现,与无放回抽样的情形相比较,虽然它们的联合分布律完全不同,但是边缘分布律却是一致的. 这表明边缘分布不能唯一确定联合分布.

以上两个例子告诉我们一个事实:不能把二维随机变量(X,Y)看作是两个随机变量X与Y的简单组合,而应该把(X,Y)看作一个整体. 二维随机变量(X,Y)的联合分布不仅说明了作为一维随机变量X,Y取值的统计规律性(即边缘分布),而且还蕴涵着X与Y之间在统计规律方面的联系. 这便是我们接下来要讨论的内容.

3.2.3 独立性

对于离散型随机变量(X,Y),可以证明其独立性的定义式(3.1.4)等价于式(3.2.4).

定义 3.2.4 如果离散型随机变量(X,Y)的联合分布律恰为两个边缘分布律的乘积,即

$$P(X=x_i, Y=y_j) = P(X=x_i)P(Y=y_j), \quad i,j=1,2,\cdots, \quad (3.2.4)$$

亦即

$$p_{ij} = p_{i\cdot} p_{\cdot j}, \quad i,j=1,2,\cdots,$$

则称随机变量X与Y**相互独立**.

易见,在例 2 中有放回抽样的情形下,X与Y相互独立. 实际上,这两个随机变量的取值之间是互不影响的,即每一次取球的结果与另一次取球的结果无关,这正是随机变量相互独立概念的直观意义. 但在无放回抽样的情形下,X与Y不独立. 这是因为

$$P(X=0, Y=0) = 0,$$

但是

$$P(X=0)P(Y=0) = \frac{1}{5} \times \frac{1}{5} = \frac{1}{25} \neq 0.$$

3.2.4 条件分布

一般情形下,二维随机变量(X,Y)中的两个随机变量X,Y的取值是相互影响的(即X与Y不独立). 现在通过条件概率来考察这种影响.

设X与Y的联合分布律为

$$P(X=x_i, Y=y_j) = p_{ij}, \quad i,j=1,2,\cdots,$$

如果已知事件$\{Y=y_j\}$发生,其中j固定,那么条件概率为

$$P(X=x_i \mid Y=y_j) = \frac{P(X=x_i, Y=y_j)}{P(Y=y_j)} = \frac{p_{ij}}{p_{\cdot j}}, \quad i=1,2,\cdots,$$

易见,这些概率$\dfrac{p_{1j}}{p_{\cdot j}}, \dfrac{p_{2j}}{p_{\cdot j}}, \cdots$作为概率分布应满足以下两个条件:

$1°\ \dfrac{p_{ij}}{p_{\cdot j}} \geq 0\ (i=1,2,\cdots);$

$2°\ \sum\limits_i \dfrac{p_{ij}}{p_{\cdot j}} = \dfrac{1}{p_{\cdot j}} \sum\limits_i p_{ij} = 1.$

这就引出了下列定义.

定义 3.2.5 设随机变量(X,Y)的联合分布律为

$$P(X=x_i, Y=y_j) = p_{ij}, \quad i,j=1,2,\cdots,$$

对任意一个固定的 j $(j=1,2,\cdots)$,若 $P(Y=y_j)=p_{\cdot j}>0$,则称

$$P(X=x_i \mid Y=y_j) = \dfrac{p_{ij}}{p_{\cdot j}}, \quad i=1,2,\cdots \tag{3.2.5}$$

为已知$\{Y=y_j\}$发生的条件下 X 的**条件分布**(或**条件分布律**).

类似地,对任意一个固定的 i $(i=1,2,\cdots)$,若 $P(X=x_i)=p_{i\cdot}>0$,则称

$$P(Y=y_j \mid X=x_i) = \dfrac{p_{ij}}{p_{i\cdot}}, \quad j=1,2,\cdots \tag{3.2.6}$$

为已知$\{X=x_i\}$发生的条件下 Y 的**条件分布**(或**条件分布律**).

易见,当 X,Y 相互独立时,对所有的 i 和 j,有

$$P(X=x_i \mid Y=y_j) = \dfrac{p_{ij}}{p_{\cdot j}} = \dfrac{p_{i\cdot}p_{\cdot j}}{p_{\cdot j}} = p_{i\cdot} = P(X=x_i),$$

即当 X,Y 相互独立时,X(或 Y)的条件分布与其边缘分布相同.

例3 设随机变量(X,Y)的联合分布律和边缘分布律为

X \ Y	1	2	3	$p_{i\cdot}$
1	$\dfrac{1}{4}$	$\dfrac{1}{8}$	$\dfrac{1}{8}$	$\dfrac{1}{2}$
2	$\dfrac{1}{12}$	$\dfrac{1}{12}$	$\dfrac{1}{6}$	$\dfrac{1}{3}$
3	$\dfrac{1}{18}$	$\dfrac{1}{18}$	$\dfrac{1}{18}$	$\dfrac{1}{6}$
$p_{\cdot j}$	$\dfrac{7}{18}$	$\dfrac{19}{72}$	$\dfrac{25}{72}$	

试求:

(1) 已知事件$\{Y=2\}$发生时,X 的条件分布;

(2) 已知事件$\{X=1\}$发生时,Y 的条件分布.

解 按条件分布的定义,得到

(1) 所求的 X 的条件分布为 $\left(\text{其中 } P(Y=2)=p_{\cdot 2}=\dfrac{19}{72}\right)$

$X\mid Y=2$	1	2	3
p_k	$\dfrac{p_{12}}{p_{\cdot 2}}=\dfrac{9}{19}$	$\dfrac{p_{22}}{p_{\cdot 2}}=\dfrac{6}{19}$	$\dfrac{p_{32}}{p_{\cdot 2}}=\dfrac{4}{19}$

(2) 所求的 Y 的条件分布为 $\left(\text{其中 } P(X=1)=p_{1\cdot}=\dfrac{1}{2}\right)$

$Y\mid X=1$	1	2	3
p_k	$\dfrac{p_{11}}{p_{1\cdot}}=\dfrac{1}{2}$	$\dfrac{p_{12}}{p_{1\cdot}}=\dfrac{1}{4}$	$\dfrac{p_{13}}{p_{1\cdot}}=\dfrac{1}{4}$

前面我们曾经讲过,一般情形(相互独立的情形除外)下,由边缘分布不能唯一地确定联合分布.但是,如果我们知道了一个随机变量的边缘分布,以及已知这个随机变量取任意一个固定值时另一个随机变量的条件分布,那么就可以唯一地确定联合分布.

例 4 某地公安部门经过调查后发现,交通事故由自行车造成的(记为"$X=1$")占 $\dfrac{1}{2}$,由汽车造成的(记为"$X=2$")占 $\dfrac{1}{3}$,其他原因造成的(记为"$X=3$")占 $\dfrac{1}{6}$.由自行车造成的交通事故引起轻伤的(记为"$Y=1$")占 50%,引起重伤的(记为"$Y=2$")与死亡的(记为"$Y=3$")各占 25%.由汽车造成的交通事故引起的轻伤与重伤各占 25%,引起死亡的占 50%.由其他原因造成的交通事故引起轻伤、重伤、死亡的比例相同.试求 X 与 Y 的联合分布.

解 由题设知 X 的边缘分布为

X	1	2	3
p_k	$\dfrac{1}{2}$	$\dfrac{1}{3}$	$\dfrac{1}{6}$

已知 $\{X=1\},\{X=2\},\{X=3\}$ 发生时,Y 的条件分布分别为

$Y\mid X=1$	1	2	3
p_k	$\dfrac{1}{2}$	$\dfrac{1}{4}$	$\dfrac{1}{4}$

$Y\mid X=2$	1	2	3
p_k	$\dfrac{1}{4}$	$\dfrac{1}{4}$	$\dfrac{1}{2}$

$Y\mid X=3$	1	2	3
p_k	$\dfrac{1}{3}$	$\dfrac{1}{3}$	$\dfrac{1}{3}$

于是,由
$$P(X=i,Y=j)=P(X=i)P(Y=j\mid X=i),\quad i,j=1,2,3,$$
得

X \ Y	1	2	3
1	$\frac{1}{4}$	$\frac{1}{8}$	$\frac{1}{8}$
2	$\frac{1}{12}$	$\frac{1}{12}$	$\frac{1}{6}$
3	$\frac{1}{18}$	$\frac{1}{18}$	$\frac{1}{18}$

3.3 二维连续型随机变量

二维连续型
随机变量

3.3.1 二维连续型随机变量的定义和联合概率密度函数

定义 3.3.1 设二维随机变量 (X,Y) 的联合分布函数为 $F(x,y)$,若存在非负可积函数 $f(x,y)$,使对任意实数 x,y 有

$$F(x,y) = \int_{-\infty}^{x} \int_{-\infty}^{y} f(u,v) \mathrm{d}u \mathrm{d}v, \tag{3.3.1}$$

则称 (X,Y) 为**二维连续型随机变量**,称 $f(x,y)$ 为 (X,Y) 的**联合概率密度函数**,简称**密度函数**或**概率密度**.

密度函数 $f(x,y)$ 具有如下性质:

$1°$ $f(x,y) \geqslant 0$;

$2°$ $\int_{-\infty}^{+\infty} \int_{-\infty}^{+\infty} f(x,y) \mathrm{d}x \mathrm{d}y = 1$.

性质 $1°$ 是定义要求的,性质 $2°$ 可如下推得

$$\int_{-\infty}^{+\infty} \int_{-\infty}^{+\infty} f(x,y) \mathrm{d}x \mathrm{d}y = F(+\infty, +\infty) = 1.$$

$3°$ 由定义 3.3.1 及微积分知识,还可推得在 $f(x,y)$ 的连续点处有

$$\frac{\partial^2 F(x,y)}{\partial x \partial y} = f(x,y). \tag{3.3.2}$$

$4°$ 对于平面上任一区域 G,随机点 (X,Y) 落入 G 的概率为

$$P((X,Y) \in G) = \iint_G f(x,y) \mathrm{d}x \mathrm{d}y. \tag{3.3.3}$$

例 1 设二维随机变量 (X,Y) 的概率密度为

$$f(x,y) = \begin{cases} k\mathrm{e}^{-(3x+y)}, & x>0, y>0, \\ 0, & \text{其他}, \end{cases}$$

试求:

(1) 常数 k;
(2) (X,Y) 落入 $G = \{(x,y) | x+y<1\}$ 中的概率;
(3) (X,Y) 的联合分布函数.

解 (1) 由密度函数的性质 2° 有
$$\int_{-\infty}^{+\infty}\int_{-\infty}^{+\infty} f(x,y)\mathrm{d}x\mathrm{d}y = \int_{0}^{+\infty}\int_{0}^{+\infty} k\mathrm{e}^{-(3x+y)}\mathrm{d}x\mathrm{d}y = 1,$$

而
$$\int_{0}^{+\infty}\int_{0}^{+\infty} k\mathrm{e}^{-(3x+y)}\mathrm{d}x\mathrm{d}y$$
$$= k\int_{0}^{+\infty}\mathrm{e}^{-3x}\mathrm{d}x\int_{0}^{+\infty}\mathrm{e}^{-y}\mathrm{d}y = \frac{k}{3},$$

故 $k=3$. 于是
$$f(x,y) = \begin{cases} 3\mathrm{e}^{-(3x+y)}, & x>0, y>0, \\ 0, & \text{其他}. \end{cases}$$

(2) 由 (3.3.3) 式及图 3-3 有
$$P(X+Y<1) = \iint_G f(x,y)\mathrm{d}x\mathrm{d}y$$
$$= \iint_{x+y<1} f(x,y)\mathrm{d}x\mathrm{d}y = \int_0^1 \left(\int_0^{1-x} 3\mathrm{e}^{-(3x+y)}\mathrm{d}y\right)\mathrm{d}x$$
$$= 3\int_0^1 \mathrm{e}^{-3x}\left(\int_0^{1-x} \mathrm{e}^{-y}\mathrm{d}y\right)\mathrm{d}x = 0.473.$$

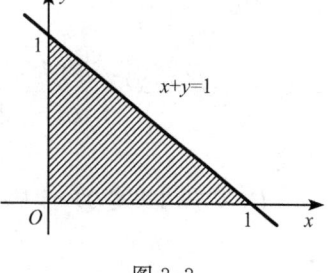

图 3-3

(3) 由定义 3.3.1 有
$$F(x,y) = \int_{-\infty}^{x}\int_{-\infty}^{y} f(u,v)\mathrm{d}u\mathrm{d}v.$$

当 $x \leqslant 0$ 或 $y \leqslant 0$ 时,因为 $f(x,y)=0$,所以显然 $F(x,y)=0$.

当 $x>0$ 且 $y>0$ 时,
$$F(x,y) = \int_0^x\int_0^y 3\mathrm{e}^{-(3x+y)}\mathrm{d}x\mathrm{d}y = (1-\mathrm{e}^{-3x})(1-\mathrm{e}^{-y}).$$

于是得联合分布函数
$$F(x,y) = \begin{cases} (1-\mathrm{e}^{-3x})(1-\mathrm{e}^{-y}), & x>0, y>0, \\ 0, & \text{其他}. \end{cases}$$

定义 3.3.2 设 G 是平面上有界区域,面积为 A,若随机变量 (X,Y) 具有概率密度

$$f(x,y) = \begin{cases} \dfrac{1}{A}, & (x,y) \in G, \\ 0, & \text{其他}, \end{cases} \tag{3.3.4}$$

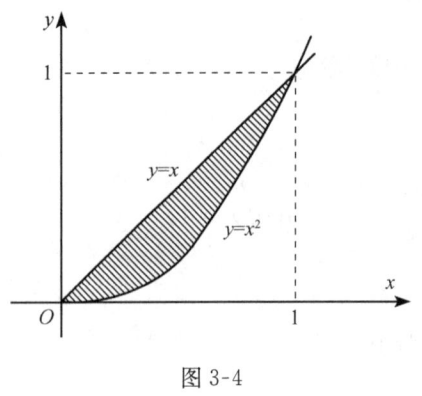

图 3-4

则称 (X,Y) 在 G 上服从**均匀分布**.

例 2 设 (X,Y) 在 G 上服从均匀分布,G 是由直线 $y=x$ 及曲线 $y=x^2$ 围成的区域(如图 3-4 中阴影部分),写出 (X,Y) 的概率密度.

解 先计算 G 的面积

$$S(G)=\iint_G \mathrm{d}x\mathrm{d}y=\int_0^1\left(\int_{x^2}^x \mathrm{d}y\right)\mathrm{d}x=\frac{1}{6},$$

于是得概率密度

$$f(x,y)=\begin{cases}6, & (x,y)\in G,\\ 0, & \text{其他}.\end{cases}$$

例 3 设 (X,Y) 服从区域 G 上的均匀分布,$G=\{(x,y)\mid |x|\leqslant 1,|y|\leqslant 1\}$,试求关于 t 的一元二次方程 $t^2+Xt+Y=0$ 无实数根的概率.

解 显然 G 的面积 $S(G)=4$,因此 (X,Y) 的概率密度

$$f(x,y)=\begin{cases}\dfrac{1}{4}, & (x,y)\in G,\\ 0, & \text{其他},\end{cases}$$

于是

$$\begin{aligned}P(X^2-4Y<0)&=P((X,Y)\in D)\\ &=\iint_D f(x,y)\mathrm{d}x\mathrm{d}y\\ &=\int_{-1}^1 \mathrm{d}x\int_{x^2/4}^1 \frac{1}{4}\mathrm{d}y=\frac{11}{24},\end{aligned}$$

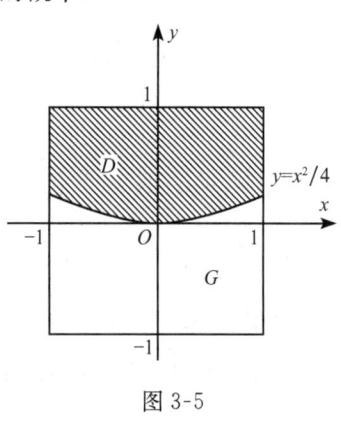

图 3-5

其中,区域 D 为图 3-5 中阴影部分.

3.3.2 边缘概率密度

设二维随机变量 (X,Y) 的概率密度为 $f(x,y)$,由(3.1.2)式知 (X,Y) 关于 X 的边缘分布函数为

$$\begin{aligned}F_X(x)&=F(x,+\infty)=\int_{-\infty}^x\int_{-\infty}^{+\infty}f(x,y)\mathrm{d}x\mathrm{d}y\\ &=\int_{-\infty}^x\left(\int_{-\infty}^{+\infty}f(x,y)\mathrm{d}y\right)\mathrm{d}x,\end{aligned}$$

边缘概率密度

又由一维连续型随机变量的定义知,X 是连续型随机变量,其概率密度为

$$f_X(x) = \int_{-\infty}^{+\infty} f(x,y)\mathrm{d}y, \qquad (3.3.5)$$

同理由(3.1.3)式可知

$$f_Y(y) = \int_{-\infty}^{+\infty} f(x,y)\mathrm{d}x. \qquad (3.3.6)$$

定义 3.3.3 $f_X(x)$ 和 $f_Y(y)$ 分别称为二维连续型随机变量 (X,Y) 关于 X 和关于 Y 的**边缘概率密度函数**.

例 4 设 (X,Y) 的联合概率密度为

$$f(x,y) = \begin{cases} 2xy, & (x,y) \in G, \\ 0, & \text{其他}, \end{cases}$$

其中 G 如图 3-6 所示,试求 $f_X(x)$ 和 $f_Y(y)$.

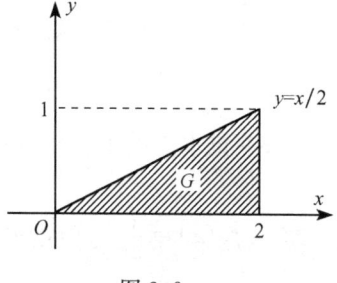

图 3-6

解 当 $0 < x < 2$ 时,

$$f_X(x) = \int_{-\infty}^{+\infty} f(x,y)\mathrm{d}y = \int_0^{\frac{x}{2}} 2xy\,\mathrm{d}y = \frac{x^3}{4},$$

因此

$$f_X(x) = \begin{cases} \dfrac{x^3}{4}, & 0 < x < 2, \\ 0, & \text{其他}. \end{cases}$$

当 $0 < y < 1$ 时,

$$f_Y(y) = \int_{-\infty}^{+\infty} f(x,y)\mathrm{d}x = \int_{2y}^{2} 2xy\,\mathrm{d}x = 4y(1-y^2),$$

因此

$$f_Y(y) = \begin{cases} 4y(1-y^2), & 0 < y < 1, \\ 0, & \text{其他}. \end{cases}$$

定义 3.3.4 设二维随机变量 (X,Y) 的概率密度为

$$f(x,y) = \frac{1}{2\pi\sigma_1\sigma_2\sqrt{1-\rho^2}} \exp\left\{-\frac{1}{2(1-\rho^2)}\left[\frac{(x-\mu_1)^2}{\sigma_1^2}\right.\right.$$

$$\left.\left. - \frac{2\rho(x-\mu_1)(y-\mu_2)}{\sigma_1\sigma_2} + \frac{(y-\mu_2)^2}{\sigma_2^2}\right]\right\},$$

$$-\infty < x < +\infty, \quad -\infty < y < +\infty, \qquad (3.3.7)$$

其中 $\mu_1,\mu_2,\sigma_1,\sigma_2,\rho$ 为常数,$\sigma_1 > 0, \sigma_2 > 0, |\rho| < 1$,则称 (X,Y) 服从参数为 μ_1,μ_2, σ_1,σ_2,ρ 的**二维正态分布**,记作 $(X,Y) \sim N(\mu_1,\mu_2,\sigma_1^2,\sigma_2^2,\rho)$,其中 $f(x,y)$ 图形如图 3-7 所示.

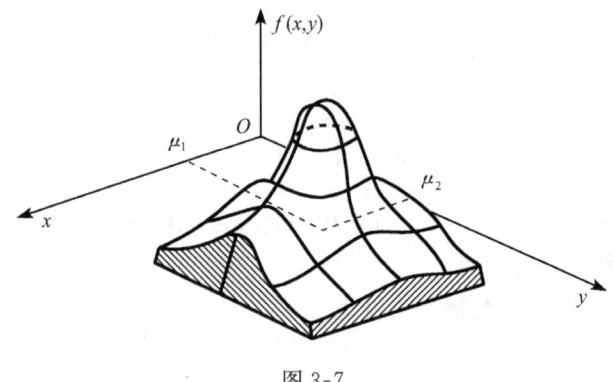

图 3-7

例 5 试求二维正态分布的边缘概率密度 $f_X(x)$ 及 $f_Y(y)$.

解 $f_X(x) = \int_{-\infty}^{+\infty} f(x,y) \mathrm{d}y \xrightarrow[v = \frac{y-\mu_2}{\sigma_2}]{u = \frac{x-\mu_1}{\sigma_1}} \dfrac{1}{2\pi\sigma_1\sqrt{1-\rho^2}} \int_{-\infty}^{+\infty} e^{-\frac{1}{2(1-\rho^2)}(u^2 - 2\rho uv + v^2)} \mathrm{d}v$

$= \dfrac{1}{2\pi\sigma_1\sqrt{1-\rho^2}} \int_{-\infty}^{+\infty} e^{-\frac{1}{2(1-\rho^2)}[(v-\rho u)^2 + (1-\rho^2)\cdot u^2]} \mathrm{d}v$

$= \dfrac{1}{2\pi\sigma_1\sqrt{1-\rho^2}} e^{-\frac{u^2}{2}} \int_{-\infty}^{+\infty} e^{-\frac{(v-\rho u)^2}{2(1-\rho^2)}} \mathrm{d}v$

$= \dfrac{1}{\sqrt{2\pi}\sigma_1} e^{-\frac{u^2}{2}} \int_{-\infty}^{+\infty} \dfrac{1}{\sqrt{2\pi}\sqrt{1-\rho^2}} e^{-\frac{(v-\rho u)^2}{2(1-\rho^2)}} \mathrm{d}v$

$= \dfrac{1}{\sqrt{2\pi}\sigma_1} e^{-\frac{u^2}{2}} \int_{-\infty}^{+\infty} \dfrac{1}{\sqrt{2\pi}} e^{-\frac{1}{2}\left(\frac{v-\rho u}{\sqrt{1-\rho^2}}\right)^2} \mathrm{d}\dfrac{v-\rho u}{\sqrt{1-\rho^2}}$,

因为被积函数恰为一正态随机变量的概率密度,所以积分值等于 1,再把 $u = \dfrac{x-\mu_1}{\sigma_1}$ 代回,有

$$f_X(x) = \dfrac{1}{\sqrt{2\pi}\sigma_1} e^{-\frac{(x-\mu_1)^2}{2\sigma_1^2}},$$

同理

$$f_Y(y) = \dfrac{1}{\sqrt{2\pi}\sigma_2} e^{-\frac{(y-\mu_2)^2}{2\sigma_2^2}}.$$

例 5 的结果说明 $X \sim N(\mu_1, \sigma_1^2), Y \sim N(\mu_2, \sigma_2^2)$,即二维正态分布的两个边缘分布都是一维正态分布,且它们不依赖于参数 ρ,也就是说,对于给定的 $\mu_1, \mu_2, \sigma_1, \sigma_2$,虽然不同的 ρ 对应不同的二维正态分布,但这些二维正态分布的边缘分布都相同. 也就是说,联合概率密度可以确定边缘概率密度,但一般情况,仅由边缘概率密度

不能确定联合概率密度.

3.3.3 独立性

连续型随机变量的独立性

对于连续型随机变量(X,Y),可以证明其独立性定义式(3.1.4)等价于(3.3.8).

定义 3.3.5 如果随机变量(X,Y)的联合密度函数等于它们两个边缘密度函数的乘积,即

$$f(x,y) = f_X(x)f_Y(y), \quad -\infty < x,y < +\infty, \quad (3.3.8)$$

那么称随机变量X与Y**相互独立**.

易见,若$(X,Y) \sim N(\mu_1,\mu_2,\sigma_1^2,\sigma_2^2,\rho)$,则$X$与$Y$相互独立的充要条件是$\rho = 0$.

例 6 设(X,Y)的概率密度函数为$f(x,y) = \begin{cases} xe^{-(x+y)}, & x>0, y>0, \\ 0, & \text{其他}, \end{cases}$ 试判断X与Y是否相互独立?

解 当$x>0$时,$f_X(x) = \int_0^{+\infty} xe^{-(x+y)}dy = xe^{-x}$;

当$y>0$时,$f_Y(y) = \int_0^{+\infty} xe^{-(x+y)}dx = e^{-y}$,从而

$$f_X(x) = \begin{cases} xe^{-x}, & x>0, \\ 0, & \text{其他}, \end{cases} \quad f_Y(y) = \begin{cases} e^{-y}, & x>0, \\ 0, & \text{其他}. \end{cases}$$

由于对一切的x,y均有$f(x,y) = f_X(x)f_Y(y)$,故X与Y相互独立.

3.3.4 条件密度函数

定义 3.3.6 设随机变量(X,Y)的密度函数为$f(x,y)$,对任意一个固定的y,当$f_Y(y) > 0$时,称

$$f_{X|Y}(x \mid y) = \frac{f(x,y)}{f_Y(y)}, \quad -\infty < x < +\infty \quad (3.3.9)$$

为已知$\{Y=y\}$发生的条件下X的**条件概率密度函数**(或**条件分布**).

类似地,对任意一个固定的x,当$f_X(x) > 0$时,称

$$f_{Y|X}(y \mid x) = \frac{f(x,y)}{f_X(x)}, \quad -\infty < y < +\infty \quad (3.3.10)$$

为已知$\{X=x\}$发生的条件下Y的**条件概率密度函数**(或**条件分布**).

易见,$f_{X|Y}(x|y)$($f_{Y|X}(y|x)$类同)满足作为密度函数的两个条件:

$1°$ $f_{X|Y}(x|y) \geq 0$;

$2°$ $\int_{-\infty}^{+\infty} f_{X|Y}(x \mid y)dx = \int_{-\infty}^{+\infty} \frac{f(x,y)}{f_Y(y)}dx = \frac{\int_{-\infty}^{+\infty} f(x,y)dx}{f_Y(y)} = 1.$

与条件概率密度函数 $f_{X|Y}(x|y)$ 相应的分布函数

$$F_{X|Y}(x \mid y) = \int_{-\infty}^{x} \frac{f(u,y)}{f_Y(y)} du, \quad -\infty < x < +\infty$$

称为已知 $\{Y=y\}$ 发生的条件下 X 的**条件概率分布函数**.

同样,与条件概率函数 $f_{Y|X}(y|x)$ 相应的分布函数

$$F_{Y|X}(y \mid x) = \int_{-\infty}^{y} \frac{f(x,v)}{f_X(x)} dv, \quad -\infty < y < +\infty$$

也称为已知 $\{X=x\}$ 发生的条件下 Y 的**条件概率分布函数**.

当 X 与 Y 相互独立时,由于

$$f_{X|Y}(x \mid y) = \frac{f(x,y)}{f_Y(y)} = \frac{f_X(x) f_Y(y)}{f_Y(y)} = f_X(x),$$

因此,X(或 Y)的条件概率密度函数与其边缘概率密度函数相同,关于条件概率分布函数的结论是类似的.

例 7 在例 4 中,试求

(1) 已知事件 $\left\{Y=\dfrac{1}{2}\right\}$ 发生时 X 的条件概率密度函数;

(2) $f_{Y|X}(y|x)$.

解 (1) $f_Y\left(\dfrac{1}{2}\right) = 4 \times \dfrac{1}{2} \times \left(1 - \dfrac{1}{4}\right) = \dfrac{3}{2} > 0$,在已知事件 $\left\{Y=\dfrac{1}{2}\right\}$ 发生条件下,X 的值域为区间 $(1,2)$(即直线 $y=\dfrac{1}{2}$ 在区域 G 内的线段在 x 轴上的投影),且当 $1<x<2$ 时,

$$f_{X|Y}\left(x \mid \dfrac{1}{2}\right) = \dfrac{f\left(x, \dfrac{1}{2}\right)}{f_Y\left(\dfrac{1}{2}\right)} = \dfrac{2x \times \dfrac{1}{2}}{\dfrac{3}{2}} = \dfrac{2}{3}x,$$

从而,所求条件概率密度函数为

$$f_{X|Y}\left(x \mid \dfrac{1}{2}\right) = \begin{cases} \dfrac{2}{3}x, & 1<x<2, \\ 0, & \text{其他}, \end{cases}$$

顺便得到,相应的条件概率分布函数为

$$F_{X|Y}\left(x \mid \dfrac{1}{2}\right) = \begin{cases} 0, & x<1, \\ \int_1^x \dfrac{2}{3}t\, dt = \dfrac{1}{3}(x^2-1), & 1 \leqslant x<2, \\ 1, & x \geqslant 2. \end{cases}$$

(2) 当 $0<x<2$ 时, $f_X(x)=\dfrac{x^3}{4}>0$, 此时 $f_{Y|X}(y|x)$ 有意义. 在已知事件 $\{X=x\}$ 发生的条件下, Y 的值域为区间 $\left(0,\dfrac{x}{2}\right)$, 且当 $0<y<\dfrac{x}{2}$ 时,

$$f_{Y|X}(y|x)=\frac{f(x,y)}{f_X(x)}=\frac{2xy}{\dfrac{x^3}{4}}=\frac{8y}{x^2},$$

从而, 当 $0<x<2$ 时有

$$f_{Y|X}(y|x)=\begin{cases}\dfrac{8y}{x^2}, & 0<y<\dfrac{x}{2},\\ 0, & \text{其他},\end{cases}$$

相应的条件分布函数为

$$F_{Y|X}(y|x)=\begin{cases}0, & y<0,\\ \displaystyle\int_0^y\dfrac{8t}{x^2}\mathrm{d}t=\dfrac{4y^2}{x^2}, & 0\leqslant y<\dfrac{x}{2},\\ 1, & y\geqslant\dfrac{x}{2}.\end{cases}$$

与离散型的情况类似, 如果我们知道了一个随机变量的边缘密度函数, 以及已知这个随机变量取任一个固定值时另一随机变量的条件密度函数, 那么就可以唯一地确定联合密度函数.

3.4 二维随机变量函数的分布

第 2 章我们讨论了随机变量的函数 $Y=g(X)$ 的概率分布, 同样地, 对于二维随机变量 (X,Y), 也常常需要讨论它的函数 $Z=g(X,Y)$ 的概率分布.

虽然随机变量 Z 是由两个随机变量生成的, 但是随机变量 Z 是一维随机变量, 因此我们可以按照一维随机变量的方法来研究 Z 的分布.

设 (X,Y) 为二维离散型随机变量, 分布律为 $P(X=x_i,Y=y_j)=p_{ij}$, $i,j=1,2,\cdots$, 则函数 $Z=g(X,Y)$ 为一维离散型随机变量, 其分布律为

$$P(Z=z_k)=\sum_{i,j:g(x_i,y_j)=z_k}P(X=x_i,Y=y_j)=\sum_{i,j:g(x_i,y_j)=z_k}p_{ij},\quad k=1,2,\cdots,$$

(3.4.1)

若需要, 还可以由式 (2.2.2) 求出 Z 的分布函数.

设 (X,Y) 为二维连续型随机变量, 联合概率密度函数为 $f(x,y)$, 则函数 $Z=g(X,Y)$ 一般仍为一维连续型随机变量, 其分布函数为

$$F_Z(z) = P(g(X,Y) \leqslant z) = \iint_{g(x,y)\leqslant z} f(x,y)\mathrm{d}x\mathrm{d}y. \tag{3.4.2}$$

进一步,利用一维连续型随机变量分布函数与密度函数的关系,对(3.4.2)求导数可以得到 Z 的密度函数 $f_Z(z)$.

例1 设二维随机变量 (X,Y) 的概率密度函数为 $f(x,y) = \begin{cases} 2\mathrm{e}^{-(x+2y)}, & x>0, y>0, \\ 0, & \text{其他}, \end{cases}$ 求随机变量 $Z = X + 2Y$ 的分布函数.

解 由式(3.4.2)得

$$F_Z(z) = P(X+2Y \leqslant z) = \iint_{x+2y\leqslant z} f(x,y)\mathrm{d}x\mathrm{d}y.$$

当 $z<0$ 时,$F_Z(z) = 0$;

当 $z \geqslant 0$ 时,$F_Z(z) = P(X+2Y \leqslant z) = \iint_{x+2y \leqslant z} 2\mathrm{e}^{-(x+2y)}\mathrm{d}x\mathrm{d}y = \int_0^z \mathrm{d}x \int_0^{\frac{z-x}{2}} 2\mathrm{e}^{-(x+2y)}\mathrm{d}y = 1 - \mathrm{e}^{-z} - z\mathrm{e}^{-z}$,故 $Z = X + 2Y$ 的分布函数为 $F_Z(z) = \begin{cases} 1 - \mathrm{e}^{-z} - z\mathrm{e}^{-z}, & z \geqslant 0, \\ 0, & z < 0. \end{cases}$

下面我们讨论二维随机变量 (X,Y) 的两个特殊函数的概率分布.

3.4.1 $Z = X + Y$ 的分布

1. 离散型随机变量和的分布

已知 (X,Y) 的分布律为 $P(X = x_i, Y = y_j) = p_{ij}$,这时 Z 的所有可能取值为 $x_i + y_j, i,j = 1,2,3,\cdots$,则 $Z = X + Y$ 的分布律为

$$P(Z = z_k) = P(X + Y = z_k) = \sum_{i=1}^{\infty} P(X = x_i, Y = z_k - x_i), \tag{3.4.3}$$

或

$$P(Z = z_k) = P(X + Y = z_k) = \sum_{j=1}^{\infty} P(X = z_k - y_j, Y = y_j). \tag{3.4.4}$$

若 X, Y 独立,则

$$P(Z = z_k) = \sum_{i=1}^{\infty} (P(X = x_i) \cdot P(Y = z_k - x_i)), \tag{3.4.5}$$

或

$$P(Z = z_k) = \sum_{j=1}^{\infty} (P(X = z_k - y_j) \cdot P(Y = y_j)), \tag{3.4.6}$$

即找出 Z 的所有可能取值,并注意将相同的值进行合并,然后求出相应的概率.

例2 设(X,Y)的联合分布律为

X \ Y	-1	0	1
0	0.1	0.2	0
1	0.4	0	0.3

求 $Z=X+Y$ 的分布律.

解 由(X,Y)的联合分布律可得

p_k	0.1	0.2	0.4	0.3
(X,Y)	$(0,-1)$	$(0,0)$	$(1,-1)$	$(1,1)$
$X+Y$	-1	0	0	2

从而有 $Z=X+Y$ 的分布律为

Z	-1	0	2
p_k	0.1	0.6	0.3

2. 连续型随机变量和的分布

一般地,当(X,Y)的联合概率密度为$f(x,y)$,$Z=X+Y$的分布函数为

$$F_Z(z)=P(Z\leqslant z)=P(X+Y\leqslant z)=\iint\limits_{x+y\leqslant z}f(x,y)\mathrm{d}x\mathrm{d}y$$

$$=\int_{-\infty}^{+\infty}\left\{\int_{-\infty}^{z-x}f(x,y)\mathrm{d}y\right\}\mathrm{d}x,$$

对花括号内的积分作变换 $u=x+y$,得

$$\int_{-\infty}^{z-x}f(x,y)\mathrm{d}y=\int_{-\infty}^{z}f(x,u-x)\mathrm{d}u,$$

于是

$$F_Z(z)=\int_{-\infty}^{+\infty}\left\{\int_{-\infty}^{z}f(x,u-x)\mathrm{d}u\right\}\mathrm{d}x=\int_{-\infty}^{z}\left\{\int_{-\infty}^{+\infty}f(x,u-x)\mathrm{d}x\right\}\mathrm{d}u,$$

从而Z的概率密度为

$$f_Z(z)=\int_{-\infty}^{+\infty}f(x,z-x)\mathrm{d}x, \tag{3.4.7}$$

由 X 与 Y 的对称性,也有

$$f_Z(z)=\int_{-\infty}^{+\infty}f(z-y,y)\mathrm{d}y, \tag{3.4.8}$$

当 X,Y 相互独立时,上面两式成为

$$f_Z(z)=\int_{-\infty}^{+\infty}f_X(x)f_Y(z-x)\mathrm{d}x, \tag{3.4.9}$$

$$f_Z(z)=\int_{-\infty}^{+\infty}f_X(z-y)f_Y(y)\mathrm{d}y, \tag{3.4.10}$$

公式(3.4.9)和公式(3.4.10)称为(**连续型**)**卷积公式**.

例 3 设 X,Y 都服从正态分布 $N(0,1)$,且 X,Y 相互独立,试求 $Z=X+Y$ 的概率密度.

解 由卷积公式有

$$f_Z(z) = \int_{-\infty}^{+\infty} \frac{1}{2\pi} e^{-\frac{x^2}{2}} e^{-\frac{(z-x)^2}{2}} dx = \frac{1}{2\pi} \int_{-\infty}^{+\infty} e^{-\frac{2x^2-2zx+z^2}{2}} dx$$

$$= \frac{1}{2\pi} e^{-\frac{z^2}{4}} \int_{-\infty}^{+\infty} e^{-\frac{(\sqrt{2}x-\frac{z}{\sqrt{2}})^2}{2}} dx,$$

令 $t=\sqrt{2}x-\frac{z}{\sqrt{2}}$,则 $dx=\frac{1}{\sqrt{2}}dt$,故

$$f_Z(z) = \frac{1}{2\pi} e^{-\frac{z^2}{4}} \int_{-\infty}^{+\infty} e^{-\frac{t^2}{2}} \frac{1}{\sqrt{2}} dt = \frac{1}{\sqrt{2\pi}\sqrt{2}} e^{-\frac{z^2}{2(\sqrt{2})^2}},$$

即 $Z=X+Y \sim N(0,2)$.

一般地,若 $X_i(i=1,2,\cdots,n)$ 是独立的随机变量,且 $X_i \sim N(\mu_i,\sigma_i^2)(i=1,2,\cdots,n)$,则它们的和 $Z=\sum_{i=1}^{n} X_i$ 仍服从正态分布,且有 $Z \sim N\left(\sum_{i=1}^{n}\mu_i,\sum_{i=1}^{n}\sigma_i^2\right)$. 这一事实称作正态分布具有**可加性**. 进一步,若 $Z=\sum_{i=1}^{n}a_iX_i$,其中 a_i 为实常数,则 $Z \sim N\left(\sum_{i=1}^{n}a_i\mu_i,\sum_{i=1}^{n}(a_i\sigma_i)^2\right)$.

另外 Γ 分布也具有可加性,如 $X \sim \Gamma(\alpha_1,\lambda)$,$Y \sim \Gamma(\alpha_2,\lambda)$,且 X,Y 相互独立,则 $X+Y \sim \Gamma(\alpha_1+\alpha_2,\lambda)$.

3.4.2 $M=\max(X,Y)$ 及 $N=\min(X,Y)$ 的分布

以下仅就 X,Y 相互独立的情形加以讨论.

1. $M=\max(X,Y)$ 的分布函数

设 X,Y 相互独立,分布函数分别为 $F_X(x)$ 和 $F_Y(y)$,注意到
$$\{\max(X,Y) \leqslant z\} = \{X \leqslant z, Y \leqslant z\},$$
于是对于任意的实数 z,
$$\begin{aligned}F_M(z) &= P(\max(X,Y) \leqslant z) = P(X \leqslant z, Y \leqslant z)\\&= P(X \leqslant z) \cdot P(Y \leqslant z)\\&= F_X(z) \cdot F_Y(z).\end{aligned} \tag{3.4.11}$$

2. $N=\min(X,Y)$ 的分布函数

设 X,Y 相互独立,分布函数分别为 $F_X(x)$ 和 $F_Y(y)$,注意到

$$\{\min(X,Y) > z\} = \{X > z, Y > z\},$$

于是对于任意的实数 z,

$$\begin{aligned}
F_N(z) &= P(\min(X,Y) \leqslant z) = 1 - P(\min(X,Y) > z) \\
&= 1 - P\{X > z, Y > z\} \\
&= 1 - P(X > z) \cdot P(Y > z) \\
&= 1 - [1 - F_X(z)] \cdot [1 - F_Y(z)]. \tag{3.4.12}
\end{aligned}$$

一般地,设 $X_1, X_2, \cdots, X_n$ 相互独立,且分布函数分别 $F_1(x), F_2(x), \cdots, F_n(x)$,则 $M = \max(X_1, X_2, \cdots, X_n)$ 的分布函数为

$$F_M(z) = F_1(z) F_2(z) \cdots F_n(z),$$

$N = \min(X_1, X_2, \cdots, X_n)$ 的分布函数为

$$F_N(z) = 1 - [1 - F_1(z)][1 - F_2(z)] \cdots [1 - F_n(z)].$$

特别地,当 $X_1, X_2, \cdots, X_n$ 独立同分布时,设共同的分布函数为 $F(x)$,则

$$F_M(z) = [F(z)]^n, \quad F_N(z) = 1 - [1 - F(z)]^n.$$

例 4 设系统 L 由两个相互独立的子系统 L_1, L_2 连接而成,连接的方式分别为:(1) 串联;(2) 并联;(3) 备用(当系统 L_1 损坏时,系统 L_2 开始工作),如图 3-8 所示. 设 L_1, L_2 的寿命分别为 X, Y,已知它们的概率密度分别为

$$f_X(x) = \begin{cases} \alpha e^{-\alpha x}, & x > 0, \\ 0, & x \leqslant 0, \end{cases}$$

$$f_Y(y) = \begin{cases} \beta e^{-\beta y}, & y > 0, \\ 0, & y \leqslant 0, \end{cases}$$

其中 $\alpha > 0, \beta > 0$ 且 $\alpha \neq \beta$. 试分别就以上三种连接方式写出 L 的寿命 Z 的概率密度.

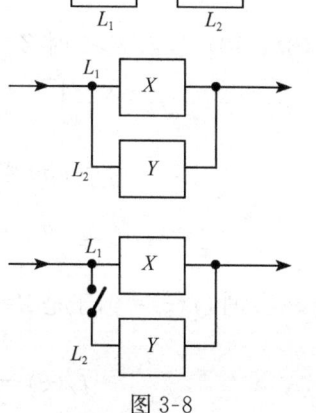

图 3-8

解 1) 串联的情况

由于当 L_1, L_2 中有一个损坏时,系统 L 就停止工作,所以这时 L 的寿命为

$$Z = \min(X, Y),$$

由 $f_X(x)$ 及 $f_Y(y)$ 知 X 及 Y 的分布函数分别为

$$F_X(x) = \begin{cases} 1 - e^{-\alpha x}, & x > 0, \\ 0, & x \leqslant 0, \end{cases} \quad F_Y(y) = \begin{cases} 1 - e^{-\beta y}, & y > 0, \\ 0, & y \leqslant 0, \end{cases}$$

由式 (3.4.12) 得 $Z = \min(X, Y)$ 的分布函数为

$$F_N(z) = \begin{cases} 1 - e^{-(\alpha+\beta)z}, & z > 0, \\ 0, & z \leqslant 0, \end{cases}$$

于是 $Z = \min(X, Y)$ 的概率密度为

$$f_N(z) = \begin{cases} (\alpha+\beta)\mathrm{e}^{-(\alpha+\beta)z}, & z > 0, \\ 0, & z \leqslant 0. \end{cases}$$

2) 并联的情况

由于当且仅当 L_1, L_2 都损坏时,系统 L 才停止工作,所以这时 L 的寿命 Z 为
$$Z = \max(X, Y),$$
由(3.4.11)式得 $Z=\max(X,Y)$ 的分布函数为
$$F_M(z) = F_X(z)F_Y(z) = \begin{cases} (1-\mathrm{e}^{-\alpha z})(1-\mathrm{e}^{-\beta z}), & z > 0, \\ 0, & z \leqslant 0, \end{cases}$$
于是 $Z=\max(X,Y)$ 的概率密度为
$$f_M(z) = \begin{cases} \alpha\mathrm{e}^{-\alpha z} + \beta\mathrm{e}^{-\beta z} - (\alpha+\beta)\mathrm{e}^{-(\alpha+\beta)z}, & z > 0, \\ 0, & z \leqslant 0. \end{cases}$$

3) 备用的情况

由于这时当系统 L_1 损坏时系统 L_2 才开始工作,因此整个系统 L 的寿命 Z 是 L_1, L_2 两者寿命之和,即
$$Z = X + Y,$$
由(3.4.10)式,当 $z>0$ 时 $Z=X+Y$ 的概率密度为
$$\begin{aligned}
f_Z(z) &= \int_{-\infty}^{+\infty} f_X(z-y)f_Y(y)\mathrm{d}y = \int_0^z \alpha\mathrm{e}^{-\alpha(z-y)}\beta\mathrm{e}^{-\beta y}\mathrm{d}y \\
&= \alpha\beta\mathrm{e}^{-\alpha z}\int_0^z \mathrm{e}^{-(\beta-\alpha)y}\mathrm{d}y \\
&= \frac{\alpha\beta}{\beta-\alpha}[\mathrm{e}^{-\alpha z} - \mathrm{e}^{-\beta z}],
\end{aligned}$$
当 $z \leqslant 0$ 时, $f(z)=0$,于是 $Z=X+Y$ 的概率密度为
$$f_Z(z) = \begin{cases} \dfrac{\alpha\beta}{\beta-\alpha}[\mathrm{e}^{-\alpha z} - \mathrm{e}^{-\beta z}], & z > 0, \\ 0, & z \leqslant 0. \end{cases}$$

*3.5 保险理赔总量模型

理赔是保险公司运作的一个风险因素,保险的理赔支付是否正确,对保险经营有重大影响. 而保险公司在一个会计年度保险单的理赔次数、每次的理赔额和全年理赔总量均为随机变量. 本节以多维随机变量理论为基础,简单讨论保险理赔总量模型.

例 1 某保险公司为了研究某类保险在一个会计年度的理赔总量,用 X_i 表示某类保险单的第 i 次理赔额,N 表示在一个会计年度所有这类保单发生理赔次数,Y 表示这一年中对这类保单的理赔总量. 建立如下理赔总量模型:

$$Y = \sum_{i=1}^{N} X_i = X_1 + X_2 + \cdots + X_N.$$

现有一组保单，假设在一年内可能发生的理赔次数为 $0,1,2$ 和 3，相应的概率为 $0.1, 0.3, 0.4$ 和 0.2. 每张保单可能产生的理赔额（单位：万元）为 $1,2,3$，相应的概率为 $0.5, 0.4, 0.1$，试分析理赔总量 Y 的概率分布，并求理赔总量超过 6 万元的概率.

解 设 X_i 为第 i 次发生的理赔额，则 X_1, X_2, X_3 相互独立且具有相同分布，其概率分布为

X_i	1	2	3
p_k	0.5	0.4	0.1

设 N 为理赔次数，则它的概率分布为

N	0	1	2	3
p_k	0.1	0.3	0.4	0.2

由于理赔总量 $Y = X_1 + X_2 + X_3$，易知，理赔总量 Y 的所有可能取值为 $0, 1, 2, \cdots, 9$. 显然，$P\{Y=0\} = 0.1$，$P\{Y=1\} = P\{N=1\}P\{X_1=1\} = 0.3 \times 0.5 = 0.15$，由全概率公式可以计算 Y 取其他每一个可能值的概率，如

$$\begin{aligned}
P\{Y=2\} &= P\{N=1\}P\{X_1=2\} + P\{N=2\}P\{X_1+X_2=2\} \\
&= P\{N=1\}P\{X_1=2\} + P\{N=2\}P\{X_1=1, X_2=1\} \\
&= 0.3 \times 0.4 + 0.4 \times 0.5 \times 0.5 = 0.22, \\
P\{Y=3\} &= P\{N=1\}P\{X_1=3\} + P\{N=2\}P\{X_1+X_2=3\} \\
&\quad + P\{N=3\}P\{X_1+X_2+X_3=3\} \\
&= P\{N=1\}P\{X_1=3\} + P\{N=2\}P[P\{X_1=1, X_2=2\} \\
&\quad + P\{X_1=2, X_2=1\}] + P\{N=3\}P\{x_1=1, x_2=1, x_3=1\} \\
&= 0.3 \times 0.1 + 0.4 \times (0.5 \times 0.4 + 0.4 \times 0.5) \\
&\quad + 0.2 \times (0.5 \times 0.5 \times 0.5) = 0.215, \\
P\{Y=4\} &= P\{N=2\}P\{X_1+X_2=4\} + P\{N=3\}P\{X_1+X_2+X_3=4\} \\
&= P\{N=2\}[P\{X_1=2, X_2=2\} + P\{X_1=1, X_2=3\} \\
&\quad + P\{X_1=3, X_2=1\}] \\
&\quad + P\{N=3\}[P\{X_1=1, X_2=1, X_3=2\} \\
&\quad + P\{X_1=1, X_2=2, X_3=1\} \\
&\quad + P\{X_1=2, X_2=1, X_3=1\}] \\
&= 0.4 \times (0.4 \times 0.4 + 0.5 \times 0.1 + 0.1 \times 0.5) \\
&\quad + 0.2 \times (0.5 \times 0.5 \times 0.4 + 0.5 \times 0.4 \times 0.5 + 0.4 \times 0.5 \times 0.5) \\
&= 0.164.
\end{aligned}$$

余下的几个概率可类似求出来，这里略去. 于是理赔总量 Y 的概率分布为

Y	0	1	2	3	4	5	6	7	8	9
p_i	0.1	0.15	0.22	0.215	0.164	0.095	0.0408	0.0126	0.0024	0.0002

理赔总量超过 6 万元的概率为

$$P\{Y>6\} = P\{Y=7\} + P\{Y=8\} + P\{Y=9\}$$
$$= 0.0126 + 0.0024 + 0.0002 = 0.0152.$$

习 题 3

A

1. 选择题

(1) 以下函数中不能作为二维随机变量 (X,Y) 的分布函数的是(　　).

A. $F(x,y) = \begin{cases} \sin x \sin y, & 0 \leqslant x < \frac{\pi}{2}, 0 \leqslant y < \frac{\pi}{2}, \\ 1, & x \geqslant \frac{\pi}{2}, y \geqslant \frac{\pi}{2}, \\ 0, & \text{其他} \end{cases}$

B. $F(x,y) = \begin{cases} 1, & x \geqslant 1, y \geqslant 1, \\ x^2 y^2, & 0 \leqslant x < 1, 0 \leqslant y < 1, \\ x^2, & 0 < x < 1, y > 1, \\ y^2, & x > 1, 0 < y < 1, \\ 0, & \text{其他} \end{cases}$

C. $F(x,y) = \begin{cases} (1-e^{-x})(1-e^{-y}), & 0 < x < +\infty, 0 < y < +\infty, \\ 0, & \text{其他} \end{cases}$

D. $F(x,y) = \begin{cases} 1, & x+y \geqslant 1, \\ 0, & x+y < 1 \end{cases}$

(2) 设两个随机变量 X 与 Y 独立同分布,且 $P(X=-1) = P(Y=-1) = \frac{1}{2}$, $P(X=1) = P(Y=1) = \frac{1}{2}$,则下列式子中成立的是(　　).

A. $P(X=Y) = \frac{1}{2}$　　　　B. $P(X=Y) = 1$

C. $P(X+Y=0) = \frac{1}{4}$　　　　D. $P(XY=1) = \frac{1}{4}$

(3) 设 (X,Y) 的联合密度函数为 $f(x,y) = \begin{cases} A(x+y), & 0<x<1, 0<y<2, \\ 0, & \text{其他} \end{cases}$,则 A 的值为(　　).

A. 3　　　　B. $\frac{1}{3}$　　　　C. 2　　　　D. $\frac{1}{2}$

(4) 设二维随机变量 (X,Y) 服从二维正态分布,则下列说法不正确的是(　　).

A. X 与 Y 一定相互独立

B. X 与 Y 的任意线性组合 l_1X+l_2Y 服从一维正态分布
C. X 与 Y 分别服从一维正态分布
D. 当参数 $\rho=0$ 时，X 与 Y 相互独立

(5) 设 X 与 Y 是相互独立的随机变量，其分布函数分别为 $F_X(x)$ 与 $F_Y(y)$，则 $Z=\min(X,Y)$ 的分布函数 $F_Z(z)$ 是（　　）．

  A. $F_Z(z)=\max(F_X(z),F_Y(z))$
  B. $F_Z(z)=\min(F_X(z),F_Y(z))$
  C. $F_Z(z)=1-[1-F_X(z)][1-F_Y(z)]$
  D. $F_Z(z)=F_Y(z)$

(6) 设 X 与 Y 是相互独立的随机变量，其分布函数分别为 $F_X(x)$ 与 $F_Y(y)$，则 $Z=\max(X,Y)$ 的分布函数 $F_Z(z)$ 是（　　）．

  A. $F_Z(z)=\max(F_X(z),F_Y(z))$
  B. $F_Z(z)=F_X(z)F_Y(z)$
  C. $F_Z(z)=\max(|F_X(z)|,|F_Y(z)|)$
  D. $F_Z(z)=F_X(z)$

2. 填空题

(1) 设二维随机变量 (X,Y) 的分布函数为 $F(x,y)=A\left(B+\arctan\dfrac{x}{2}\right)\left(C+\arctan\dfrac{y}{3}\right)$，则 $A=$ _____ ，$B=$ _____ ，$C=$ _____ ．

(2) 设随机变量 X,Y 的联合分布律为

X \ Y	1	2	3
1	$\dfrac{1}{6}$	$\dfrac{1}{9}$	$\dfrac{1}{18}$
2	$\dfrac{1}{3}$	α	β

且 X 与 Y 相互独立，则 $\alpha=$ _____ ，$\beta=$ _____ ．

(3) 设二维随机变量 (X,Y) 的分布函数为

$$F(x,y)=\begin{cases}1-e^{-x}-e^{-y}+e^{-(x+y)}, & x>0,y>0,\\ 0, & \text{其他},\end{cases}$$

则它们的联合概率密度函数为 $f(x,y)=$ _____ ．

(4) 已知 (X,Y) 的联合概率密度函数为

$$f(x,y)=\begin{cases}a\sin(x+y),0\leqslant x\leqslant\dfrac{\pi}{4},\ 0\leqslant y\leqslant\dfrac{\pi}{4},\\ 0,\quad \text{其他},\end{cases}$$

则 $a=$ _____ ，Y 的边缘密度函数 $f_Y(y)=$ _____ ．

(5) 设二维随机变量 $(X,Y)\sim N(\mu_1,\mu_2,\sigma_1^2,\sigma_2^2,\rho)$，则随机变量 X 的边缘密度函数为 $f_X(x)=$ _____ ．

(6) 设相互独立的随机变量 X 与 Y 有相同的分布律，且 X 的分布律为

X	0	1
p_k	$\frac{1}{2}$	$\frac{1}{2}$

则 $Z = \max(X,Y)$ 的分布律为 _____ .

(7) 设二维随机变量 (X,Y) 的概率密度函数为 $f(x,y) = \begin{cases} 6x, & 0 \leqslant x \leqslant y \leqslant 1, \\ 0, & \text{其他}, \end{cases}$ 则 $P(X+Y \leqslant 1) = $ _____ .

(8) 设随机变量 X 与 Y 相互独立,且都服从区间 $(0,3)$ 上的均匀分布,则 $P(\max(X,Y) \leqslant 1) = $ _____ .

3. 在一箱子中装有 12 只开关,其中 2 只是次品,在其中取两次,每次任取一只,考虑两种试验:(1) 有放回抽样;(2) 不放回抽样.

我们定义随机变量 X,Y 如下:

$$X = \begin{cases} 0, & \text{若第一次取出的是正品,} \\ 1, & \text{若第一次取出的是次品,} \end{cases} \quad Y = \begin{cases} 0, & \text{若第二次取出的是正品,} \\ 1, & \text{若第二次取出的是次品.} \end{cases}$$

试分别就 (1),(2) 两种情况,写出 X 和 Y 的联合分布律.

4. 在元旦茶话会上,发给每人一袋水果,内装 3 个橘子、2 个苹果、3 个香蕉. 今从袋中随机抽出 4 个,以 X 记橘子数,Y 记苹果数,求 (X,Y) 的联合分布律.

5. 设随机变量 (X,Y) 的联合分布如下表:

X \ Y	-1	0
1	$\frac{1}{4}$	$\frac{1}{4}$
2	$\frac{1}{16}$	a

求:

(1) a 值;

(2) (X,Y) 的联合分布函数 $F(x,y)$;

(3) (X,Y) 关于 X,Y 的边缘分布函数 $F_X(x)$ 与 $F_Y(y)$.

6. 设二维随机变量 (X,Y) 的概率密度函数为

$$f(x,y) = \begin{cases} Ce^{-(2x+y)}, & x > 0, y > 0, \\ 0, & \text{其他}. \end{cases}$$

(1) 确定常数 C;

(2) 求 X,Y 的边缘概率密度函数;

(3) 求联合分布函数 $F(x,y)$;

(4) 求 $P(Y \leqslant X)$;

(5) 求条件概率密度 $f_{X|Y}(x|y)$;

(6) 求 $P(X<2|Y<1)$.

7. 设 (X,Y) 的联合密度函数为

$$f(x,y) = \begin{cases} \dfrac{1}{\pi R^2}, & x^2+y^2 \leqslant R^2, \\ 0, & \text{其他}, \end{cases}$$

求:(1) X 与 Y 的边缘概率密度;(2) 求条件概率密度,并问 X 与 Y 是否独立?

8. 设 X,Y 相互独立,其概率密度分别为

$$f_X(x) = \begin{cases} 1, & 0<x<1, \\ 0, & \text{其他}, \end{cases}$$

$$f_Y(y) = \begin{cases} e^{-y}, & y>0, \\ 0, & \text{其他}, \end{cases}$$

求 $Z=X+Y$ 的概率密度.

9. 设随机变量 X 与 Y 相互独立,且都服从$(0,1)$上的均匀分布,试求随机变量 $Z=X+Y$ 的概率密度函数.

B

1.选择题

(1) 设给出如下二维随机变量(X, Y),则 X 与 Y 不相互独立的是( ).

A.

Y \ X	−1	0	2
1	0.1	0.05	0.1
−1	0.1	0.05	0.1
2	0.2	0.1	0.2

B.

Y \ X	−1	0	1
1	0.01	0.03	0.06
2	0.02	0.06	0.12
3	0.07	0.21	0.42

C. (X, Y) 的联合密度函数为 $f(x,y) = \begin{cases} \dfrac{1}{5}, & 1 \leqslant x \leqslant 2, 0 \leqslant y \leqslant 5, \\ 0, & \text{其他} \end{cases}$

D. (X, Y) 的联合密度函数为 $f(x,y) = \begin{cases} x+y, & 0 \leqslant x \leqslant 1, 0 \leqslant y \leqslant 1, \\ 0, & \text{其他} \end{cases}$

(2) 随机变量 ξ,η 相互独立且在$(0,1)$上都服从均匀分布,则使方程 $x^2+2\xi x+\eta=0$ 有实根的概率为( ).

A. $\dfrac{1}{3}$ B. $\dfrac{1}{2}$ C. 0.4930 D. $\dfrac{4}{9}$

(3) X_1 和 X_2 是任意两个相互独立的连续型随机变量,它们的概率密度分别为 $f_1(x)$ 和 $f_2(x)$,分布函数分别为 $F_1(x)$ 和 $F_2(x)$,则( ).

A. $f_1(x)+f_2(x)$ 必为某一随机变量的概率密度

B. $f_1(x)f_2(x)$ 必为某一随机变量的概率密度

C. $F_1(x)+F_2(x)$ 必为某一随机变量的分布函数

D. $F_1(x)F_2(x)$ 必为某一随机变量的分布函数

(4) 设 X 与 Y 是两个随机变量,且 $P(X\leqslant 1,Y\leqslant 1)=\dfrac{4}{9}$, $P(X\leqslant 1)=P(Y\leqslant 1)=\dfrac{5}{9}$,则 $P(\min(X,Y)\leqslant 1)$ 的值为( ).

A. $\dfrac{4}{9}$ B. $\dfrac{20}{81}$ C. $\dfrac{2}{3}$ D. $\dfrac{1}{3}$

(5) 设随机变量 (X,Y) 的联合密度函数 $f(x,y)=\begin{cases}e^{-(x+y)}, & x>0,y>0\\ 0, & \text{其他}\end{cases}$,则 $Z=\dfrac{X+Y}{2}$ 的密度函数是( ).

A. $f_Z(z)=\begin{cases}\dfrac{1}{2}e^{x+y}, & x>0,\ y>0,\\ 0, & \text{其他}\end{cases}$

B. $f_Z(z)=\begin{cases}e^{-(x+y)}, & x>0,\ y>0,\\ 0, & \text{其他}\end{cases}$

C. $f_Z(z)=\begin{cases}4ze^{-2z}, & z>0,\\ 0, & z\leqslant 0\end{cases}$

D. $f_Z(z)=\begin{cases}\dfrac{1}{2}e^{-z}, & z>0,\\ 0, & z\leqslant 0\end{cases}$

(6) 设随机变量 (X,Y) 的联合密度为 $\varphi(x,y)=\begin{cases}e^{-(x+y)}, & x>0,y>0,\\ 0, & \text{其他,}\end{cases}$ 则 $X-Y$ 的密度函数为( ).

A. $\dfrac{1}{2}e^{-|z|}$, $-\infty<z<+\infty$

B. $\begin{cases}e^{-z}, & z\geqslant 0,\\ 0, & z<0\end{cases}$

C. $\begin{cases}e^{z}, & z\geqslant 0,\\ 0, & z<0\end{cases}$

D. $\dfrac{e^{z}-e^{-z}}{2}$

2.填空题

(1) 设随机变量 X 和 Y 的联合分布函数为
$$F(x,y)=\begin{cases}0, & \min(x,y)<0,\\ \min(x,y), & 0\leqslant\min(x,y)<1,\\ 1, & \min(x,y)\geqslant 1,\end{cases}$$
则随机变量 X 的边缘分布函数为 _____.

(2) 设 X 与 Y 是两个随机变量,且 $P(X\geqslant 0,Y\geqslant 0)=\dfrac{3}{7}$, $P(X\geqslant 0)=P(Y\geqslant 0)=\dfrac{4}{7}$,则 $P(\max(X,Y)\geqslant 0)=$ _____.

(3) 已知 (X,Y) 的联合分布律为

X \ Y	0	1	2
1	$\dfrac{1}{4}$	$\dfrac{1}{4}$	0
2	$\dfrac{1}{4}$	0	$\dfrac{1}{4}$

则在 $Y=1$ 的条件下，X 的条件分布律为 _____ .

(4) 二维随机变量 (X,Y) 在区域 $D:\{(x,y) \mid a<x<b, c<y<d\}$ 上服从均匀分布，则 X 的边缘密度函数为 $f_X(x) =$ _____ .

(5) 设 $X \sim N(\mu_1, \sigma_1^2)$，$Y \sim N(\mu_2, \sigma_2^2)$，且 X 与 Y 相互独立，$Z=X-Y$，则 Z 的概率密度函数为 $f_Z(z) =$ _____ .

(6) 一个仪器由两个主要部件组成，其总长度为此两部件长度的和，这两个部件的长度 X 和 Y 是两个相互独立的随机变量，其分布律分别为

X	9	10	11	Y	6	7
p_k	0.3	0.5	0.2	p_k	0.6	0.4

则此仪器的长度 Z 的分布律为 _____ .

(7) 设随机变量 X 和 Y 相互独立，X 在区间 $(0,2)$ 上服从均匀分布，Y 服从参数为 1 的指数分布，则概率 $P(X+Y>1)$ 的值为 _____ .

(8) 设数 X 在区间 $(0,1)$ 上随机的取值，当观察到 $X=x (0<x<1)$ 时数 Y 在区间 $(x,1)$ 上随机取值，则 $f_Y(y) =$ _____ .

3. 假设随机变量 Y 服从参数为 1 的指数分布，随机变量

$$X_k = \begin{cases} 0, & Y \leqslant k \\ 1, & Y > k \end{cases} \quad (k=1,2),$$

求 (X_1, X_2) 的联合分布律与边缘分布律.

4. 把一颗骰子独立地上抛两次，设 X 表示第一次出现的点数，Y 表示两次出现的点数的最大值. 试求：

(1) X 与 Y 的联合分布；

(2) 已知事件 $\{Y=4\}$ 发生时，X 的条件分布；

(3) 已知事件 $\{X=4\}$ 发生时，Y 的条件分布.

5. 已知随机变量 X_1 和 X_2 的概率分布为

X_1	-1	0	1	X_2	0	1
p_i	$\frac{1}{4}$	$\frac{1}{2}$	$\frac{1}{4}$	p_i	$\frac{1}{2}$	$\frac{1}{2}$

且 $P(X_1 X_2 = 0) = 1$.

(1) 求 X_1 和 X_2 的联合分布律；

(2) 问 X_1 和 X_2 是否独立？

6. 设随机变量 X,Y 相互独立，若 X 与 Y 分别服从区间 $(0,1)$ 与 $(0,2)$ 上的均匀分布，求 $U=\max(X,Y)$ 与 $V=\min(X,Y)$ 的概率密度.

7. 设随机变量 X_1, X_2, X_3, X_4 独立同分布，它们都服从 $B(1,0.4)$，试求 $Z=X_1 X_4 - X_2 X_3$ 的分布律.

8. 设随机变量 X 与 Y 独立同分布，它们都服从 $N(0,1)$，试求 $Z=\sqrt{X^2+Y^2}$ 的分布函数与概率密度函数.

9. 设 X 和 Y 是两个相互独立的随机变量，X 在 $(0,1)$ 上服从均匀分布，Y 的概率密度为

$$f_Y(y)=\begin{cases}\dfrac{1}{2}e^{-\frac{y}{2}}, & y>0,\\ 0, & y\leqslant 0.\end{cases}$$

(1) 求 X 与 Y 的联合概率密度；

(2) 设有 a 的二次方程 $a^2+2Xa+Y=0$，求它有实根的概率.

第4章 随机变量的数字特征

前三章介绍了随机变量的分布,它是对随机变量的一种完整的描述.然而实际上,求分布律并不是一件容易的事.在很多情况下,人们并不需要去全面地考察随机变量的变化情况,而只要知道随机变量的一些综合指标就够了.例如,在测量某零件长度时,由于种种偶然因素的影响,零件长度的测量结果是一个随机变量.一般关心的是这个零件的平均长度以及测量结果的精确程度,即测量长度对平均值的偏离程度.又如,检查各批棉花的质量时,人们关心的不仅是棉花纤维的平均长度,而且还关心纤维长度与平均长度之差,在棉花纤维的平均长度一定的情况下,这个差越大,表示棉花质量越低.由上面例子看到,需要引进一些用来表示上面提到的平均值和偏离程度的量.这些与随机变量有关的数值,虽然不能完整地描述随机变量,但能描述它在某些方面的重要特征.随机变量的数字特征就是用数字表示随机变量的分布特点.本章将主要介绍随机变量常用的数字特征:数学期望、方差和相关系数.

4.1 数 学 期 望

在所有数字特征中,最常用的、最基本的数字特征是数学期望.

4.1.1 随机变量的数学期望

数学期望

1. 离散型随机变量的数学期望

首先看一个简单的例子.

例1 某校甲班有 20 名学生,他们的英语考试成绩(五级)记分如表 4-1.

表 4-1

成绩	1	2	3	4	5
人数	1	4	7	6	2
频率	$\frac{1}{20}$	$\frac{4}{20}$	$\frac{7}{20}$	$\frac{6}{20}$	$\frac{2}{20}$

表中最后一行给出了各种成绩的频率.甲班的平均成绩为

$$\frac{1}{20}(1\times1+2\times4+3\times7+4\times6+5\times2)$$

$$=1\times\frac{1}{20}+2\times\frac{4}{20}+3\times\frac{7}{20}+4\times\frac{6}{20}+5\times\frac{2}{20}=3.2.$$

注意到频率与概率的关系，我们给出数学期望的定义.

定义 4.1.1　设 X 为离散型随机变量，其分布律为

X	x_1	x_2	$\cdots$	x_k	$\cdots$
p_k	p_1	p_2	$\cdots$	p_k	$\cdots$

如果级数 $\sum_{k=1}^{+\infty} x_k p_k$ 绝对收敛，那么称级数 $\sum_{k=1}^{\infty} x_k p_k$ 为 X 的**数学期望**（简称为**期望**或**均值**），记作 $E(X)$ 或 EX，即

$$E(X) = \sum_{k=1}^{\infty} x_k p_k. \tag{4.1.1}$$

在定义 4.1.1 中，要求级数绝对收敛的目的在于使数学期望唯一. 因为随机变量的取值可正可负，取值次序可先可后，由无穷级数的理论知，如果此无穷级数绝对收敛，那么可保证其和不受次序变动的影响，由于有限项的和不受次序变动的影响，故其数学期望总是存在的.

例 2　设随机变量 X 服从参数为 p 的 (0-1) 分布，即

X	0	1
p_k	$1-p$	p

试求 $E(X)$.

解　$E(X) = 0 \times (1-p) + 1 \times p = p.$

例 3　若 $X \sim P(\lambda)$，试求 $E(X)$.

解　X 的分布律为

$$P(X=k) = \frac{\lambda^k}{k!} e^{-\lambda}, \quad k = 0, 1, 2, \cdots,$$

$$E(X) = \sum_{k=0}^{+\infty} k \frac{\lambda^k}{k!} e^{-\lambda} = \lambda e^{-\lambda} \sum_{k=1}^{+\infty} \frac{\lambda^{k-1}}{(k-1)!}$$

$$= \lambda e^{-\lambda} \sum_{k-1=0}^{+\infty} \frac{\lambda^{k-1}}{(k-1)!} = \lambda e^{-\lambda} e^{\lambda} = \lambda.$$

2. 连续型随机变量的数学期望

定义 4.1.2　设 X 为连续型随机变量，其概率密度为 $f(x)$，如果 $\int_{-\infty}^{+\infty} x f(x) \mathrm{d}x$ 绝对收敛，则称积分 $\int_{-\infty}^{+\infty} x f(x) \mathrm{d}x$ 的值为 X 的**数学期望**（简称**期望**或**均值**），记作 $E(X)$ 或 EX，即

$$E(X) = \int_{-\infty}^{+\infty} x f(x) \mathrm{d}x, \tag{4.1.2}$$

这里同样要求 $\int_{-\infty}^{+\infty} xf(x)\mathrm{d}x$ 绝对收敛.

例 4 设 $X \sim U(a,b)$，试求 $E(X)$.

解 $E(X) = \int_{-\infty}^{+\infty} xf(x)\mathrm{d}x = \int_a^b x\dfrac{1}{b-a}\mathrm{d}x = \dfrac{1}{b-a}\int_a^b x\mathrm{d}x = \dfrac{a+b}{2}$.

例 5 设 $X \sim E(\lambda)$，试求 $E(X)$.

解 $E(X) = \int_{-\infty}^{+\infty} xf(x)\mathrm{d}x = \int_0^{+\infty} x\lambda \mathrm{e}^{-\lambda x}\mathrm{d}x = \dfrac{1}{\lambda}$.

例 6 设 $X \sim N(\mu,\sigma^2)$，试求 $E(X)$.

解 $E(X) = \int_{-\infty}^{+\infty} xf(x)\mathrm{d}x = \int_{-\infty}^{+\infty} x\dfrac{1}{\sqrt{2\pi}\sigma}\mathrm{e}^{-\frac{(x-\mu)^2}{2\sigma^2}}\mathrm{d}x,$

令 $t = \dfrac{x-\mu}{\sigma}$，得

$$E(X) = \dfrac{1}{\sqrt{2\pi}}\int_{-\infty}^{+\infty}(\sigma t + \mu)\mathrm{e}^{-\frac{t^2}{2}}\mathrm{d}t = \dfrac{\sigma}{\sqrt{2\pi}}\int_{-\infty}^{+\infty} t\mathrm{e}^{-\frac{t^2}{2}}\mathrm{d}t + \mu\int_{-\infty}^{+\infty}\dfrac{1}{\sqrt{2\pi}}\mathrm{e}^{-\frac{t^2}{2}}\mathrm{d}t = \mu.$$

结果说明，正态分布 $N(\mu,\sigma^2)$ 中的第一个参数 μ，恰好是该随机变量的数学期望.

4.1.2 随机变量函数的数学期望

定理 4.1.1 设 $Y = g(X)$ 是随机变量 X 的函数.

(1) 设 X 是离散型随机变量，其分布律为

$$P(X = x_k) = p_k, \quad k = 1,2,\cdots,$$

若级数 $\sum\limits_{k=1}^{+\infty} g(x_k)p_k$ 绝对收敛，则有

$$E(Y) = E[g(X)] = \sum_{k=1}^{+\infty} g(x_k)p_k. \tag{4.1.3}$$

(2) 设 X 为连续型随机变量，其概率密度为 $f(x)$，若 $\int_{-\infty}^{+\infty} g(x)f(x)\mathrm{d}x$ 绝对收敛，则有

$$E(Y) = E[g(X)] = \int_{-\infty}^{+\infty} g(x)f(x)\mathrm{d}x. \tag{4.1.4}$$

计算随机变量 X 的函数 Y 的期望，有两种方法：一种是先求出 Y 的概率分布 (分布律、概率密度)，再由期望的定义计算而得，但有时确定随机变量函数的分布不容易；另一种是本定理给出的，显然比前一种方法方便得多.

例 7 设 X 是离散型随机变量，其分布律为

X	-1	0	1
p_k	$\dfrac{1}{3}$	$\dfrac{1}{3}$	$\dfrac{1}{3}$

求 $Y=X^2$ 的期望.

解法一 随机变量 Y 的分布列为

Y	0	1
p_k	$\dfrac{1}{3}$	$\dfrac{2}{3}$

所以
$$E(Y) = 0 \times \frac{1}{3} + 1 \times \frac{2}{3} = \frac{2}{3}.$$

解法二 由公式(4.1.3)得
$$E(Y) = E(X^2) = (-1)^2 \times \frac{1}{3} + 0^2 \times \frac{1}{3} + 1^2 \times \frac{1}{3} = \frac{2}{3}.$$

例 8 设 $X \sim E(\lambda)$,求 $E(X^2)$.

解
$$E(X^2) = \int_{-\infty}^{+\infty} x^2 f(x) \mathrm{d}x = \int_{0}^{+\infty} x^2 \lambda \mathrm{e}^{-\lambda x} \mathrm{d}x = \frac{2}{\lambda^2}.$$

上面的定理还可以推广到二维及二维以上的随机变量函数的情形.

定理 4.1.2 设 $Z=g(X,Y)$ 是随机变量 X,Y 的函数:

1° 设 (X,Y) 是离散型随机变量,其联合分布律为
$$P(X=x_i, Y=y_j) = p_{ij}, \quad i,j=1,2,\cdots,$$

若 $\sum\limits_{i=1}^{\infty}\sum\limits_{j=1}^{\infty} g(x_i,y_j) p_{ij}$ 绝对收敛,则有

$$E(Z) = E[g(X,Y)] = \sum_{i=1}^{\infty}\sum_{j=1}^{\infty} g(x_i,y_j) p_{ij}. \tag{4.1.5}$$

2° 设 (X,Y) 为连续型随机变量,概率密度为 $f(x,y)$,若
$$\int_{-\infty}^{+\infty}\int_{-\infty}^{+\infty} g(x,y) \cdot f(x,y) \mathrm{d}x\mathrm{d}y$$

绝对收敛,则有
$$E(Z) = E[g(X,Y)] = \int_{-\infty}^{+\infty}\int_{-\infty}^{+\infty} g(x,y) f(x,y) \mathrm{d}x\mathrm{d}y. \tag{4.1.6}$$

例 9 设 (X,Y) 的联合分布律为

Y \ X	1	2
1	0	$\frac{1}{3}$
2	$\frac{1}{3}$	$\frac{1}{3}$

求 $Z=XY$ 的期望.

解 $E(Z)=E(XY)=1\times1\times0+1\times2\times\frac{1}{3}+2\times1\times\frac{1}{3}+2\times2\times\frac{1}{3}=\frac{8}{3}.$

例 10 设随机变量 (X,Y) 的概率密度为
$$f(x,y)=\begin{cases}6xy, & 0<x<1, 0<y<2(1-x),\\ 0, & \text{其他},\end{cases}$$

求 $E(X), E(XY)$.

解 $E(X)=\int_{-\infty}^{+\infty}\int_{-\infty}^{+\infty}g(x,y)f(x,y)\mathrm{d}x\mathrm{d}y=\int_0^1\left(\int_0^{2(1-x)}x(6xy)\mathrm{d}y\right)\mathrm{d}x$

$=12\int_0^1(x^2-2x^3+x^4)\mathrm{d}x=\frac{2}{5},$

$E(XY)=\int_0^1\left(\int_0^{2(1-x)}6x^2y^2\mathrm{d}y\right)\mathrm{d}x=16\int_0^1(x^2-3x^3+3x^4-x^5)\mathrm{d}x=\frac{4}{15}.$

4.1.3 数学期望的性质

设 C 为常数,X,Y 为随机变量,且 $E(X), E(Y)$ 都存在.

性质 4.1.1 $E(C)=C.$

性质 4.1.2 $E(CX)=CE(X).$

性质 4.1.3 $E(X+Y)=E(X)+E(Y).$

性质 4.1.4 若 X,Y 相互独立,则 $E(XY)=E(X)E(Y).$

性质 4.1.1、性质 4.1.2 易得,我们对性质 4.1.3、性质 4.1.4 的连续型随机变量的情形给予证明.

设 $f(x,y)$ 为 (X,Y) 的概率密度,$f_X(x), f_Y(y)$ 分别为关于 X 及关于 Y 的边缘概率密度,对于性质 4.1.3,

$E(X+Y)=\int_{-\infty}^{+\infty}\int_{-\infty}^{+\infty}(x+y)f(x,y)\mathrm{d}x\mathrm{d}y$

$=\int_{-\infty}^{+\infty}\int_{-\infty}^{+\infty}xf(x,y)\mathrm{d}x\mathrm{d}y+\int_{-\infty}^{+\infty}\int_{-\infty}^{+\infty}yf(x,y)\mathrm{d}x\mathrm{d}y$

$=\int_{-\infty}^{+\infty}x\left[\int_{-\infty}^{+\infty}f(x,y)\mathrm{d}y\right]\mathrm{d}x+\int_{-\infty}^{+\infty}y\left[\int_{-\infty}^{+\infty}f(x,y)\mathrm{d}x\right]\mathrm{d}y$

$$= \int_{-\infty}^{+\infty} x f_X(x)\mathrm{d}x + \int_{-\infty}^{+\infty} y f_Y(y)\mathrm{d}y$$
$$= E(X) + E(Y).$$

对于性质 4.1.4,因为 X,Y 相互独立,所以 $f(x,y)=f_X(x)f_Y(y)$,从而

$$E(XY) = \int_{-\infty}^{+\infty}\int_{-\infty}^{+\infty} xy f(x,y)\mathrm{d}x\mathrm{d}y = \int_{-\infty}^{+\infty}\int_{-\infty}^{+\infty} xy f_X(x) f_Y(y)\mathrm{d}x\mathrm{d}y$$
$$= \int_{-\infty}^{+\infty} x f_X(x)\mathrm{d}x \int_{-\infty}^{+\infty} y f_Y(y)\mathrm{d}y$$
$$= E(X)E(Y).$$

性质 4.1.3、性质 4.1.4 可推广如下.

推论 4.1.1 设随机变量 $X_1, X_2, \cdots, X_n$ 的数学期望都存在,则
$$E(X_1 + X_2 + \cdots + X_n) = E(X_1) + E(X_2) + \cdots + E(X_n).$$

推论 4.1.2 设随机变量 $X_1, X_2, \cdots, X_n$ 相互独立,且都存在数学期望,则
$$E(X_1 X_2 \cdots X_n) = E(X_1) E(X_2) \cdots E(X_n).$$

例 11 设随机变量 $X_1, X_2, \cdots, X_n$ 相互独立,且都服从 (0-1) 分布:

X_i	0	1
p_k	$1-p$	p

$i=1,2,\cdots,n$, $0<p<1$,试证 $X = \sum_{i=1}^{n} X_i \sim B(n,p)$,并求 $E(X)$.

解 对于每个 X_i 只取 $0,1 (i=1,2,\cdots,n)$,因而 $X=\sum_{i=1}^{n}X_i$ 所有可能取的值为 $0,1,2,\cdots,n$,$X=k$ 意味着 $X_1, X_2, \cdots, X_n$ 中恰有 k 个取 1,而其余 $n-k$ 个取 0,由于 X 取 k 共有 C_n^k 种不同方式,且这些方式两两互斥,又因为 $X_1, X_2, \cdots, X_n$ 相互独立,所以每种方式出现的概率均为 $p^k(1-p)^{n-k}$,故有
$$P(X=k) = C_n^k p^k (1-p)^{n-k}, \quad k=1,2,\cdots,n,$$
即 $X \sim B(n,p)$,又 $E(X_i)=p$,从而
$$E(X) = E\left(\sum_{i=1}^{n} X_i\right) = \sum_{i=1}^{n} E(X_i) = np.$$

4.2 方　差

方差

随机变量的期望仅仅反映了该随机变量的平均取值,这有很大局限性,例如,在 4.1 节例 1 中,该校乙班也有 20 名学生,他们的英语考试成绩为 16 人得 3 级、

4 人得 4 级,显然乙班的平均成绩也是 3.2 级,能否认为甲乙两班的考试成绩相同呢? 从直观上看,甲班的成绩比较分散,乙班的成绩比较集中. 下面我们引进方差的概念,来反映随机变量的取值相对于它的期望的平均偏离程度.

4.2.1 方差及标准差

定义 4.2.1 设随机变量 X 的期望 $E(X)$ 存在,如果 $E[X-E(X)]^2$ 存在,则称 $E[X-E(X)]^2$ 为 X 的**方差**,记作 $D(X)$,即

$$D(X) = E[X-E(X)]^2, \tag{4.2.1}$$

并称 $\sqrt{D(X)}$ 为 X 的**标准差**或**均方差**,记作 $\sigma(X)$,即 $\sigma(X)=\sqrt{D(X)}$.

从定义可知,方差 $D(X)$ 反映了 X 的分布集中状况,方差越大,其分布较为分散,方差越小,其分布较为集中.

在工程技术中,广泛使用标准差,因为它与随机变量 X 有相同的量纲,但在理论指导中,使用方差方便.

方差本质上是随机变量函数 $g(X)=[X-E(X)]^2$ 的期望,所以可利用定理 4.1.1 来计算,但实际中用得更多的是下列公式:

$$D(X) = E(X^2) - [E(X)]^2. \tag{4.2.2}$$

此公式推导如下:

$$\begin{aligned} D(X) &= E[X-E(X)]^2 = E\{X^2 - 2XE(X) + [E(X)]^2\} \\ &= E(X^2) - 2E(X)E(X) + [E(X)]^2 = E(X^2) - [E(X)]^2. \end{aligned}$$

例 1 设 X 服从参数为 p 的 (0-1) 分布,试求 $D(X)$.

解 $$E(X^2) = 0^2 \times (1-p) + 1^2 \times p = p,$$

又知

$$E(X) = p,$$

于是

$$D(X) = E(X^2) - [E(X)]^2 = p - p^2 = p(1-p).$$

例 2 设 $X \sim P(\lambda)$,试求 $D(X)$.

解 由 4.1 节中例 3 知 $E(X)=\lambda$,而

$$\begin{aligned} E(X^2) &= \sum_{k=0}^{\infty} k^2 \frac{\lambda^k}{k!} e^{-\lambda} = \sum_{k=1}^{\infty} k \frac{\lambda^k}{(k-1)!} e^{-\lambda} \\ &= \lambda e^{-\lambda} \sum_{k=1}^{\infty} [(k-1)+1] \frac{\lambda^{k-1}}{(k-1)!} \end{aligned}$$

$$= \lambda e^{-\lambda} \left[\sum_{k=1}^{\infty} (k-1) \frac{\lambda^{k-1}}{(k-1)!} + \sum_{k=1}^{\infty} \frac{\lambda^{k-1}}{(k-1)!} \right]$$

$$= \lambda e^{-\lambda} \left[\lambda \sum_{k=2}^{\infty} \frac{\lambda^{k-2}}{(k-2)!} + e^{\lambda} \right]$$

$$= \lambda e^{-\lambda} (\lambda e^{\lambda} + e^{\lambda}) = \lambda^2 + \lambda,$$

于是

$$D(X) = E(X^2) - [E(X)]^2 = \lambda^2 + \lambda - \lambda^2 = \lambda.$$

例 3 已知 $X \sim U(a,b)$，试求 $D(X)$.

解 $E(X^2) = \int_{-\infty}^{+\infty} x^2 f(x) dx = \frac{1}{b-a} \int_a^b x^2 dx = \frac{1}{3}(a^2 + ab + b^2),$

又因 $E(X) = \frac{a+b}{2}$，故

$$D(X) = \frac{1}{3}(a^2 + ab + b^2) - \left(\frac{a+b}{2}\right)^2 = \frac{(b-a)^2}{12}.$$

例 4 设 $X \sim E(\lambda)$，试求 $D(X)$.

解 由 4.1 节例 5 及例 8 知 $E(X) = \frac{1}{\lambda}$, $E(X^2) = \frac{2}{\lambda^2}$，所以

$$D(X) = \frac{2}{\lambda^2} - \left(\frac{1}{\lambda}\right)^2 = \frac{1}{\lambda^2}.$$

例 5 设 $X \sim N(\mu, \sigma^2)$，试求 $D(X)$.

解 由定理 4.1.1，得

$$D(X) = \int_{-\infty}^{+\infty} (x-\mu)^2 \frac{1}{\sqrt{2\pi}\sigma} e^{-\frac{(x-\mu)^2}{2\sigma^2}} dx \xrightarrow{t = \frac{x-\mu}{\sigma}} \frac{\sigma^2}{\sqrt{2\pi}} \int_{-\infty}^{+\infty} t^2 e^{-\frac{t^2}{2}} dt$$

$$= \frac{\sigma^2}{\sqrt{2\pi}} \left\{ \left[-t e^{-\frac{t^2}{2}} \right]_{-\infty}^{+\infty} + \int_{-\infty}^{+\infty} e^{-\frac{t^2}{2}} dt \right\} = \sigma^2.$$

至此，正态随机变量概率密度中的两个参数 μ 和 σ^2 的意义就完全清楚了.

4.2.2 方差的性质

设 C 为常数，X, Y 为随机变量，且 $D(X), D(Y)$ 都存在.

性质 4.2.1 $D(C) = 0$.

性质 4.2.2 $D(CX) = C^2 D(X)$.

性质 4.2.3 $D(X+C) = D(X)$.

性质 4.2.4 若 X, Y 相互独立，则有 $D(X \pm Y) = D(X) + D(Y)$.

性质 4.2.5 $D(X) = 0$ 的充要条件是 X 以概率 1 取常数 C，即 $P(X=C)=1$（这时，$C = E(X)$）.

性质 4.2.1～性质 4.2.3 由方差的定义易证,性质 4.2.5 证明略去,下面给出性质 4.2.4 的证明.

$$\begin{aligned} D(X\pm Y) &= E[(X\pm Y)-E(X\pm Y)]^2 = E[(X-E(X))\pm(Y-E(Y))]^2 \\ &= E[(X-E(X))^2 \pm 2(X-E(X))(Y-E(Y))+(Y-E(Y))^2] \\ &= E(X-E(X))^2 \pm 2E[(X-E(X))(Y-E(Y))]+E(Y-E(Y))^2. \end{aligned}$$

注意到 $E(X),E(Y)$ 是常数,由于 X,Y 相互独立,所以 $X-E(X)$ 与 $Y-E(Y)$ 也相互独立,由期望的性质 4.2.4 有

$$\begin{aligned} E[(X-E(X))(Y-E(Y))] &= [E(X-E(X))][E(Y-E(Y))] \\ &= (E(X)-E(X))(E(Y)-E(Y))=0, \end{aligned}$$

从而

$$D(X\pm Y) = D(X)+D(Y).$$

性质 4.2.4 可推广如下.

推论 4.2.1 设随机变量 $X_1,X_2,\cdots,X_n$ 相互独立,且都存在方差,则有

$$D(X_1+X_2+\cdots+X_n) = D(X_1)+D(X_2)+\cdots+D(X_n).$$

例 6 设 $X\sim B(n,p)$,试求 $D(X)$.

解 由 4.1 节例 11 知,$X = \sum_{i=1}^{n} X_i$,其中 X_i 服从 $(0-1)$ 分布,$i=1,2,\cdots,n$,且 $X_1,X_2,\cdots,X_n$ 相互独立,又由本节例 1 有 $D(X_i)=p(1-p)$,于是可得

$$D(X) = D\left(\sum_{i=1}^{n} X_i\right) = \sum_{i=1}^{n} D(X_i) = np(1-p).$$

例 7 设随机变量 X 的期望及方差都存在,则称 $X^* = \dfrac{X-E(X)}{\sqrt{D(X)}}$ 为 X 的**标准化随机变量**,试证 $E(X^*)=0, D(X^*)=1$.

证明 $E(X),\sqrt{D(X)}$ 均为常数,再由期望及方差的性质,可得

$$E(X^*) = E\left[\frac{X-E(X)}{\sqrt{D(X)}}\right] = \frac{1}{\sqrt{D(X)}}[E(X)-E(X)] = 0,$$

$$D(X^*) = D\left[\frac{X-E(X)}{\sqrt{D(X)}}\right] = \frac{1}{D(X)}D(X) = 1.$$

把随机变量标准化,可以使讨论的问题简单化. 例如,$X\sim N(\mu,\sigma^2)$,把 X 标准化 $X^* = \dfrac{X-\mu}{\sigma}$,则 $X^* \sim N(0,1)$,于是要求 X 落入某一区间的概率,只需由标准正态分布表查出 X^* 落入相应区间的概率即可.

表 4-1 给出几种常用随机变量的分布及其期望与方差.

表 4-1

分布	概率分布或概率密度	参数	数学期望	方差
(0-1)分布 $B(1,p)$	$P(X=k)=p^k(1-p)^{1-k}$ $k=0,1$	$0<p<1$	p	$p(1-p)$
二项分布 $B(n,p)$	$P(X=k)=C_n^k p^k(1-p)^{n-k}$ $k=0,1,2,\cdots,n$	$0<p<1$ $n\geqslant 1$	np	$np(1-p)$
泊松分布 $P(\lambda)$	$P(X=k)=\dfrac{\lambda^k}{k!}e^{-\lambda}$ $k=0,1,2,\cdots$	$\lambda>0$	λ	λ
超几何分布	$P(X=k)=\dfrac{C_M^k C_{N-M}^{n-k}}{C_N^n}$ $k=0,1,2,\cdots,n$	N,M,n $(n\leqslant M)$	$\dfrac{nM}{N}$	$\dfrac{nM}{N}\left(1-\dfrac{M}{N}\right)\left(\dfrac{N-n}{N-1}\right)$
均匀分布 $U(a,b)$	$f(x)=\begin{cases}\dfrac{1}{b-a},&a<x<b\\0,&\text{其他}\end{cases}$	$a<b$	$\dfrac{a+b}{2}$	$\dfrac{(b-a)^2}{12}$
正态分布 $N(\mu,\sigma^2)$	$f(x)=\dfrac{1}{\sqrt{2\pi}\sigma}e^{-\frac{(x-\mu)^2}{2\sigma^2}}$ $-\infty<x<+\infty$	$-\infty<\mu<+\infty$ $\sigma>0$	μ	σ^2
指数分布 $E(\lambda)$	$f(x)=\begin{cases}\lambda e^{-\lambda x},&x>0\\0,&x\leqslant 0\end{cases}$	$\lambda>0$	$\dfrac{1}{\lambda}$	$\dfrac{1}{\lambda^2}$
Γ分布	$f(x)=\begin{cases}\dfrac{\lambda^\alpha}{\Gamma(\alpha)}x^{\alpha-1}e^{-\lambda x},&x>0\\0,&\text{其他}\end{cases}$	$\alpha>0$ $\lambda>0$	$\dfrac{\alpha}{\lambda}$	$\dfrac{\alpha}{\lambda^2}$

4.3 协方差及相关系数

协方差与相关系数

前两节介绍了期望与方差,对于二维随机变量(X,Y),期望$E(X),E(Y)$只反映了各个随机变量的均值,而$D(X),D(Y)$也只反映了各个随机变量取值相对于均值的分散程度,这两种数字特征对X,Y之间的相互关系不提供任何信息,所以还需要用某个数值去刻画X与Y之间的相互关系,特别是线性相关关系的特征,本节将讨论这个问题.

4.3.1 协方差

定义 4.3.1 设(X,Y)为二维随机变量,如果$E\{[X-E(X)][Y-E(Y)]\}$存在,则称它为随机变量X与Y的**协方差**,记作$\text{Cov}(X,Y)$,即

$$\mathrm{Cov}(X,Y) = E\{[X-E(X)][Y-E(Y)]\}, \tag{4.3.1}$$

当 $X = Y$ 时,便有

$$\mathrm{Cov}(X,X) = D(X).$$

协方差本质上是随机变量函数的期望,自然协方差的计算可以利用定理 4.1.2. 不过把(4.3.1)式展开,可得出协方差常用的计算公式如下:

$$\mathrm{Cov}(X,Y) = E(XY) - E(X)E(Y). \tag{4.3.2}$$

当 X, Y 相互独立时, $E(XY) = E(X)E(Y)$,从而 $\mathrm{Cov}(X,Y) = 0$;反之,则不然.请看下面的例子.

例 1 设 X 的分布列为

X	-1	0	1
p_k	$\dfrac{1}{3}$	$\dfrac{1}{3}$	$\dfrac{1}{3}$

令

$$Y = \begin{cases} 0, & X \neq 0, \\ 1, & X = 0, \end{cases}$$

于是 $XY=0$,从而 $E(XY)=0$,又易知 $E(X)=0$,所以

$$\mathrm{Cov}(X,Y) = E(XY) - E(X)E(Y) = 0,$$

显然 X 与 Y 不相互独立.

例 2 设随机变量 (X,Y) 服从二维正态分布,其概率密度为

$$f(x,y) = \frac{1}{2\pi\sigma_1\sigma_2\sqrt{1-\rho^2}} \exp\left\{-\frac{1}{2(1-\rho)^2}\left[\frac{(x-\mu_1)^2}{\sigma_1^2} - \frac{2\rho(x-\mu_1)(y-\mu_2)}{\sigma_1\sigma_2} + \frac{(y-\mu_2)^2}{\sigma_2^2}\right]\right\},$$

试求 $\mathrm{Cov}(X,Y)$.

解 因为 $E(X) = \mu_1, E(Y) = \mu_2, D(X) = \sigma_1^2, D(Y) = \sigma_2^2$,所以

$$\mathrm{Cov}(X,Y) = \int_{-\infty}^{+\infty}\int_{-\infty}^{+\infty} [x-E(X)][y-E(Y)]f(x,y)\mathrm{d}x\mathrm{d}y$$

$$= \frac{1}{2\pi\sigma_1\sigma_2\sqrt{1-\rho^2}} \int_{-\infty}^{+\infty}\int_{-\infty}^{+\infty} (x-\mu_1)(y-\mu_2)$$

$$\cdot \exp\left\{-\frac{1}{2(1-\rho^2)}\left[\frac{(x-\mu_1)^2}{\sigma_1^2} - \frac{2\rho(x-\mu_1)(y-\mu_2)}{\sigma_1\sigma_2} + \frac{(y-\mu_2)^2}{\sigma_2^2}\right]\right\}\mathrm{d}x\mathrm{d}y,$$

令 $u = \dfrac{x-\mu_1}{\sigma_1}, v = \dfrac{y-\mu_2}{\sigma_2}$,上式化为

$$\mathrm{Cov}(X,Y) = \frac{\sigma_1\sigma_2}{2\pi\sqrt{1-\rho^2}} \int_{-\infty}^{+\infty}\int_{-\infty}^{+\infty} uv\, \mathrm{e}^{-\frac{1}{2(1-\rho^2)}(u^2-2\rho uv+v^2)}\mathrm{d}u\mathrm{d}v$$

$$= \frac{\sigma_1 \sigma_2}{2\pi \sqrt{1-\rho^2}} \int_{-\infty}^{+\infty} v e^{-\frac{v^2}{2}} \left[\int_{-\infty}^{+\infty} u e^{-\frac{(u-\rho v)^2}{2(1-\rho^2)}} du \right] dv$$

$$= \frac{\sigma_1 \sigma_2}{\sqrt{2\pi}} \int_{-\infty}^{+\infty} v e^{-\frac{v^2}{2}} \left[\int_{-\infty}^{+\infty} \frac{u}{\sqrt{2\pi} \sqrt{1-\rho^2}} e^{-\frac{(u-\rho v)^2}{2(1-\rho^2)}} du \right] dv,$$

上式内层积分恰是服从正态分布 $N(\rho v, 1-\rho^2)$ 的随机变量的期望值,所以内层积分为 ρv,

$$\mathrm{Cov}(X,Y) = \frac{\sigma_1 \sigma_2}{\sqrt{2\pi}} \int_{-\infty}^{+\infty} \rho v^2 e^{-\frac{v^2}{2}} dv = \sigma_1 \sigma_2 \rho \int_{-\infty}^{+\infty} v^2 \frac{1}{\sqrt{2\pi}} e^{-\frac{v^2}{2}} dv = \sigma_1 \sigma_2 \rho.$$

因为 X 与 Y 相互独立等价于参数 $\rho=0$,结合本例题知,$\mathrm{Cov}(X,Y)=0$ 等价于 X 与 Y 相互独立.

由协方差的定义及方差的性质 4.2.4 的证明过程,易知对任意两个随机变量 X,Y,有关系式

$$D(X \pm Y) = D(X) + D(Y) \pm 2\mathrm{Cov}(X,Y). \tag{4.3.3}$$

另外协方差具有如下性质:

性质 4.3.1 $\mathrm{Cov}(X,Y) = \mathrm{Cov}(Y,X)$.

性质 4.3.2 $\mathrm{Cov}(aX, bY) = ab\mathrm{Cov}(X,Y)$,$a,b$ 为任意常数.

性质 4.3.3 $\mathrm{Cov}(X_1 + X_2, Y) = \mathrm{Cov}(X_1, Y) + \mathrm{Cov}(X_2, Y)$.

性质 4.3.1、性质 4.3.2 由协方差的定义易知,下面给出性质 4.3.3 的证明:

$$\begin{aligned}
\mathrm{Cov}(X_1 + X_2, Y) &= E[(X_1 + X_2)Y] - E(X_1 + X_2)E(Y) \\
&= E(X_1 Y) + E(X_2 Y) - E(X_1)E(Y) - E(X_2)E(Y) \\
&= [E(X_1 Y) - E(X_1)E(Y)] + [E(X_2 Y) - E(X_2)E(Y)] \\
&= \mathrm{Cov}(X_1, Y) + \mathrm{Cov}(X_2, Y).
\end{aligned}$$

4.3.2 相关系数

定义 4.3.2 设 (X,Y) 为二维随机变量,且 $\dfrac{\mathrm{Cov}(X,Y)}{\sqrt{D(X)}\sqrt{D(Y)}}$ 存在,则称它为随机变量 X 与 Y 的**相关系数**,记作 $\rho(X,Y)$,即

$$\rho(X,Y) = \frac{\mathrm{Cov}(X,Y)}{\sqrt{D(X)}\sqrt{D(Y)}}. \tag{4.3.4}$$

由定义

$$\rho(X,Y) = \frac{E\{[X-E(X)][Y-E(Y)]\}}{\sqrt{D(X)}\sqrt{D(Y)}} = E\left[\frac{X-E(X)}{\sqrt{D(X)}} \frac{Y-E(Y)}{\sqrt{D(Y)}}\right]$$

$$= \mathrm{Cov}(X^*, Y^*).$$

上式表明 X,Y 的相关系数就是标准化随机变量 $\dfrac{X-E(X)}{\sqrt{D(X)}}$ 与 $\dfrac{Y-E(Y)}{\sqrt{D(Y)}}$ 的协方差.

相关系数具有如下性质.

性质 4.3.4 $|\rho(X,Y)|\leq 1$.

性质 4.3.5 $|\rho(X,Y)|=1$ 的充要条件是：存在常数 a,b，使 $P(Y=aX+b)=1$.

性质 4.3.6 当 X,Y 相互独立时，$\rho(X,Y)=0$.

对于性质 4.3.4，因为

$$D\left[\frac{X}{\sqrt{D(X)}}\pm\frac{Y}{\sqrt{D(Y)}}\right]$$

$$=E\left\{\left[\frac{X}{\sqrt{D(X)}}\pm\frac{Y}{\sqrt{D(Y)}}\right]-E\left[\frac{X}{\sqrt{D(X)}}\pm\frac{Y}{\sqrt{D(Y)}}\right]\right\}^2$$

$$=E\left\{\left[\frac{X}{\sqrt{D(X)}}-E\left(\frac{X}{\sqrt{D(X)}}\right)\right]\pm\left[\frac{Y}{\sqrt{D(Y)}}-E\left(\frac{Y}{\sqrt{D(Y)}}\right)\right]\right\}^2$$

$$=D\left[\frac{X}{\sqrt{D(X)}}\right]+D\left[\frac{Y}{\sqrt{D(Y)}}\right]\pm 2\frac{\mathrm{Cov}(X,Y)}{\sqrt{D(X)}\sqrt{D(Y)}}$$

$$=2\pm 2\rho(X,Y)=2[1\pm\rho(X,Y)],$$

由方差的非负性，有 $1\pm\rho(X,Y)\geq 0$，推得 $|\rho(X,Y)|\leq 1$.

对于性质 4.3.5，必要性. 先设 $\rho(X,Y)=1$，在性质 4.3.4 的证明过程中取等式

$$D\left[\frac{X}{\sqrt{D(X)}}-\frac{Y}{\sqrt{D(Y)}}\right]=2[1-\rho(X,Y)],$$

则有

$$D\left[\frac{X}{\sqrt{D(X)}}-\frac{Y}{\sqrt{D(Y)}}\right]=0,$$

由方差的性质 4.2.5，有

$$P\left[\left(\frac{X}{\sqrt{D(X)}}-\frac{Y}{\sqrt{D(Y)}}\right)=E\left(\frac{X}{\sqrt{D(X)}}-\frac{Y}{\sqrt{D(Y)}}\right)\right]=1,$$

即有

$$P(Y=aX+b)=1,$$

其中

$$a=\frac{\sqrt{D(Y)}}{\sqrt{D(X)}},\quad b=E(Y)-\frac{\sqrt{D(Y)}}{\sqrt{D(X)}}E(X),$$

当 $\rho(X,Y)=-1$ 时，类似证得 X 与 Y 有线性关系（此时 $a<0$）.

充分性. 设 $Y=aX+b$，其中 a,b 为常数，于是

$$E(Y)=E(aX+b)=aE(X)+b,\quad D(Y)=D(aX+b)=a^2D(X),$$

所以

$$\mathrm{Cov}(X,Y)=E[X-E(X)][Y-E(Y)]$$
$$=E[X-E(X)][aX+b-E(aX+b)]$$

$$= aE[X-E(X)]^2 = aD(X),$$

从而
$$\rho(X,Y) = \frac{\text{Cov}(X,Y)}{\sqrt{D(X)}\sqrt{D(Y)}} = \frac{aD(X)}{|a|D(X)} = \frac{a}{|a|},$$

当 $a>0$ 时,$\rho(X,Y)=1$;当 $a<0$ 时,$\rho(X,Y)=-1$,即 $|\rho(X,Y)|=1$.

对于性质 4.3.6,当 X,Y 相互独立时,$\text{Cov}(X,Y)=0$,从而 $\rho(X,Y)=0$.

相关系数仅能反映 X 与 Y 的线性相关程度,是随机变量 X 与 Y 之间线性关系强弱的一个数量指标.当 $|\rho(X,Y)|=1$ 时,X,Y 之间以概率 1 存在着线性关系;当 $|\rho(X,Y)|<1$ 时,随着 $|\rho(X,Y)|$ 的减小,X 与 Y 的线性相关程度减弱;当 $\rho(X,Y)=0$ 时,它们线性相关程度最差,这时称 X 与 Y **不相关**或**零相关**.

值得注意的是,当 X,Y 相互独立时,由性质 4.3.6 知 X 与 Y 不相关,但当 X 与 Y 不相关时,则说明 X 与 Y 无线性关系,X 与 Y 未必相互独立.

例 3 设随机变量 Z 的分布列为

Z	$-\frac{\pi}{2}$	0	$\frac{\pi}{2}$
p_k	0.3	0.4	0.3

令 $X=\cos Z, Y=\sin Z$,试证:X 与 Y 不相关,但 X 与 Y 不相互独立.

证明

$$E(X) = E(\cos Z) = \cos\left(-\frac{\pi}{2}\right)\times 0.3 + \cos 0 \times 0.4 + \cos\frac{\pi}{2}\times 0.3 = 0.4,$$

$$E(Y) = E(\sin Z) = \sin\left(-\frac{\pi}{2}\right)\times 0.3 + \sin 0 \times 0.4 + \sin\frac{\pi}{2}\times 0.3 = 0,$$

$$D(X) = E(X^2) - [E(X)]^2 = E(\cos^2 Z) - 0.4^2$$
$$= \cos^2\left(-\frac{\pi}{2}\right)\times 0.3 + \cos^2 0 \times 0.4 + \cos^2\frac{\pi}{2}\times 0.3 - 0.16 = 0.24,$$

同理
$$D(Y) = 0.6.$$

又
$$\text{Cov}(X,Y) = E(XY) - E(X)E(Y) = E(\cos Z \sin Z) - 0.4\times 0$$
$$= \frac{1}{2}E(\sin 2Z) = \frac{1}{2}[\sin(-\pi)\times 0.3 + \sin 0 \times 0.4 + \sin\pi \times 0.3] = 0,$$

这表明 X,Y 不相关.

又
$$P(X=1) = P(\cos Z = 1) = P(Z=0) = 0.4,$$
$$P(Y=1) = P(\sin Z = 1) = P\left(Z=\frac{\pi}{2}\right) = 0.3,$$

$$P(X=1,Y=1) = P(\cos Z=1, \sin Z=1) = 0 \neq P(X=1)P(Y=1),$$
这表明 X,Y 不相互独立.

事实上,
$$X^2+Y^2 = \cos^2 Z + \sin^2 Z = 1,$$
即 X,Y 之间存在着非线性的函数关系.

例 4 设 (X,Y) 服从二维正态分布 $N(\mu_1,\mu_2,\sigma_1^2,\sigma_2^2,\rho)$,试求 $\rho(X,Y)$.

解 由本节例 2 知
$$\text{Cov}(X,Y) = \sigma_1 \sigma_2 \rho,$$
从而
$$\rho(X,Y) = \frac{\text{Cov}(X,Y)}{\sqrt{D(X)}\sqrt{D(Y)}} = \frac{\rho\sigma_1\sigma_2}{\sigma_1\sigma_2} = \rho,$$

这说明二维正态分布中的参数 ρ 就是 X,Y 的相关系数.本例还说明,对一般二维随机变量 (X,Y), X,Y 不相关与 X,Y 相互独立是两个不同的概念,但对于二维正态随机变量 (X,Y) 来讲, X,Y 不相关与 X,Y 相互独立是等价的.

4.3.3 矩与协方差矩阵

前面常常遇到随机变量的幂函数的期望.一般地,我们称 $E(X^k)$ 为 X 的 **k 阶原点矩**;称 $E[X-E(X)]^k$ 为 X 的 **k 阶中心矩**,其中 k 是正整数.例如,期望 $E(X)$ 是一阶原点矩,方差 $D(X)$ 是二阶中心矩.

对于二维随机变量,称 $E(X^k Y^l)$ 为 X 与 Y 的 **(k,l) 阶联合原点矩**,称 $E[(X-E(X))^k(Y-E(Y))^l]$ 为 X 与 Y 的 **(k,l) 阶联合中心矩**,其中 k,l 是正整数.例如,协方差是 $(1,1)$ 阶联合中心矩.

例 5 设 $X \sim N(0,1)$,试证:
$$E(X^k) = \begin{cases} (k-1)(k-3)\cdots 1, & k \text{ 为偶数}, \\ 0, & k \text{ 为奇数}. \end{cases}$$

证明 由于
$$E(X^k) = \int_{-\infty}^{+\infty} \frac{x^k}{\sqrt{2\pi}} e^{-\frac{x^2}{2}} dx,$$
由对称性易知,当 k 为奇数时, $E(X^k)=0$;当 k 为偶数时,
$$E(X^k) = \int_{-\infty}^{+\infty} x^{k-1} d\left(-\frac{1}{\sqrt{2\pi}} e^{-\frac{x^2}{2}}\right)$$
$$= (k-1)\int_{-\infty}^{+\infty} x^{k-2} \cdot \frac{1}{\sqrt{2\pi}} e^{-\frac{x^2}{2}} dx$$
$$= (k-1)E(X^{k-2})$$
$$= \cdots$$

$$= (k-1)(k-3)\cdots 3 \cdot E(X^2).$$

由于 $E(X^2) = D(X) + [E(X)]^2 = 1 + 0^2 = 1$，因此

$$E(X^k) = (k-1)(k-3)\cdots 3 \cdot 1.$$

对于二维随机变量 (X,Y)，称向量 $\begin{pmatrix} E(X) \\ E(Y) \end{pmatrix}$ 为 (X,Y) 的**期望向量**（或**均值向量**）；称矩阵

$$\begin{pmatrix} D(X) & \mathrm{Cov}(X,Y) \\ \mathrm{Cov}(Y,X) & D(Y) \end{pmatrix}$$

为 (X,Y) 的**协方差矩阵**，由于 $\mathrm{Cov}(X,X) = D(X)$，因此 n 维随机向量 $(X_1,\cdots,X_n)$ 的协方差矩阵为

$$\begin{pmatrix} \mathrm{Cov}(X_1,X_1) & \cdots & \mathrm{Cov}(X_1,X_n) \\ \vdots & & \vdots \\ \mathrm{Cov}(X_n,X_1) & \cdots & \mathrm{Cov}(X_n,X_n) \end{pmatrix}.$$

借助于期望向量与协方差矩阵，可以把二维正态分布 $N(\mu_1,\mu_2,\sigma_1^2,\sigma_2^2,\rho)$ 的密度函数表达成

$$f(x_1,x_2) = \frac{1}{2\pi |\boldsymbol{C}|^{\frac{1}{2}}} \exp\left\{-\frac{1}{2}(\boldsymbol{x}-\boldsymbol{\mu})^{\mathrm{T}} \boldsymbol{C}^{-1} (\boldsymbol{x}-\boldsymbol{\mu})\right\},$$

$$-\infty < x_1, x_2 < \infty,$$

其中

$$\boldsymbol{x} = \begin{pmatrix} x_1 \\ x_2 \end{pmatrix}, \quad \boldsymbol{\mu} = \begin{pmatrix} \mu_1 \\ \mu_2 \end{pmatrix}, \quad \boldsymbol{C} = \begin{pmatrix} \sigma_1^2 & \rho\sigma_1\sigma_2 \\ \rho\sigma_1\sigma_2 & \sigma_2^2 \end{pmatrix},$$

其中 $\boldsymbol{C}^{-1}$ 表示 $\boldsymbol{C}$ 的逆矩阵，$|\boldsymbol{C}|$ 表示 $\boldsymbol{C}$ 的行列式，T 表示取转置。n 维正态分布的密度函数一般地定义为

$$f(x_1,x_2,\cdots,x_n) = \frac{1}{(2\pi)^{\frac{n}{2}} |\boldsymbol{C}|^{\frac{1}{2}}} \exp\left\{-\frac{1}{2}(\boldsymbol{x}-\boldsymbol{\mu})^{\mathrm{T}} \boldsymbol{C}^{-1} (\boldsymbol{x}-\boldsymbol{\mu})\right\},$$

$$-\infty < x_1, x_2, \cdots, x_n < \infty,$$

其中 $\boldsymbol{x} = (x_1,x_2,\cdots,x_n)^{\mathrm{T}}$，$\boldsymbol{\mu}, \boldsymbol{C}$ 分别是 n 维正态随机变量的均值向量与协方差矩阵。

*4.4 风险决策

4.4.1 决策问题

决策是人们生活工作中普遍存在的一种活动，是为了解决当前或未来可能发生的问题，在若干可供选择的行动方案中选择一个最佳方案的过程。决策的正确与否会带来收益或损失。风险决策是指在作出决策时，往往受某些随机因素的影响，

存在一定风险.风险决策问题又称随机型决策问题,主要应用于产品开发、技术改造、风险投资等决策问题.

在决策分析中,结果常用利润值和损失值来表示.决策问题的关键是如何选择行动方案.一般来说,首先要对每一个方案作出评价,然后根据这些评价选择最佳或满意的方案.风险决策常用"期望值准则".如果把每个行动方案看作随机变量,在每个自然状态下的效益值看作随机变量的取值,其概率为自然状态出现的概率,则期望值准则就是将每个行动方案的数学期望计算出来,视其决策目标的情况选择最优行动方案,即:如果决策目标为利润最大,那么采取期望值最大的行动方案;如果决策目标是损失最小,那么采取期望值最小的行动方案.

例1 某邮局要求当天收寄的包裹当天处理完毕,根据以往统计记录,每天收寄包裹数的情况见表 4-2.

表 4-2 每天收寄情况

收寄包裹数/个	41~50	51~60	61~70	71~80	81~90
占比/%	10	15	30	25	20

已知每个邮局职工平均每小时处理 4 个包裹,每小时工资 5 元,规定每人每天实际工作 7 小时,如加班工作,每小时工资额增加 50%,但加班时间每人每天不得超过 5 小时(加班时间按小时计,不足 1 小时按 1 小时),试确定该邮局最优雇佣工人的数量.

假设 方案 A_1 表示"雇佣 2 人",方案 A_2 表示"雇佣 3 人",θ_i 表示收寄包裹数位于 $[(3+i)\times 10+1, 40+10i]$ $(i=1,2,\cdots,5)$.

建模 因每人每天最多处理的包裹数为 $4\times(7+5)=48$,正常处理 $4\times 7=28$,而每天需处理的包裹数,最多为 90 个,故只考虑两个方案 A_1 和 A_2.

将在不同状态、不同方案下邮局支付工人工资数列成表 4-3.

表 4-3

状态概率	支付工资	
	A_1	A_2
$\theta_1, 0.1$	5×7×2=70	5×7×3=105
$\theta_2, 0.1$	5×7×2+7.5=77.5	5×7×3=105
$\theta_3, 0.3$	5×7×2+7.5×4=100	5×7×3=105
$\theta_4, 0.25$	5×7×2+7.5×6=115	5×7×3=105
$\theta_5, 0.2$	5×7×2+7.5×9=137.5	5×7×3+7.5×2=120

求解 根据期望值准则,若雇佣 2 个工人,则邮局的平均支付工资为

$$E(A_1) = 0.1 \times 70 + 0.15 \times 77.5 + 0.3 \times 100 + 0.25 \times 115 + 0.2 \times 137.5$$
$$= 104.875(元),$$

若雇佣 3 个工人,则邮局的平均支付工资为

$$E(A_2) = 0.1 \times 105 + 0.15 \times 105 + 0.3 \times 105 + 0.25 \times 105 + 0.2 \times 120$$
$$= 108(元),$$

因 $E(A_1) < E(A_2)$,故从邮局的角度来看,最优雇佣工人的数量为 2 人.

4.4.2 决策树法

期望值准则可以借助"决策树"使决策问题形象直观,便于讨论. 决策树法就是把某个决策问题未来发展情况的可能性和对可能结果所作的预测(预计)用树状图画出来(决策树),再根据期望值准则进行决策的一种方法. 决策树表示法方便简捷、层次清楚,能形象地显示决策过程. 借助"决策树",利用期望值准则做决策,具体步骤如下:

1° 绘制决策树,自左至右;

2° 计算期望值,并将结果标在相应的状态结点处;

3° 选择策略,根据期望值最大准则进行"剪枝"决策.

应用决策树来做决策的过程,是从右向左逐步后退进行分析. 根据右端的损益值和概率,计算出期望值的大小,确定方案的期望结果,根据不同方案的期望结果作出选择. 方案的舍弃叫做修枝,被舍弃的方案用记号"≠"来表示,最后的决策点留下一条树枝,即最优方案. 当所要的决策问题只需进行一次决策就可解决时,为单阶段(或一级)决策问题. 如果问题比较复杂,而要进行一系列的决策才能解决时,为多阶段决策问题,多阶段决策问题采用决策树法较直观.

例 2 某渔船要对下个月是否出海打鱼作出决策. 如果出海后是好天,可获收益 5000 元;如果出海后天气变坏,将损失 2000 元;如果不出海,无论天气好坏都要承担 1000 元损失费. 据预测下月好天的概率为 0.6,天气变坏的概率为 0.4,应如何选择最佳方案?

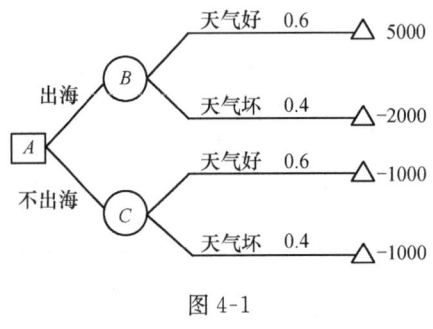

图 4-1

分析 本例为风险决策中的单级决策问题,用决策树方法进行决策.

解 本例的决策树如图 4-1 所示.

值得指出的是,画决策树是从左向右画出,画的过程中将各种已知数据标于相应的位置上. 但在决策树上进行决策计算却是从右向左进行的,先计算最右端每个状态结点的期望值. 由于本例

仅有两个从决策结点 A 发出的状态结点——称为一级决策问题,故只需利用结点效益值计算各状态结点的期望效益值即可. 当有两级以上决策时则需从右向左逐级计算.

关于期望值的计算:将出海收益作为随机变量,其概率分布为

x	5000	-2000
p_k	0.6	0.4

故其期望为 $E(X)=5000\times 0.6+(-2000)\times(0.4)=2200$.

将此结果标记在状态结点 B 的上方. 同理,将不出海的效益值作为随机变量,可算得期望值为 -1000,将其标记在结点 C 的上方,便得到图 4-2.

比较这两个值,显然出海收益的数学期望值大. 从而剪去不出海决策枝(图 4-2)而选择出海作为最终决策,效益期望值为 2200 元.

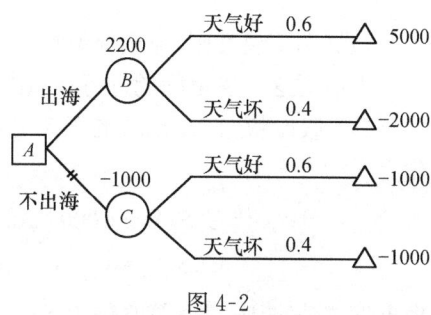

图 4-2

4.4.3 灵敏度分析

风险决策的关键在于各种自然状态出现的概率是根据过去经验估计出来的,所以由此计算出来的益损值不可能十分精确. 一旦概率值有了变化,所确定的决策方案是否仍然有效就成为值得重视的问题. 因此在决策过程中有必要了解概率变化到什么程度才引起方案的变化,这一临界点的概率称为**转折概率**. 对决策问题作出的这种分析称为灵敏度分析. 经过**灵敏度分析**之后,若决策者所选择的最优方案不因自然状态概率在其允许的误差范围内变动而变动,则这个方案是比较可靠的.

灵敏度分析的步骤如下:

1° 求出在保持最优方案稳定的前提下,各状态概率所容许的变动范围;

2° 衡量用来预测和估算这些自然状态概率的方法,其精度是否能保证所得概率值在此允许范围内变动;

3° 判断所作决策的可靠性.

灵敏度分析为决策方案的选择提供了很大的方便,只要掌握的概率值不小于临界值,则原方案仍有效.

例 3(投资决策分析) 某投资公司有一投资决策问题的收益表(表 4-4),试问哪个策略最优,并进行灵敏度分析.

表 4-4

$f(S_i\|N_j)$	状态 N_1 $P(N_1)=0.7$	状态 N_2 $P(N_2)=0.3$
策略 S_1	1000	-400
策略 S_2	-300	2000

解 先计算两个方案的收益期望值：

$$E(S_1) = 1000\times 0.7 + (-400)\times 0.3 = 580,$$
$$E(S_2) = (-300)\times 0.7 + 2000\times 0.3 = 390.$$

根据期望值准则，应选择策略 S_1 作为最优策略．

下面对这一决策问题进行灵敏度分析．

(1) 假设状态 N_1 出现的概率由 0.7 变到 0.8，此时两个策略的收益期望值转化为

$$E(S_1) = 1000\times 0.8 + (-400)\times 0.2 = 720,$$
$$E(S_2) = (-300)\times 0.8 + 2000\times 0.2 = 160,$$

根据期望值准则，最优策略仍为 S_1．

(2) 假设状态 N_1 出现的概率由 0.7 变到 0.6，此时两个策略的收益期望值转化为

$$E(S_1) = 1000\times 0.6 + (-400)\times 0.4 = 440,$$
$$E(S_2) = (-300)\times 0.6 + 2000\times 0.4 = 620,$$

根据期望值准则最优策略变为 S_2．

由(1)，(2)不难看出，当 $p\in(0.7,0.8)$ 时，$E(S_1)>E(S_2)$，情况没有发生改变；而当 $p\in(0.6,0.7)$ 时，$E(S_1)>E(S_2)$ 的情况将发生根本改变．最优策略可能由 S_1 变为 S_2．因此在 $(0.6,0.7)$ 内存在一个参数 α，当 $p=\alpha$ 时发生策略转折．现在不妨设状态 N_1 出现的概率为 α，两个策略的收益期望值分别为

$$E(S_1) = 1000\times\alpha + (-400)\times(1-\alpha),$$
$$E(S_2) = (-300)\times\alpha + 2000\times(1-\alpha).$$

为观察 α 的变化如何对决策产生影响，令 $E(S_1)=E(S_2)$，解得 $\alpha=0.65$，称 $\alpha=0.65$ 为转折概率，可以看出，当 $\alpha>0.65$ 时，$E(S_1)>E(S_2)$ 应选择策略 S_1；当 $\alpha<0.65$ 时，$E(S_1)<E(S_2)$ 应选择策略 S_2．

4.4.4 贝叶斯决策

在风险决策中，对自然状态出现的概率估计的正确程度直接影响到决策中的

收益期望值. 为了更好地进行决策,在条件许可的情况下往往需要进一步补充新信息. 补充信息可以通过进一步调查、试验、咨询等得到,而为了获得这些补充信息需要支付一定费用. 获得新信息后,可根据这些补充信息修正原来自然状态出现概率的估计值,并利用修正的概率分布重新进行决策. 由于这种概率修正主要根据贝叶斯公式,故这种决策称为**贝叶斯决策**.

我们假定试验或调查后出现的结果是 $z_1, z_2, \cdots, z_j$,并且条件概率 $P(z_k|N_j)$ 也能估算出来. 贝叶斯决策的基本步骤如下.

1) 验前分析

决策者根据自己的经验和判断估计 $P(N_j)$,然后凭借这种验前概率分布和收益函数计算 $E(S_i)$,利用期望值准则作出决策,假定相应得出的收益期望值为 $E^* = \max(新的\ E(S_i)\ |\ i=1,2,\cdots,m)$.

2) 预验分析

实际试验前,可先对是否值得花一笔费用进行试验或调查以获得新信息进行研究分析,从而作出试验或调查的抉择.

3) 验后分析

在实际问题中,若确实进行了试验或调查,我们根据所得结果对验前概率分布作修正,得出验后概率分布. 由新的概率分布和收益函数计算新的 $E(S_i)$,利用期望值准则重新作决策,假定试验后相应决策所得的收益期望值为 $E^{**} = \max(新的\ E(S_i)\ |\ i=1,2,\cdots,m)$.

4) 阶段分析

为提高决策的正确性,将试验或调查搜索信息的过程划分为若干阶段,在每一阶段都作预验分析和验后分析.

如何在预验分析中进行抉择呢?

若试验或调查结果为 z_k,利用贝叶斯公式可以算出条件概率 $P(z_k/N_j)$:

$$P(N_j \mid z_k) = P(z_k \mid N_j) P(N_j) \Big/ \sum_{s=1}^{n} P(z_k \mid N_s) P(N_s), \quad k=1,2,\cdots,l, \quad j=1,2,\cdots,n.$$

用它取代 $P(N_j)$ 与收益函数一起,利用期望值准则,算出新的 $E(S_i)$:

$$新的\ E(S_i) = \sum_{j=1}^{n} f(S_j, N_j) P(N_j \mid z_k), \quad i=1,2,\cdots,m.$$

然后计算 β_k:

$$\beta_k = \max(新的\ E(S_i) \mid i=1,2,\cdots,m).$$

利用全概率公式可得

$$P(z_k) = \sum_{j=1}^{n} P(z_k \mid N_j) P(N_j).$$

因此估算出试验或调查后决策所得的效益期望值为 $E^{**} = \sum_{k=1}^{l} \beta_k P(z_k)$.

$E^{**} - E^*$ 就是若进行试验或调查使效益期望值增大的数值,显然若 $E^{**} - E^*$ 大于试验或调查的费用,则可认为试验或调查核算.

若在决策的过程中确实进行了试验或调查,并出现 z_k,则 $P(N_j|z_k)$ 为验后概率,$\beta_k - E^*$ 为试验或调查增加的收益期望值. 此时若考虑再作一轮新的试验或调查,则此次试验或调查的验后概率可作为下一次验后概率的验前概率使用.

例 4 某工程项目按合同应在三个月完成,其施工费用与工程完工期有关. 假定天气是影响工程能否按期完工的决定性因素. 若天气好,工程能按时完工,则施工单位可获利 5 万元;若天气不好,工程不能按时完工,则施工单位被罚 1 万元;若不施工,则损失窝工费 2000 元. 据过去经验,在计划施工期内天气好的可能性为 30%. 为更好地了解,可请气象中心作进一步天气预报,并提供同一时期天气资料,这需支付信息资料费 800 元. 从提供的资料知,气象中心对好天气预报准确性 80%、对坏天气预报准确性 90%. 问该如何决策?

假设 d_1 表示方案"施工"、d_2 表示方案"不施工"、d_3 表示方案"不要预报资料"、d_4 表示方案"要预报资料"、θ_1 表示"好天气"、θ_2 表示"坏天气".

求解 (1) 验前分析. 根据已有资料作出决策收益表,如表 4-5 所示.

由期望值准则,选择方案 d_1,即施工有利,相应的最大收益值 $E^* = 0.8$ 万元.

表 4-5 决策收益表

状态概率	收益值/万元	
	d_1	d_2
θ_1 0.3	5	−0.2
θ_2 0.7	−1	−0.2
$E(d_j)$	0.8	−0.2

(2) 预验分析. 计算完全信息下最大期望收益值

$0.3 \times 5 + 0.7 \times (-0.2) = 1.36$(万元), $1.36 - 0.8 = 0.56$(万元),

而信息费 $c = 0.08 < 0.56$ 万元,所以初步认为请气象中心提供信息核算.

(3) 验后分析. 由资料有

$$P(x_1|\theta_1) = 0.8, \quad P(x_2|\theta_1) = 0.2,$$
$$P(x_1|\theta_2) = 0.1, \quad P(x_2|\theta_2) = 0.9,$$

计算后验概率分布

$$P(x_1) = 0.3 \times 0.8 + 0.7 \times 0.1 = 0.31,$$
$$P(x_2) = 0.3 \times 0.2 + 0.7 \times 0.9 = 0.69,$$

由贝叶斯公式得

$$P(\theta_1 \mid x_1) = \frac{0.3 \times 0.8}{0.31} = 0.77, \quad P(\theta_2 \mid x_1) = 0.23,$$

$$P(\theta_1 \mid x_2) = \frac{0.3 \times 0.2}{0.69} = 0.09, \quad P(\theta_2 \mid x_2) = 0.91.$$

若气象中心预报天气好,则每个方案最大收益值

$$E(d_1 \mid x_1) = 0.77 \times 5 + 0.23 \times (-1) = 3.62(万元),$$
$$E(d_2 \mid x_1) = 0.77 \times (-0.2) + 0.23 \times (-2) = -0.614(万元).$$

选择方案 d_1 为最优,相应最大收益值 $E(x_1) = 3.62$ 万元.

若气象中心预报天气不好,则每个方案最大收益值

$$E(d_1 \mid x_2) = 0.09 \times 5 + 0.91 \times (-1) = -0.46(万元),$$
$$E(d_2 \mid x_2) = -0.2(万元).$$

选择方案 d_2 为最优,相应最大收益值 $E(x_2) = -0.614$ 万元.

在有气象中心的补充信息及资料下,后验决策最大期望收益值为

$$E^{**} = 0.31 \times 3.62 + 0.69 \times (-0.2) = 0.9842(万元).$$

因为

$$E^{**} - E^* = 0.9842 - 0.8 = 0.1842 > 0.08 = c,$$

所以支付信息费值得,从而验证了预验分析中的判断.

习 题 4

A

1.选择题

(1)设随机变量 X 的分布函数为 $F(x) = \begin{cases} 0, & x < 0, \\ x^3, & 0 \leqslant x < 1, \\ 1, & x \geqslant 1, \end{cases}$ 则 X 的数学期望 $EX = ($).

A. $\int_0^1 3x^3 \mathrm{d}x$ \qquad\qquad B. $\int_0^{+\infty} x^4 \mathrm{d}x$

C. $\int_0^1 x^4 \mathrm{d}x + \int_1^{+\infty} x \mathrm{d}x$ \qquad D. $\int_0^{+\infty} 3x^3 \mathrm{d}x$

(2)设 X_1, X_2, X_3 都服从 $[0,2]$ 上的均匀分布,则 $E(3X_1 - X_2 + 2X_3) = ($).

A. 1 \qquad B. 3 \qquad C. 4 \qquad D. 2

(3)设随机变量 X 的期望为 $E(X)$ 存在,则 $E[E(E(X))] = ($).

A. 0 \qquad B. X \qquad C. $E(X)$ \qquad D. $(E(X))^3$

(4)若 $x \sim N(1,4), Y \sim N(2,9), X, Y$ 相互独立,$Z = X - Y + 3$,则 Z 服从( ).

A. $N(1,5)$ \qquad B. $N(2,5)$ \qquad C. $N(1,13)$ \qquad D. $N(2,13)$

(5)设 X, Y 是两个随机变量,其相关系数存在,则下列命题正确的是( ).
A. X, Y 不相关 $\Rightarrow$ X, Y 不相互独立
B. X, Y 相互独立 $\Rightarrow X$, Y 不相关
C. X, Y 不相关 $\Rightarrow$ X, Y 相互独立
D. X, Y 相关 $\Rightarrow$ X, Y 相互独立

2.填空题

(1)离散型随机变量 X 的概率分布为

X	-2	0	2
p	0.40	0.30	0.30

则 $E(X) =$ _____, $E(3X+5) =$ _____, $E(X^2) =$ _____, $D(X) =$ _____.

(2)随机变量 X, Y 相互独立,又 $X \sim P(2)$, $Y \sim B\left(8, \dfrac{1}{4}\right)$,则 $E(X-2Y) =$ _____,$D(X-2Y) =$ _____.

(3)设 $D(X) = 4$, $D(Y) = 9$, $\rho_{XY} = 0.5$,则 $D(2X - 3Y) =$ _____.

(4)设 X, Y 独立且同分布

X	0	1
p	$\dfrac{1}{3}$	$\dfrac{2}{3}$

则 $E(XY) =$ _____.

(5)设随机变量 X 与 Y 的联合概率分布为

X \ Y	-1	0	2
-1	$\dfrac{1}{6}$	$\dfrac{1}{12}$	0
0	$\dfrac{1}{4}$	0	0
1	$\dfrac{1}{12}$	$\dfrac{1}{4}$	$\dfrac{1}{6}$

则 $E(X) =$ _____, $E(XY) =$ _____.

3.设随机变量 X 的分布函数为 $F(x) = \begin{cases} 0, & x \leqslant 0, \\ x/4, & 0 < x \leqslant 4, \\ 1, & x > 4, \end{cases}$ 求 $E(X)$, $D(X)$.

4.某工程队完成某项工程的时间 X(单位:月)服从下述分布

X	10	11	12	13
p	0.4	0.3	0.2	0.1

(1) 求该工程队完成此项工程的平均时间；

(2) 设该工程队获利 $Y = 50(13 - X)$（万元）. 求平均利润.

5. 射击比赛, 每人射四次（每次一发）, 约定全部不中得 0 分, 只中一弹得 20 分, 中两弹得 40 分, 中三弹得 70 分, 中四弹得 100 分. 某人每次射击的命中率均为 3/5, 求他得分的数学期望.

6. 设 (X, Y) 的联合密度函数为

$$f(x, y) = \begin{cases} 12y^2, & 0 \leqslant y \leqslant x \leqslant 1; \\ 0, & 其他, \end{cases}$$

求 $E(X), E(Y), E(XY), E(X^2 + Y^2), \mathrm{Cov}(X, Y)$.

7. 设二维随机变量 (X, Y) 的联合密度函数为

$$f(x, y) = \begin{cases} 1, & |y| < x, 0 < x < 1, \\ 0, & 其他. \end{cases}$$

判断 X 与 Y 之间的相关性与独立性.

B

1. 选择题

(1) 设 X_1, X_2, X_3 相互独立且均服从参数为 3 的泊松分布, 令 $Y = \frac{1}{3}(X_1 + X_2 + X_3)$, 则 $E(Y^2) = ($ $)$.

A. 1   B. 9   C. 10   D. 6

(2) 对于任意两个随机变量 X 和 Y, 若 $E(XY) = E(X)E(Y)$, 则（   ）.

A. $D(XY) = D(X)D(Y)$ B. $D(X+Y) = D(X) + D(Y)$

C. X 和 Y 相互独立   D. X 和 Y 不相互独立

(3) 设随机变量 $X_1, X_2, \cdots, X_n (n > 1)$ 独立同分布, 且其方差 $\sigma^2 > 0$. 令 $Y = \frac{1}{n}\sum_{i=1}^{n} X_i$, 则（   ）.

A. $\mathrm{Cov}(X_1, Y) = \dfrac{\sigma^2}{n}$ B. $\mathrm{Cov}(X_1, Y) = \sigma^2$

C. $D(X_1, Y) = \dfrac{n+2}{n}\sigma^2$ D. $D(X_1, Y) = \dfrac{n+1}{n}\sigma^2$

(4) 设二维随机变量 (X, Y) 服从二维正态分布, 则随机变量 $U = X + Y$ 和 $V = X - Y$ 相互独立的充分必要条件为（   ）.

A. $E(X) = E(Y)$ B. $E(X^2) - [E(X)]^2 = E(Y^2) - [E(Y)]^2$

C. $E(X^2) = E(Y^2)$ D. $E(X^2) + [E(X)]^2 = E(Y^2) + [E(Y)]^2$

2. 填空题

(1) 一台设备由三大部件构成, 在设备运转中各部件需要调整的概率相应为 $0.1, 0.2, 0.3$, 假设各部件相互独立, 以 X 表示同时需要调整的部件数, 则数学期望 $E(X) = $ _____, 方差 $D(X) = $ _____.

(2) 设随机变量 X 的概率分布密度函数为

$$f(x) = \begin{cases} \dfrac{b}{a}(a - |x|), & |x| \leqslant a, \\ 0, & 其他, \end{cases}$$

且已知方差 $D(X)=1$，则 $a=$ _____，$b=$ _____．

(3) 设 ξ,η 是两个相互独立均服从正态分布 $N\left(0,\left(\dfrac{1}{\sqrt{2}}\right)^2\right)$ 的随机变量，则 $E[|\xi-\eta|]=$ _____．

(4) 已知 (X,Y) 的分布如下，令 $Z=\max\{X,Y\}$，求 $E(Z)=$ _____．

X \ Y	0	5	10	15
0	0.02	0.06	0.02	0.10
5	0.04	0.15	0.20	0.10
10	0.01	0.15	0.14	0.01

3．设随机变量 X,Y 相互独立，且都服从标准正态分布．求 $Z=\sqrt{X^2+Y^2}$ 的数学期望．

4．甲乙二人相约在 12:00~13:00 内会面，设 X,Y 分别表示甲乙到达时间，且相互独立．已知 X,Y 的密度函数为

$$f(x)=\begin{cases}3x^2, & 0<x<1,\\ 0, & \text{其他,}\end{cases} \qquad f(y)=\begin{cases}2y, & 0<y<1,\\ 0, & \text{其他,}\end{cases}$$

求先到达者需要等待时间的数学期望．

5．甲乙两人独立解某一道数学题，已知该题被甲独立解出的概率为 0.6，被甲或乙解出的概率为 0.92．求解出该题的人数 ξ 的数学期望和方差．

6．设随机变量 U 服从 $(-2,2)$ 上的均匀分布，定义 X,Y 如下：

$$X=\begin{cases}-1, & U<-1,\\ 1, & U\geqslant -1,\end{cases} \qquad Y=\begin{cases}-1, & U<1,\\ 1, & U\geqslant 1,\end{cases}$$

求 $D(X+Y)$．

7．设随机变量 X 与 Y 相互独立，且服从参数为 2 的泊松分布，又令 $\theta=2X+Y$，$\phi=2X-Y$．求 θ 与 ϕ 的相关系数．

惠更斯　　第 4 章测试题

第 5 章 大数定律与中心极限定理

大数定律和中心极限定理是概率论中两类极限定理的统称,同时也是数理统计的理论基础之一. 概率论研究的是随机现象,随机现象的统计规律性只有在相同的条件下进行大量重复试验时才会呈现出来,这就是随机事件发生的频率具有的稳定性,而在第 1 章中我们仅以实例加以说明,并没有在理论上给予证明,大数定律正是从理论上证明了这一结论的正确性. 中心极限定理则从理论上证明了在客观世界中所遇到的许多随机变量往往是服从正态分布或近似地服从正态分布. 对于不同的随机变量序列,大数定律与中心极限定理有不同的形式,本章研究独立随机变量序列下的大数定律与中心极限定理.

5.1 大 数 定 律

大数定律

5.1.1 什么是大数定律

第 1 章我们介绍过统计概率,统计概率的定义依赖于频率的稳定性,即随着试验次数的增加,事件发生的频率"逐渐稳定"于事件发生的概率. 当试验的次数充分大时,频率与概率"非常接近". 但是那时的定义非常模糊不严格,在这里我们要用极限的语言来严格地表述"逐渐稳定"或"非常接近"的概念.

另外,在大量随机现象中,我们不仅看到随机事件发生频率的稳定性,而且还看到一般的平均结果的稳定性. 例如,某医院一周内男女婴的出生比例为 22∶21、工厂生产过程中的废品率,以及字母使用的频率等都具有稳定性. 这就是说:无论个别随机现象的结果以及它们在进行过程中的个别特征如何,大量随机现象的平均结果实际上与各个个别随机现象的特征无关,并且几乎不再是随机的了. 比如,我们不知道即将出生的婴儿是男孩还是女孩,这个结果是有偶然性的,是随机的,但是我们知道在一个城市中或者一个国家中,男女婴的出生比例几乎为 22∶21 (不考虑人为的或环境因素),这一结果却是必然的. 所有这些事实都应该由概率论作出理论上的解释,因为这样,概率论就成为我们认识客观世界的有效工具.

大数定律就是概率论中描述大量随机现象平均结果的稳定性的一系列定理的统称. 大数定律表明,大量的随机因素的总和作用在一起导致的结果却是不依赖于个别随机事件的必然结果,从而体现了必然性与偶然性的辩证关系.

下面给出大数定律所研究问题的具体表述.

定义 5.1.1 如果随机变量序列 $X_1, X_2, \cdots, X_n, \cdots$，对任意给定的 $\varepsilon > 0$，有

$$\lim_{n \to \infty} P\left\{ \left| \frac{1}{n} \sum_{k=1}^{n} X_k - E\left(\frac{1}{n} \sum_{k=1}^{n} X_k \right) \right| < \varepsilon \right\} = 1, \tag{5.1.1}$$

则称随机变量序列 $\{X_n\}$ 服从大数定律，称这种收敛方式为依概率收敛.

定义 5.1.2 设 $\{X_n\}(n = 1, 2, \cdots)$ 为随机变量序列，若对任意的 $\varepsilon > 0$，有

$$\lim_{n \to \infty} P(|X_n - a| < \varepsilon) = 1 \quad \text{或} \quad \lim_{n \to \infty} P(|X_n - a| \geqslant \varepsilon) = 0,$$

则称随机变量序列依概率收敛于数 a，记作 $X_n \xrightarrow{P} a$.

5.1.2 常用的大数定律

随机变量序列满足的条件不同即可得到不同的大数定律，这里将介绍四个常用的大数定律：切比雪夫大数定律、独立同分布下的大数定律、伯努利大数定律和辛钦大数定律.

定理 5.1.1（切比雪夫大数定律） 设独立随机变量序列 $\{X_i\}(i = 1, 2, \cdots, n, \cdots)$ 有期望 $E(X_i) = \mu_i$，方差 $D(X_i) = \sigma_i^2 \leqslant C$（$C$ 为常数）. 作前 n 个随机变量的算术平均

$$\overline{X}_n = \frac{1}{n} \sum_{i=1}^{n} X_i,$$

则对任意给定的 $\varepsilon > 0$，恒有

$$\lim_{n \to \infty} P\left(\left| \frac{1}{n} \sum_{i=1}^{n} X_i - \frac{1}{n} \sum_{i=1}^{n} E(X_i) \right| < \varepsilon \right) = 1. \tag{5.1.2}$$

切比雪夫大数定律给出了平均值稳定性的科学描述. 切比雪夫大数定律表明：独立随机变量序列 $\{X_n\}$，如果方差有共同的上界，那么当 n 充分大时，$\frac{1}{n} \sum_{i=1}^{n} X_i$ 与其数学期望 $\frac{1}{n} \sum_{i=1}^{n} E(X_i)$ 的偏差很小的概率接近于 1，也就是说，当 n 充分大时，$\frac{1}{n} \sum_{i=1}^{n} X_i$ 差不多不再是随机的了，而是取值集中在其数学期望附近，这就是大数定律的含义.

作为切比雪夫大数定律的特殊情况，有下面的定理.

定理 5.1.2（独立同分布下的大数定律） 设 $X_1, X_2, \cdots$ 是独立同分布的随机变量序列，且 $E(X_i) = \mu, D(X_i) = \sigma^2, i = 1, 2, \cdots$，则对任给 $\varepsilon > 0$，有

$$\lim_{n \to \infty} P\left(\left| \frac{1}{n} \sum_{i=1}^{n} X_i - \mu \right| < \varepsilon \right) = 1. \tag{5.1.3}$$

下面给出的伯努利大数定律，又是独立同分布情形中（定理 5.1.2）的一种特例.

定理 5.1.3(伯努利大数定律) 设在 n 重独立伯努利试验中事件 A 发生的次数为 n_A,在每次试验中事件 A 发生的概率为 p,则对任给的 $\varepsilon>0$,有

$$\lim_{n\to\infty}P\left(\left|\frac{n_A}{n}-p\right|<\varepsilon\right)=1, \tag{5.1.4}$$

或

$$\lim_{n\to\infty}P\left(\left|\frac{n_A}{n}-p\right|\geqslant\varepsilon\right)=0. \tag{5.1.5}$$

伯努利大数定律表明,当重复试验次数 n 充分大时,事件 A 发生的频率 $\frac{n_A}{n}$ 与事件 A 的概率 p 有较大偏差的概率很小. 人们通过实践可以证实,概率很接近于 1 的事件在一次试验中几乎一定要发生的;概率接近于零的事件在一次试验中是几乎不可能发生的,因此频率接近于概率这一事件在一次试验中是几乎一定要发生的,这就是我们为什么可以用频率来代替概率的理由.

下面给出的辛钦大数定律,不要求随机变量的方差存在.

定理 5.1.4(辛钦大数定律) 设随机变量序列 $X_1,X_2,\cdots$ 独立同分布,具有有限的数学期望 $E(X_i)=\mu,i=1,2,\cdots$,则对任给 $\varepsilon>0$,有

$$\lim_{n\to\infty}P\left(\left|\frac{1}{n}\sum_{i=1}^{n}X_i-\mu\right|<\varepsilon\right)=1. \tag{5.1.6}$$

5.1.3 定理证明

切比雪夫大数定律的证明需要利用一个不等式——切比雪夫不等式,这个不等式要求随机变量的方差存在,这也是切比雪夫大数定律中要求随机变量序列的方差有一致上界的原因. 而定理 5.1.2 和定理 5.1.3 不过是切比雪夫大数定律的推论. 实际上定理 5.1.2 和定理 5.1.3 也可以看成是辛钦大数定律的推论,但是辛钦大数定律不要求随机变量的方差存在,它的证明较为复杂,超出本书的范围,这里略. 因此,这里我们只证明切比雪夫大数定律. 为此,首先证明切比雪夫不等式.

切比雪夫不等式

定理 5.1.5(切比雪夫不等式) 设 X 是一个随机变量,$E(X)=\mu$,$D(X)=\sigma^2$,则对于任给 $\varepsilon>0$,有

$$P(|X-\mu|\geqslant\varepsilon)\leqslant\frac{\sigma^2}{\varepsilon^2}. \tag{5.1.7}$$

证明 设 X 是连续型随机变量(离散型随机变量的证明是类似的),X 的概率密度为 $f(x)$,于是

$$P(|X-\mu|\geqslant\varepsilon)=\int_{|x-\mu|\geqslant\varepsilon}f(x)\mathrm{d}x,$$

由于"$|X-\mu|\geqslant\varepsilon$"等价于"$\frac{(X-\mu)^2}{\varepsilon^2}\geqslant 1$",因此

$$P(|X-\mu| \geqslant \varepsilon) \leqslant \int_{|x-\mu|\geqslant\varepsilon} \frac{(x-\mu)^2}{\varepsilon^2} f(x)\mathrm{d}x$$

$$= \frac{1}{\varepsilon^2}\int_{|x-\mu|\geqslant\varepsilon}(x-\mu)^2 f(x)\mathrm{d}x$$

$$\leqslant \frac{1}{\varepsilon^2}D(X) = \frac{\sigma^2}{\varepsilon^2},$$

即对任给 $\varepsilon>0$,有式(5.1.7)成立.

切比雪夫不等式的另一种形式为

$$P(|X-\mu|<\varepsilon) \geqslant 1-\frac{\sigma^2}{\varepsilon^2}.$$

上述不等式给出了在随机变量 X 的分布未知的情况下,估计事件$\{|X-\mu|<\varepsilon\}$ 概率的一种方法. 例如,在上式中令 $\varepsilon=3\sigma,4\sigma$ 有

$$P(|X-\mu|<3\sigma) \geqslant 1-\frac{\sigma^2}{9\sigma^2} = \frac{8}{9} = 0.8889,$$

$$P(|X-\mu|<4\sigma) \geqslant 1-\frac{\sigma^2}{16\sigma^2} = \frac{15}{16} = 0.9375.$$

从切比雪夫不等式还可以看出:若方差 σ^2 越小,则其概率 $P(|X-\mu|<\varepsilon)$ 越大,表明随机变量 X 取值越集中;反之,σ^2 越大,则 $P(|X-\mu|<\varepsilon)$ 越小,表明随机变量 X 取值越分散.

切比雪夫大数定律的证明 由于 $X_1,X_2,\cdots,X_n,\cdots$ 相互独立,有

$$E(\overline{X}_n) = \frac{1}{n}\sum_{i=1}^{n}E(X_i) = \frac{1}{n}\sum_{i=1}^{n}\mu_i;$$

$$D(\overline{X}_n) = \frac{1}{n^2}\sum_{i=1}^{n}D(X_i) = \frac{1}{n^2}\sum_{i=1}^{n}\sigma_i^2 \leqslant \frac{1}{n^2}nC = \frac{C}{n}.$$

由切比雪夫不等式,有

$$P\left(\left|\frac{1}{n}\sum_{i=1}^{n}X_i - \frac{1}{n}\sum_{i=1}^{n}E(X_i)\right|<\varepsilon\right) = P\left(\left|\overline{X}_n - \frac{1}{n}\sum_{i=1}^{n}\mu_i\right|<\varepsilon\right)$$

$$\geqslant 1 - \frac{\frac{1}{n^2}\sum_{i=1}^{n}\sigma_i^2}{\varepsilon^2} \geqslant 1-\frac{C}{n\varepsilon^2},$$

所以 $\lim_{n\to\infty}P\left(\left|\frac{1}{n}\sum_{i=1}^{n}X_i - \frac{1}{n}\sum_{i=1}^{n}E(X_i)\right|<\varepsilon\right) \geqslant 1$,由于概率不可能大于1,故

$$\lim_{n\to\infty}P\left(\left|\frac{1}{n}\sum_{i=1}^{n}X_i - \frac{1}{n}\sum_{i=1}^{n}E(X_i)\right|<\varepsilon\right) = 1.$$

另一种形式为

$$\lim_{n\to\infty}P\left(\left|\frac{1}{n}\sum_{i=1}^{n}X_i-\frac{1}{n}\sum_{i=1}^{n}E(X_i)\right|\geqslant\varepsilon\right)=0.$$

我们来验证切比雪夫大数定律的特例——伯努利大数定律成立.

设

$$X_i=\begin{cases}0, & A\text{ 在第 }i\text{ 次试验中不发生},\\ 1, & A\text{ 在第 }i\text{ 次试验中发生},\end{cases} \quad i=1,2,\cdots,n,$$

则

$$n_A=X_1+X_2+\cdots+X_n,$$

由于各次试验是独立的,于是 $X_1,X_2,\cdots,X_n,\cdots$ 相互独立,且服从相同的(0-1)分布,故

$$E(X_i)=p,\quad D(X_i)=p(1-p),\quad i=1,2,\cdots,n,$$

由定理 5.1.1,有

$$\lim_{n\to\infty}P\left(\left|\frac{1}{n}(X_1+X_2+\cdots+X_n)-\frac{1}{n}np\right|<\varepsilon\right)=1,$$

即

$$\lim_{n\to\infty}P\left(\left|\frac{n_A}{n}-p\right|<\varepsilon\right)=1,$$

于是,伯努利大数定理成立.

例1 已知正常成年男性血液中,每毫升血液白细胞数平均是 7300,均方差 700,利用切比雪夫不等式估计每毫升白细胞数在 5200~9400 内的概率.

解 设每毫升白细胞数为 X,依题意有

$$EX=\mu=7300,\quad DX=\sigma^2=700^2,$$

所求概率为

$$P(5200\leqslant X\leqslant 9400)=P(5200-7300\leqslant X-7300\leqslant 9400-7300)$$
$$=P(-2100\leqslant X-\mu\leqslant 2100)=P(|X-\mu|\leqslant 2100)$$

由切比雪夫不等式

$$P(|X-\mu|\leqslant 2100)\geqslant 1-\frac{\sigma^2}{2100^2}$$
$$=1-\left(\frac{700}{2100}\right)^2=1-\frac{1}{9}=\frac{8}{9}=0.8889$$

即每毫升白细胞数在 5200~9400 内的概率不小于 0.8889.

例2 已知随机变量 $X_1,X_2,\cdots,X_n,\cdots$ 相互独立且同分布,且 $E(X_i)=0, i=1,2,\cdots,n,\cdots$,求 $\lim_{n\to\infty}p\{\sum_{i=1}^{n}X_i<n\}$.

解 $X_1,X_2,\cdots,X_n,\cdots$ 独立同分布,且 $E(X_i)=0, i=1,2,\cdots,n,\cdots$,根据辛钦

大数定律有

$$\lim_{n\to\infty} P\left\{\left|\frac{1}{n}\sum_{i=1}^{n}X_i - 0\right| < 1\right\} = \lim_{n\to\infty} P\left\{\left|\frac{1}{n}\sum_{i=1}^{n}X_i\right| < 1\right\} = 1,$$

又

$$\left\{\left|\frac{1}{n}\sum_{i=1}^{n}X_i\right| < 1\right\} \subset \left\{\frac{1}{n}\sum_{i=1}^{n}X_i < 1\right\}.$$

因此

$$P\left\{\left|\frac{1}{n}\sum_{i=1}^{n}X_i\right| < 1\right\} \leqslant P\left\{\frac{1}{n}\sum_{i=1}^{n}X_i < 1\right\} \leqslant 1,$$

$$1 = \lim_{n\to\infty} P\left\{\left|\frac{1}{n}\sum_{i=1}^{n}X_i\right| < 1\right\} \leqslant \lim_{n\to\infty} P\left\{\frac{1}{n}\sum_{i=1}^{n}X_i < 1\right\} \leqslant 1,$$

所以

$$\lim_{n\to\infty} P\left\{\sum_{i=1}^{n}X_i < n\right\} = \lim_{n\to\infty} P\left\{\frac{1}{n}\sum_{i=1}^{n}X_i < 1\right\} = 1.$$

5.2 中心极限定理

中心极限定理

在微积分课程的学习中，我们曾遇到过这样的现象：有的时候一个有限的和式很难解，但一旦取极限将有限和转化为无限和，利用级数的收敛性其结果反而易于计算. 例如，对某个固定的实数 x，计算和式

$$p(x) = 1 + x + \frac{x^2}{2!} + \cdots + \frac{x^n}{n!},$$

则当 n 较大时，$p(x)$ 很难算得，但一经取极限，就有 $\lim_{n\to\infty} p(x) = e^x$. 所以当 n 很大时，我们就可以用 e^x 来近似计算 $p(x)$ 的值.

在对随机变量的研究中，同样会遇到类似的问题. 设 $X_1, X_2, \cdots, X_n$ 为随机变量列，其分布都是已知的. 如何求其和 $X_1 + X_2 + \cdots + X_n$ 的分布？在第 3 章内我们曾经介绍过用卷积公式来求两个相互独立的随机变量的和的分布. 但当加项比较多时，其复杂程度是不言而喻的. 因此此方法在实际问题中并不常用. 那么是否可以采取前面提及的方法，利用取极限来得到它的近似分布呢？所幸的是这完全能够做到，更有利的是，在相当宽松的条件下，和的极限分布就是正态分布. 这也正是正态分布在概率统计中占有特别重要的地位的一个基本原因.

在概率论中，通常将关于随机变量的和的分布收敛于正态分布的这一类定理统称为**中心极限定理**，不同的中心极限定理的差异在于对随机变量序列作出了不同的假定. 如果假定一个随机变量序列是独立同分布的，就可以得到以下的定理.

定理 5.2.1（林德伯格-莱维中心极限定理） 设 $X_1, X_2, \cdots, X_n, \cdots$ 是独立同分布的随机变量序列，$E(X_i) = \mu$，$D(X_i) = \sigma^2 (0 < \sigma^2 < +\infty)$，$i = 1, 2, \cdots$，则对任意的 $x \in \mathbf{R}$，有

$$\lim_{n \to \infty} P\left[\frac{\sum_{i=1}^{n} X_i - n\mu}{\sqrt{n}\sigma} \leqslant x\right] = \int_{-\infty}^{x} \frac{1}{\sqrt{2\pi}} e^{-\frac{t^2}{2}} dt. \tag{5.2.1}$$

我们来解释一下(5.2.1)式，若记

$$Y_n = \frac{\sum_{i=1}^{n} X_i - n\mu}{\sqrt{n}\sigma},$$

则 $P\left[\dfrac{\sum_{i=1}^{n} X_i - n\mu}{\sqrt{n}\sigma} \leqslant x\right]$ 就是随机变量 Y_n 的分布函数 $F_{Y_n}(x)$，因此(5.2.1)式也可以写成

$$\lim_{n \to \infty} F_{Y_n}(x) = \int_{-\infty}^{x} \frac{1}{\sqrt{2\pi}} e^{-\frac{t^2}{2}} dt = \Phi(x). \tag{5.2.2}$$

这表明，无论随机变量序列 $X_1, X_2, \cdots$ 服从什么样的分布，只要它满足定理 5.2.1 的条件，则 $Y_n = \dfrac{\sum_{i=1}^{n} X_i - n\mu}{\sqrt{n}\sigma}$ 总是以标准正态分布 $N(0,1)$ 为其极限分布，这也相当于说，$\sum_{i=1}^{n} X_i$ 的极限分布就是正态分布 $N(n\mu, n\sigma^2)$．因此，在实际应用中，只要 n 足够大，便可把 n 个独立同分布的随机变量的和作为正态随机变量来处理．

定理 5.2.1 是林德伯格与莱维在 20 世纪 20 年代证明的，"中心极限定理"的命名也是始于这一时期．但历史上最早的中心极限定理却是由棣莫弗于 18 世纪提出，随后拉普拉斯将之作了改进，它实际上是定理 5.2.1 的一个特例．

定理 5.2.2（棣莫弗-拉普拉斯中心极限定理） 设随机变量 $Y_n (n = 1, 2, \cdots)$ 服从参数为 $n, p (0 < p < 1)$ 的二项分布，则对于任意区间 $[a, b]$，恒有

$$\lim_{n \to \infty} P\left(a \leqslant \frac{Y_n - np}{\sqrt{np(1-p)}} \leqslant b\right) = \int_{a}^{b} \frac{1}{\sqrt{2\pi}} e^{-\frac{t^2}{2}} dt. \tag{5.2.3}$$

证明 Y_n 可以看作 n 个相互独立，服从同一 (0-1) 分布的随机变量 $X_1, X_2, \cdots, X_n$ 之和，即其中 $X_i (i = 1, 2, \cdots, n)$ 的概率函数为

$$P(X_i = 1) = p, \quad P(X_i = 0) = 1 - p = q.$$

由于

$$E(X_i) = p, \quad D(X_i) = pq, \quad i = 1, 2, \cdots, n,$$

则由定理 5.2.1，$\dfrac{\sum_{i=1}^{n} X_i - n\mu}{\sqrt{n}\sigma}$ 即 $\dfrac{Y_n - np}{\sqrt{npq}}$，故由定理 5.2.1 可推出上述结论。

定理 5.2.2 表明，在概率意义下，二项分布收敛于正态分布，在实际问题中，若 $Y_n \sim B(n,p)$，当 n 较大时，

$$P(k_1 \leqslant Y_n \leqslant k_2) = P\left(\dfrac{k_1 - np}{\sqrt{npq}} \leqslant \dfrac{Y_n - np}{\sqrt{npq}} \leqslant \dfrac{k_2 - np}{\sqrt{npq}}\right)$$

$$= P\left(a \leqslant \dfrac{Y_n - np}{\sqrt{npq}} \leqslant b\right) \approx \Phi(b) - \Phi(a),$$

其中 $b = \dfrac{k_2 - np}{\sqrt{npq}}, a = \dfrac{k_1 - np}{\sqrt{npq}}$，这时，只要查标准正态分布表就可以求出相应的近似值。

例 1 计算机进行加法运算时，对每个加数取整(取最接近它的整数)。设所有取整误差是相互独立同分布的，服从 $(-0.5, 0.5]$ 上的均匀分布。如果将 1500 个数相加，问误差总和的绝对值超过 15 的概率？

解 设第 i 个加数的取整误差为 $X_i (i=1,2,\cdots,1500)$，则由题可知 X_i 独立同分布，且 X_i 服从 $(-0.5, 0.5]$ 上的均匀分布。

由于 $n = 1500$ 已很大，可运用林德伯格-莱维中心极限定理求解。

$$E(X_i) = \dfrac{1}{2}(-0.5 + 0.5) = 0,$$

$$D(X_i) = \dfrac{1}{12}(0.5 + 0.5)^2 = \dfrac{1}{12}, \quad i = 1, 2, \cdots, 1500,$$

记 $X = \sum_{i=1}^{1500} X_i$，由林德伯格-莱维中心极限定理知，$\dfrac{X - 0}{\sqrt{1500 \times \dfrac{1}{12}}} = \dfrac{X}{5\sqrt{5}}$ 近似服从标准正态分布 $N(0,1)$，所求概率为

$$P\left(\left|\sum_{i=1}^{1500} X_i\right| > 15\right) = P(|X| > 15)$$

$$= 1 - P(|X| \leqslant 15)$$

$$= 1 - P\left[\left|\dfrac{X - 0}{\sqrt{1500 \times \dfrac{1}{12}}}\right| \leqslant \dfrac{15}{\sqrt{1500 \times \dfrac{1}{12}}}\right]$$

$$= 1 - P\left(\left|\dfrac{X}{5\sqrt{5}}\right| < \dfrac{3}{\sqrt{5}}\right)$$

$$=1-P\left(\left|\frac{X}{5\sqrt{5}}\right|<1.342\right)$$
$$=1-[2\Phi(1.342)-1]$$
$$=2-2\Phi(1.342)$$
$$=0.1802.$$

可见,1500 个加数的取整误差的总和的绝对值超过 15 的概率约为 18%.

例 2 某团总支计划举办一次有 120 人参加的周末晚会.由经验知,接到通知的人中有 80% 的人到会,因此,团总支发出了 150 张通知.试求到会人数 X 在 110～130 的概率.

解 设 X 表示"到会人数",则由题设可知 $X \sim B(150, 0.8)$,由于 $n=150$ 较大,可运用棣莫弗-拉普拉斯中心极限定理求解.

$$E(X)=120, \quad D(X)=24,$$

$\dfrac{X-np}{\sqrt{np(1-p)}}=\dfrac{X-120}{\sqrt{24}}$ 近似地服从标准正态分布 $N(0,1)$,所求概率为

$$P(110<X<130)$$
$$=P\left(\frac{110-120}{2\sqrt{6}}<\frac{X-120}{2\sqrt{6}}<\frac{130-120}{2\sqrt{6}}\right)$$
$$=\Phi\left(\frac{5}{\sqrt{6}}\right)-\Phi\left(-\frac{5}{\sqrt{6}}\right)=2\Phi\left(\frac{5}{\sqrt{6}}\right)-1$$
$$=2\times 0.9793-1=0.9586,$$

即到会人数在 110～130 的概率为 95.86%.

例 3 某银行的某支行为支付某日到期的国家债券需要准备一笔现金.已知该债券在该支行所在地区发售 10000 张,到期后每张债券需要付本金与利息共 1500 元.设持券人(一人一债券)在到期日去该支行兑换的概率为 0.6,问该支行在到期日应准备多少现金才能至少以 99.9% 的把握满足客户的兑换?

解 设 $X_i=\begin{cases}1, & \text{第 }i\text{ 个持券人在到期日去支行兑换,}\\ 0, & \text{第 }i\text{ 个持券人在到期日未去支行兑换,}\end{cases}$ $i=1,2,\cdots,10000$,

即 $X_i \sim B(1,0.6)$,于是 $E(X_i)=0.6, D(X_i)=0.24, i=1,2,\cdots,10000$,且 $X_1, X_2,\cdots,X_{10000}$ 相互独立.

记到期日去该支行兑换的总人数 $Y=\sum\limits_{i=1}^{10000}X_i$,则 $Y\sim B(10000,0.6)$,由于 $n=10000$ 较大,可运用棣莫弗-拉普拉斯中心极限定理求解.

$$E(Y)=6000, \quad D(Y)=2400,$$

由棣莫弗-拉普拉斯中心极限定理,$\dfrac{Y-np}{\sqrt{np(1-p)}}=\dfrac{Y-6000}{\sqrt{2400}}$ 近似服从标准正态分

布 $N(0,1)$.

设到期日该支行应准备 a 元,则有

$$P(1500Y \leqslant a) = P\left(Y \leqslant \frac{a}{1500}\right)$$

$$= P\left[\frac{Y-6000}{\sqrt{2400}} \leqslant \frac{\frac{a}{1500}-6000}{\sqrt{2400}}\right]$$

$$= \Phi\left[\frac{\frac{a}{1500}-6000}{\sqrt{2400}}\right] \geqslant 0.999.$$

根据分布函数的单调非减性,查表可得 $\frac{\frac{a}{1500}-6000}{\sqrt{2400}} \geqslant 3.01$,得 $a \geqslant 9221189.85$,从而取 $a=9221190$,于是在到期日该支行只需要准备 9221190 元就能至少以 99.9% 的把握满足客户的兑换.

*5.3 高尔顿钉板试验

概率统计以研究随机现象及其规律为主要目的,使随机现象得以实现并对它观察的全过程为随机试验.本节将简要介绍一个很经典的随机试验——高尔顿钉板试验.

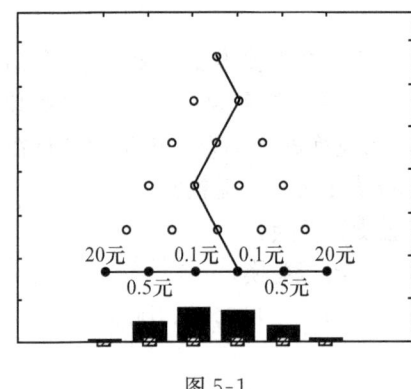

图 5-1

高尔顿钉板试验是由英国生物统计学家高尔顿设计的,它的试验模型如图 5-1 所示.

如图 5-1 所示,在一板上钉有 n 排钉子,自顶端扔进一小球任其自由下落,在下落过程中小球碰到钉子,左右落下的机会相等.

小球落入底板中的某一个格子(格子编号为 $0,1,2,\cdots,n$).在每一格子中放入适当价值的奖品(图 5-1),扔一次小球需付 1 元给庄家,如果小球落入某个格子,你将获得相应价值的奖品,你合算吗?庄家会赚钱吗?

用随机变量黑箱方法建模:令小球落入格子的编号数为 X,X 是一个随机变量,确定了 X 的分布律就建立了该问题的理论模型.

一个简单确定 X 分布律的方法就是向高尔顿钉板大量投球,其堆积形状大致体现了 X 的分布规律,这是随机变量黑箱建模的要点.图 5-1 以频率的形式显示了向 5 层高尔顿钉板投球 500 次后小球的堆积形状.

表 5-1 给出了模型的全部信息,注意到第 1,2 行就是常见的分布列表.第 4 行给出了频率,若试验次数 n 趋于无穷,则其极限就对应于分布律(第 2 行).第 3 行给出了奖金函数 $B(x)$,这个可由庄家自己确定.庄家需要知道的是,当奖金函数 $B(x)$ 给定时,其平均利润是多少?当获得了频率信息之后,可计算

$$\text{投球一次的平均利润} = \frac{1}{n}\left\{n - \sum_{i=1}^{n} n_i B(i)\right\}$$

$$= 1 - \sum_{i=1}^{n} \frac{n_i}{n} B(i) (\text{实际试验的平均利润}),$$

其中 n 次投球有 n_i 个小球落入第 i 格,庄家需支付 $n_i B(X)$ 元奖金.注意如下频率与概率的关系:

$$\sum_{i=1}^{n} \frac{n_i}{n} B(i) \to \sum_{i=1}^{n} p_i B(i) = E(B(X)) (\text{概率平均或数学期望}).$$

因此投球一次的平均利润 $=1-E(B(X))$.庄家应该设置大额奖金吸引顾客,但必须保证平均利润为正,为此,必须获取 X 的分布规律,最简单的方法就是大量投球进行实际观察.

表 5-1 频率、分布与奖金函数表

X(小球落入的格子编号数)	0	1	2	3	4	5
p_k(分布律)	p_0	p_1	p_2	p_3	p_4	p_5
$B(i)$(奖金,单位:元)	20	0.5	0.1	0.1	0.5	20
f(频率,试验 n 次)	n_0/n	n_1/n	n_2/n	n_3/n	n_4/n	n_5/n

高尔顿钉板模型是 n 重伯努利概型的典型实例,其基本要素是:

1° 将一个具有成功、失败两种结果的试验 E 独立地重复 n 次(向右视为成功,成功率为 $p=0.5$);

2° 落入的格子编号数 X 为 n 重伯努利试验的成功次数,$X \sim B(n,p)$.

许多随机现象都服从正态分布(如测量误差、射击偏差),这是由于许多彼此间没有什么相依关系的随机因素,均匀地起到微小作用并共同作用(这些因素的叠加)的结果.即使对于我们熟悉的二项分布与泊松分布,当试验次数无限增大时(在二项分布的情形),或平均出现次数无限增大时(在泊松分布的情形),它们也都是趋于正态分布的.

在高尔顿钉板中每一个点表示钉在板上的 1 颗钉子,它们彼此的距离均相等,上一层每一颗的水平位置恰好位于下一层的 2 颗中间.从入口处放进一个直径略小于 2 颗钉子之间距离的小圆玻璃球,在小圆球向下降落过程中,碰到钉子后均以 1/2 的概率向左向右滚下,于是又碰到下一层钉子.如此继续下去,直到滚到底

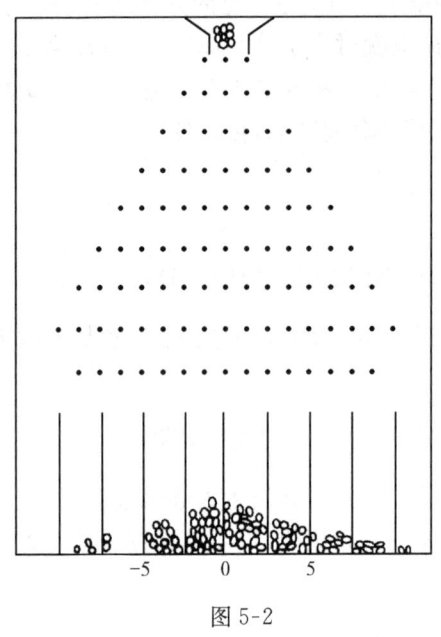

图 5-2

板的格子内为止.把许许多多同样大小的小圆球不断地从入口处放下,只要球的数目足够大,它们的底板将堆成近似于正态分布$N(0,\sqrt{n})$的密度函数图形(图 5-2),其中 n 为钉子层数.

初步解释如下.

令 ξ_k 表示某个小球在第 k 次碰钉子后向左或向右落下这一随机现象,ξ_k 的分布律可设为下述形式,见表 5-2.

表 5-2

ξ_k	1	−1
p_k	$\frac{1}{2}$	$\frac{1}{2}$

令 $\zeta_n = \sum_{k=1}^{n} \xi_k$,其中 $\xi_k (k=1,2,\cdots,n)$ 相互独立,则 ζ_n 表示这个小球第 n 次碰钉子后的位置,如图 5-2 所示,坐标原点选在正中间.试验表明,$\zeta_n = \sum_{k=1}^{n} \xi_k$ 近似地服从正态分布.

分析表明,我们需要研究的是相互独立的随机变量和极限分布是正态分布的问题.如果我们关心的是该现象或过程的研究,而不是个别因素,则只要考虑这些因素总的作用就可以了.

设 $\xi_k(k=1,2,\cdots,n)$ 为相互独立的随机变量序列,有有限的数学期望和方差:
$$E(\xi_k) = \alpha_k, \quad D(\xi_k) = \sigma_k^2, \quad k=1,2,\cdots,n,$$
令
$$\left.\begin{array}{l} B_n^2 = \sum_{k=1}^{n} D(\xi_k) \\ \eta_n = \sum_{k=1}^{n} \dfrac{\xi_k - \alpha_k}{B_n} \end{array}\right\}$$

可知随机序列 $\{\zeta_k\}$ 服从中心极限定理.

下面利用中心极限定理来说明钉板试验现象.
$$\lim_{n \to \infty} P\left\{\frac{\zeta_n}{\sqrt{n}} < x\right\} = \Phi(x),$$

因而

$$\lim_{n\to\infty} P(x_1 < \zeta_n < x_2) = \lim_{n\to\infty} P\left(\frac{x_1}{\sqrt{n}} \leqslant \frac{\zeta_n}{\sqrt{n}} < \frac{x_2}{\sqrt{n}}\right) = \Phi\left(\frac{x_2}{\sqrt{n}}\right) - \Phi\left(\frac{x_1}{\sqrt{n}}\right).$$

在图 5-2 中，$n=16$（即有 16 层钉子），则有

$$P\{x_1 \leqslant \zeta_{16} < x_2\} = \Phi\left(\frac{x_2}{4}\right) - \Phi\left(\frac{x_1}{4}\right).$$

现考虑独立地投入 100 个球.

查正态分布表得

$$P\{x_1 \leqslant \zeta_{16} < x_2\} = 0.0987.$$

因而，得到 100 个小球中，大约有 10 个小球落在 [0,1] 这一格中，根据正态分布的对称性，同样大约有 10 个小球落在 [−1,0] 这一格中. 同理可得表 5-3 的结果.

表 5-3 各对应区间的近似概率及近似球数

区间	近似概率	近似球数	区间	近似概率	近似球数
[−1,0] 或 [0,1]	0.0987	10	[−6,−5] 或 [5,6]	0.0388	4
[−2,−1] 或 [1,2]	0.0928	9	[−7,−6] 或 [6,7]	0.0268	3
[−3,−2] 或 [2,36]	0.0189	8	[−8,−7] 或 [7,8]	0.0173	2
[−4,−3] 或 [3,4]	0.068	7	[−9,−8] 或 [8,9]	0.0105	1
[−5,−4] 或 [4,5]	0.053	5	[−10,−9] 或 [9,10]	0.006	0 或 1

习 题 5

A

1. 选择题

(1) 设 X 是一个随机变量，若 $E(X^2) = 1.1, DX = 0.1$，则根据切比雪夫不等式有（　　）.
A. $P\{-1 < X < 1\} \geqslant 0.9$ B. $P\{0 < X < 2\} \geqslant 0.9$
C. $P\{X + 1 \geqslant 1\} \leqslant 0.9$ D. $P\{|X| \geqslant 1\} \leqslant 0.1$

(2) 设 X 是一个随机变量，若 $EX = 100, DX = 100$，则由切比雪夫不等式可得 $P(80 < X < 120) \geqslant$（　　）.
A. $\frac{1}{4}$　　 B. $\frac{1}{5}$　　 C. $\frac{3}{4}$　　 D. $\frac{3}{5}$

(3) 设随机变量 $X \sim U(0,1)$，则由切比雪夫不等式可得 $P\left(\left|X - \frac{1}{2}\right| \geqslant \frac{1}{\sqrt{3}}\right) \leqslant$（　　）.
A. $\frac{1}{3}$　　 B. $\frac{1}{4}$　　 C. $\frac{1}{5}$　　 D. $\frac{1}{6}$

(4) 设随机变量 $X_1, X_2, \cdots, X_n$ 相互独立，$S_n = X_1 + X_2 + \cdots + X_n$，则根据林德伯格-莱维中心极限定理，当 $n \to \infty$ 时，S_n 近似服从正态分布，只要 $X_1, X_2, \cdots, X_n$（　　）.
A. 有相同的数学期望　　　　B. 有相同的方差
C. 服从同一离散型分布　　　D. 服从同一指数分布

2. 填空题

(1) 设随机变量 $X_1, X_2, \cdots, X_n, \cdots$ 相互独立且同服从参数为 2 的指数分布，则当 $n \to \infty$ 时，$Y_n = \dfrac{1}{n} \sum_{i=1}^{n} X_i^2$ 依概率收敛于 _____ .

(2) 设随机变量 X 的方差为 1, 根据切比雪夫不等式估计 $P(|X-EX| \geqslant 3) \leqslant$ _____ .

(3) 设随机变量 $X \sim N(0, 4^2)$ 和 $Y \sim N(2, 5^2)$ 相互独立，根据切比雪夫不等式估计 $P(|X+Y-2| < 10) \geqslant$ _____ .

3. 某电站供电网有 10000 个电灯，夜晚时每个电灯开灯的概率均为 0.7，假设所有电灯的开和关是相互独立的，试用切比雪夫不等式估计夜晚同时开着的电灯在 6800~7200 个的概率.

4. 设某品牌汽车的尾气中氮氧化物排放量的数学期望为 0.9g/km, 标准差为 1.9g/km, 某出租车公司有这种车 100 辆，以 $\bar{X}$ 表示这些车辆的氮氧化物排放量的算术平均值，问：当 L 为何值时，$\bar{X} > L$ 的概率不超过 0.01.

5. 假设一批种子的良种率为 $\dfrac{1}{6}$, 在其中任选 600 粒，求这 600 粒种子中，良种所占的比例值与 $\dfrac{1}{6}$ 之差的绝对值不超过 0.02 的概率.

(1) 用切比雪夫不等式估计；
(2) 用中心极限定理计算出近似值.

B

1. 选择题

(1) 设 $X_1, X_2, \cdots, X_n, \cdots$ 独立同分布，且 $E(X_i^k) = \mu_k$, 用切比雪夫不等式估计 $P\left\{ \left| \dfrac{1}{n} \sum_{i=1}^{n} X_i - \mu_1 \right| \geqslant \varepsilon \right\} \leqslant ($).

A. $\dfrac{\mu_4 - \mu_2^2}{n\varepsilon^2}$ B. $\dfrac{\mu_4 - \mu_2^2}{\sqrt{n}\varepsilon^2}$ C. $\dfrac{\mu_2 - \mu_1^2}{n\varepsilon^2}$ D. $\dfrac{\mu_2 - \mu_1^2}{\sqrt{n}\varepsilon^2}$

(2) 设 $X_1, X_2, \cdots, X_n, \cdots$ 独立同分布，且 $EX_i = 0\,(i=1,2,\cdots)$, 则 $\lim\limits_{n\to\infty} P\left\{ \sum_{i=1}^{n} X_i < n \right\} = ($).

A. 0 B. 1 C. 0.5 D. $\dfrac{1}{3}$

(3) 设 $X_1, X_2, \cdots, X_n, \cdots$ 独立同服从于参数为 $\lambda > 0$ 的指数分布，则对任意的 $x \in (-\infty, +\infty)$ 有( ).

A. $\lim\limits_{n\to\infty} P\left\{ \dfrac{\sum_{i=1}^{n} X_i - n\lambda}{\sqrt{n\lambda}} \leqslant x \right\} = \dfrac{1}{\sqrt{2\pi}} \int_{-\infty}^{x} e^{-\frac{t^2}{2}} dt$

B. $\lim\limits_{n\to\infty} P\left\{ \dfrac{\sum_{i=1}^{n} X_i - \lambda}{\sqrt{n\lambda}} \leqslant x \right\} = \dfrac{1}{\sqrt{2\pi}} \int_{-\infty}^{x} e^{-\frac{t^2}{2}} dt$

C. $\lim\limits_{n\to\infty} P\left\{ \dfrac{\sum_{i=1}^{n} X_i - n\lambda}{\sqrt{n}/\lambda} \leqslant x \right\} = \dfrac{1}{\sqrt{2\pi}} \int_{-\infty}^{x} e^{-\frac{t^2}{2}} dt$

D. $\lim_{n\to\infty} P\left\{\dfrac{\lambda\sum_{i=1}^n X_i - n}{\sqrt{n}} \leqslant x\right\} = \dfrac{1}{\sqrt{2\pi}}\int_{-\infty}^x e^{-\frac{t^2}{2}} dt$

2. 填空题

(1) 已知 $X_1, X_2, \cdots, X_n, \cdots$ 是一个随机变量序列,且 $E(X_n) = 2, D(X_n) = \dfrac{1}{n}$ ($n = 1, 2, \cdots$),则当 $n \to \infty$ 时,X_n 依概率收敛于 _____.

(2) 设随机变量 X 和 Y 的数学期望分别为 -2 和 2,方差分别为 1 和 4,而相关系数为 -0.5,根据切比雪夫不等式估计 $P(|X+Y| \geqslant 6) \leqslant$ _____.

(3) 设 $X \sim B\left(100, \dfrac{1}{10}\right)$,根据中心极限定理 $P(X < 16) \approx$ _____.

3. 某单位的局域网有 100 个终端,每个终端有 10% 的时间在使用,假设各个终端是否使用相互独立,用中心极限定理计算在任何时刻同时最多有 15 个终端在使用的概率的近似值.

4. 某保险公司有 10000 人参加保险,每人一年付 18 元保险费,设在一年内投保人出意外的概率为 0.006,出意外时保险公司要赔付 2500 元,问保险公司亏本的概率是多少?

5. 一生产线生产成品包装箱,设每箱平均重量为 50 千克,标准差为 5 千克,如果用最大载重为 5 吨的卡车装运,用中心极限定理计算每车最多装多少箱,可以保证卡车不超重的概率大于 0.977?

6. 一个系统由 100 个独立的元件构成,系统工作期间每个元件故障率 10%,至少需要 85 个元件正常工作系统才能正常运行.

(1) 求系统的可靠度;

(2) 若系统由 n 个独立的元件构成,至少需要 80% 元件正常工作系统才能正常运行,问 n 至少取多少才能保证系统正常运行的概率不低于 95%?

切比雪夫

辛钦

第 5 章测试题

第6章 数理统计的基本概念

在前五章中我们介绍了概率论的基本内容,概率论是在已知随机变量服从某种分布的条件下,研究随机变量的性质、数字特征及其应用.从本章开始,我们将讲述数理统计的基本内容.数理统计作为一门学科诞生于 19 世纪末 20 世纪初,是具有广泛应用的一个数学分支,它以概率论为基础,研究如何有效地对带有随机性影响的数据进行收集、整理和分析,从而对研究对象的客观规律性作出合理的估计和推断的学科.数理统计分为两大类:一是研究如何对随机现象进行观测、试验,以取得有代表性的观测值,称为描述统计学;二是研究如何对已取得的观测值进行整理、分析、作出估计、决策,以此推断总体的规律性,称为推断统计学.本书只简要介绍统计推断的基本内容和基本方法.在这一章中将先建立一些必要的基本概念,然后给出正态总体抽样分布的一些重要的结果.

6.1 总体与样本

总体与样本

6.1.1 总体与总体分布

在数理统计中,把具有一定共性的研究对象的全体称为**总体**(或**母体**),其大小与范围随具体研究与考察的目的而定.把构成总体的每一个成员(或元素)称为**个体**.总体中所包含的个体的个数称为**总体的容量**.容量为有限的称为**有限总体**;容量为无限的称为**无限总体**.总体与个体之间的关系,即集合与元素的关系.

例如,考察某大学一年级新生的体重和身高,则该校一年级的全体新生就构成了一个总体,每一名新生就是一个个体.又如,研究某灯泡厂生产的一批灯泡的质量,则该批灯泡的全体构成了一个总体,其中每一个灯泡就是一个个体.

数理统计是研究随机现象数量化规律的学科,在数理统计中我们所关心的并非是每个个体的所有特征,而仅仅是它的一项或几项数量指标.如前述总体(一年级新生)中,我们关心的是个体的体重和身高,而在总体(一批灯泡)中,我们关心的仅仅是灯泡的寿命.代表总体的指标是一个随机变量,总体中每个个体是随机变量的一个取值,从而总体对应于一个随机变量(或随机向量),对总体的研究就相当于对这个随机变量(或随机向量)的研究.后面将不区分总体与相应的随机变量(或随机向量).

定义 6.1.1 统计学中称随机变量或随机向量 X 为**总体**,并把 X 的分布称为**总体分布**.

常用随机变量的记号或用其分布函数表示总体,如总体 X 或总体 $F(x)$.

6.1.2 样本与样本分布

由于总体的分布一般是未知的,或者它的某些参数是未知的,为了判断总体服从何种分布或估计未知参数应取何值,我们可从总体中抽取若干个个体进行观察,从中获得研究总体的一些观察数据,然后通过对这些数据的统计分析,对总体的分布作出判断或对未知参数作出合理估计.一般的方法是按一定原则从总体中抽取若干个个体进行观察,这个过程叫做**抽样**.显然,对每个个体的观察结果是随机的,可将其看成一个随机变量的取值,这样就把每个个体的观察结果与一个随机变量的取值对应起来了.于是,我们可记从总体 X 中第 i 次抽取的个体指标为 X_i,则 X_i 是一个随机变量 $(i=1,2,\cdots,n)$;用 x_i 记个体指标 X_i 的具体观察值 $(i=1,2,\cdots,n)$.我们称 $X_1,X_2,\cdots,X_n$ 为总体 X 的**样本**;称样本观察值 $x_1,x_2,\cdots,x_n$ 为**样本值**;样本所含个体数目称为**样本容量**(或样本大小).

为了使抽取的样本能很好地反映总体的信息,除了对样本的容量有一定的要求外,还对样本的抽取方式有一定的要求,最常用的一种抽样方法称为**简单随机抽样**,它要求抽取的样本满足下面两个条件:

1° 代表性:$X_1,X_2,\cdots,X_n$ 与所考察的总体具有相同的分布.

2° 独立性:$X_1,X_2,\cdots,X_n$ 是相互独立的随机变量.

由简单随机抽样得到的样本称为**简单随机样本**,它可用与总体同分布的 n 个相互独立的随机变量 $X_1,X_2,\cdots,X_n$ 表示.显然,简单随机样本是一种非常理想化的样本,在实际应用中要获得严格意义下的简单随机样本并不容易.

对有限总体,若采用有放回抽样,就能得到简单随机样本,但有放回抽样使用起来不方便,故实际操作中通常采用的是无放回抽样,当所考察的总体的容量很大时,无放回抽样与有放回抽样的区别很小,此时可近似地把无放回抽样所得到的样本看成一个简单随机样本.对无限总体,因抽取若干个个体不影响它的分布,故采用无放回抽样即可得到一个简单随机样本.

本书后面假定所考虑的样本均为**简单随机样本**,简称**样本**.

设总体 X 的分布函数为 $F(x)$,由样本的独立性,则简单随机样本 $X_1,X_2,\cdots,X_n$ 的联合分布函数为

$$F(x_1,x_2,\cdots,x_n) = \prod_{i=1}^{n} F(x_i),$$

并称其为**样本分布**.

特别地,若总体 X 为离散型随机变量,设其概率分布为 $P\{X=x_i\}=p(x_i)$,x_i 取遍 X 所有可能取值,则样本的概率分布为

$$p(x_1,x_2,\cdots,x_n)=P\{X_1=x_1,X_2=x_2,\cdots,X_n=x_n\}=\prod_{i=1}^{n}p(x_i),$$

分别称 $p(x)$ 与 $p(x_1,x_2,\cdots,x_n)$ 为**离散总体概率分布**与**离散样本概率分布**.

若总体 X 为连续型随机变量，其概率密度为 $f(x)$，则样本的概率密度为

$$f(x_1,x_2,\cdots,x_n)=\prod_{i=1}^{n}f(x_i),$$

分别称 $f(x)$ 与 $f(x_1,x_2,\cdots,x_n)$ 为**总体密度**与**样本密度**.

例1 总体 X 服从参数为 λ 的泊松分布 $P(\lambda)$，样本 $X_1,X_2,\cdots,X_n$ 的联合概率函数为

$$p(x_1,x_2,\cdots,x_n)=\prod_{i=1}^{n}e^{-\lambda}\frac{\lambda^{x_i}}{x_i!}=e^{-n\lambda}\frac{\lambda^{\sum_{i=1}^{n}x_i}}{x_1!x_2!\cdots x_n!}.$$

例2 若总体服从正态分布，则称总体为正态总体. 在正态总体 $N(\mu,\sigma^2)$ 下，样本 $X_1,X_2,\cdots,X_n$ 的联合密度函数为

$$f(x_1,x_2,\cdots,x_n)=\prod_{i=1}^{n}\frac{1}{\sqrt{2\pi}\sigma}\exp\left\{-\frac{(x_i-\mu)^2}{2\sigma^2}\right\}$$

$$=(2\pi\sigma^2)^{-\frac{n}{2}}\exp\left\{-\frac{1}{2\sigma^2}\sum_{i=1}^{n}(x_i-\mu)^2\right\}.$$

6.2 统 计 量

6.2.1 统计量定义

统计量

样本来自总体并且代表和反映总体，但是，直接由一组样本观察值 $(x_1,x_2,\cdots,x_n)$ 还不能反映总体的各种特性，所以，应该对它进行加工、提炼，针对不同问题，利用样本构造各种不同的函数，其目的是推断未知总体的分布，故在构造函数时就不应包含总体的未知参数，为此引入下列定义.

定义 6.2.1 设 $X_1,X_2,\cdots,X_n$ 为总体 X 的一个样本，若样本函数 $T(X_1,X_2,\cdots,X_n)$ 中，不包含任何未知参数，则称此函数是一个**统计量**.

例1 设 X_1,X_2,X_3,X_4 是取自正态总体 $N(\mu,\sigma^2)$ 的一个样本，其中 μ 未知，但 σ^2 已知，则 $\frac{1}{3}\sum_{i=1}^{3}X_i,\frac{1}{\sigma^2}\sum_{i=1}^{4}X_i^2,\max(X_1,X_2,X_3,X_4),\sum_{i=1}^{4}X_i^2$ 都是统计量，而 $\sum_{i=1}^{4}(X_i-\mu)^2$ 不是统计量，因它包含了总体分布 $N(\mu,\sigma^2)$ 中的未知参数 μ.

6.2.2 常用统计量

对一个给定的样本，可以构造很多样本的函数，即可以构造很多统计量，但是

常用的并不多. 设 $X_1, X_2, \cdots, X_n$ 为总体 X 的一个样本, 下面给出几个常用的统计量.

1. 样本均值

称样本的算术平均值为**样本均值**, 记为 $\overline{X}$, 即

$$\overline{X} = \frac{1}{n} \sum_{k=1}^{n} X_k, \tag{6.2.1}$$

观测值记为 $\bar{x} = \frac{1}{n} \sum_{k=1}^{n} x_k$. 样本均值反映了总体均值的信息.

2. 样本方差

样本方差是样本中诸分量与样本均值的差的平方的算术平均, 它反映了总体方差的信息. 样本方差有两种定义方式. 较直观的定义是

$$S_0^2 = \frac{1}{n} \sum_{k=1}^{n} (X_k - \overline{X})^2, \tag{6.2.2}$$

称 S_0^2 为样本的**未修正的样本方差**. 统计学中最常用的是另一种定义, 为

$$S^2 = \frac{1}{n-1} \sum_{k=1}^{n} (X_k - \overline{X})^2, \tag{6.2.3}$$

称 S^2 为样本的**修正样本方差**, 简称为**样本方差**. 观测值记

$$s^2 = \frac{1}{n-1} \sum_{k=1}^{n} (x_k - \bar{x})^2.$$

初看起来, S^2 不如 S_0^2 那么自然, 但由于统计推断的目的, S^2 比 S_0^2 具有更好的统计性质, 比如, 当用 S^2 或 S_0^2 作为总体 X 的方差 σ^2 的估计时, S^2 满足 $E(S^2) = \sigma^2$, 但 $E(S_0^2) \neq \sigma^2$, 因而用 S^2 估计 σ^2 不会产生系统偏差, 这一点我们将在第 7 章中详细讨论. 以后我们使用的主要是修正样本方差, 所以以下都将 S^2 简称为样本方差.

3. 样本标准差

正如总体的方差与标准差的关系一样, 样本标准差定义为样本方差的算术平方根, 即

$$S = \sqrt{\frac{1}{n-1} \sum_{k=1}^{n} (X_k - \overline{X})^2}, \tag{6.2.4}$$

观测值记为 s.

4. 样本 k 阶原点矩

与总体 k 阶原点矩及样本均值的定义类似, 定义

$$A_k = \frac{1}{n}\sum_{i=1}^{n} X_i^k, \quad k \in \mathbf{N} \tag{6.2.5}$$

为样本的 **k 阶原点矩**. 显然,一阶原点矩即样本均值. 样本 k 阶原点矩反映了总体 k 阶矩的信息.

5. 样本 k 阶中心矩

记

$$B_k = \frac{1}{n}\sum_{i=1}^{n}(X_i - \overline{X})^k, \quad k \in \mathbf{N} \tag{6.2.6}$$

为样本的 **k 阶中心矩**. 显然二阶中心矩即未修正的方差. 样本 k 阶中心矩反映了总体 k 阶中心矩的信息.

6. 次序统计量

设 $X_1, X_2, \cdots, X_n$ 为总体 X 的一个样本,将样本中的诸分量按其观测值由小到大的次序排列成

$$X_{(1)} \leqslant X_{(2)} \leqslant \cdots \leqslant X_{(n)}, \tag{6.2.7}$$

称 $X_{(1)}, X_{(2)}, \cdots, X_{(n)}$ 为样本的一组**次序统计量**, 称 $X_{(i)}$ 为样本的第 i 个次序统计量. 特别地,称 $X_{(1)}$ 和 $X_{(n)}$ 分别为**最小次序统计量**和**最大次序统计量**,并称 $X_{(n)} - X_{(1)}$ 为样本的**极差**. 将大写字母改为小写字母,即相应统计量的观测值.

例 2 设由简单抽样得到的样本观测值如下:

19.1, 20.0, 21.2, 18.8, 19.6, 20.5, 22.0, 21.6, 19.4, 20.3, 计算样本均值、样本方差及样本二阶中心矩的观测值.

解 根据上述 10 个数据,可求得样本均值

$$\overline{x} = \frac{1}{10}\sum_{i=1}^{10} x_i = 20.25;$$

样本方差

$$s^2 = \frac{1}{9}\sum_{i=1}^{10}(x_i - \overline{x})^2 = 1.165;$$

样本二阶中心矩

$$B_2 = \frac{1}{10}\sum_{i=1}^{10}(x_i - \overline{x})^2 = 1.0485.$$

例 3 设总体 X 服从二项分布 $B\left(10, \dfrac{3}{100}\right)$, $X_1, X_2, \cdots, X_n$ 为来自该总体的一个样本,

$$\overline{X} = \frac{1}{n}\sum_{i=1}^{n} X_i, \quad B_2 = \frac{1}{n}\sum_{i=1}^{n}(X_i - \overline{X})^2$$

分别表示样本均值和样本二阶中心矩,试求 $E(\overline{X}), D(\overline{X}), E(B_2)$.

解 总体 $X \sim B\left(10, \dfrac{3}{100}\right)$,

$$E(X) = 10 \times \frac{3}{100} = \frac{3}{10}, \quad D(X) = 10 \times \frac{3}{100} \times \frac{97}{100} = \frac{291}{1000},$$

$$E(\overline{X}) = E\left(\frac{1}{n}\sum_{i=1}^{n} X_i\right) = \frac{1}{n}\sum_{i=1}^{n} E(X_i) = E(X) = \frac{3}{10},$$

$$D(\overline{X}) = D\left(\frac{1}{n}\sum_{i=1}^{n} X_i\right) = \frac{1}{n^2}\sum_{i=1}^{n} D(X_i) = \frac{1}{n}D(X) = \frac{291}{1000n},$$

$$\begin{aligned}
E(B_2) &= E\left[\frac{1}{n}\sum_{i=1}^{n}(X_i - \overline{X})^2\right] = \frac{1}{n}E\left[\sum_{i=1}^{n} X_i^2 - n\overline{X}^2\right] \\
&= \frac{1}{n}\left[\sum_{i=1}^{n} E(X_i^2) - nE(\overline{X}^2)\right] \\
&= \frac{1}{n}\left[\sum_{i=1}^{n}(D(X_i) + (E(X_i))^2) - n(D(\overline{X}) + (E(\overline{X}))^2)\right] \\
&= \frac{n-1}{n}D(X) = \frac{291(n-1)}{1000n}.
\end{aligned}$$

6.3 抽样分布

数理统计
的三大分布

统计量的分布又称为**抽样分布**.

下面几个抽样分布都是对于正态总体而言的.由于正态总体是最常见的总体,所以它们显得特别重要.

6.3.1 χ^2 分布

定义 6.3.1 设 $X_1, X_2, \cdots, X_n$ 为来自标准正态总体 $N(0,1)$ 的样本,则称统计量

$$\chi^2 = X_1^2 + X_2^2 + \cdots + X_n^2 \tag{6.3.1}$$

服从自由度为 n 的 **χ^2 分布**,记作 $\chi^2 \sim \chi^2(n)$.

$\chi^2(n)$ 分布的概率密度函数为

$$\chi^2(x, n) = \begin{cases} \dfrac{1}{2^{\frac{n}{2}}\Gamma\left(\dfrac{n}{2}\right)} x^{\frac{n}{2}-1} e^{-\frac{x}{2}}, & x > 0, \\ 0, & x \leqslant 0, \end{cases}$$

其中伽马函数 $\Gamma(\alpha)$ 定义为

$$\Gamma(\alpha) = \int_0^{+\infty} x^{\alpha-1} e^{-x} dx, \quad \alpha > 0.$$

$\chi^2(n)$ 分布密度函数的图像见图 6-1,它随自由度 n 不同有所改变.

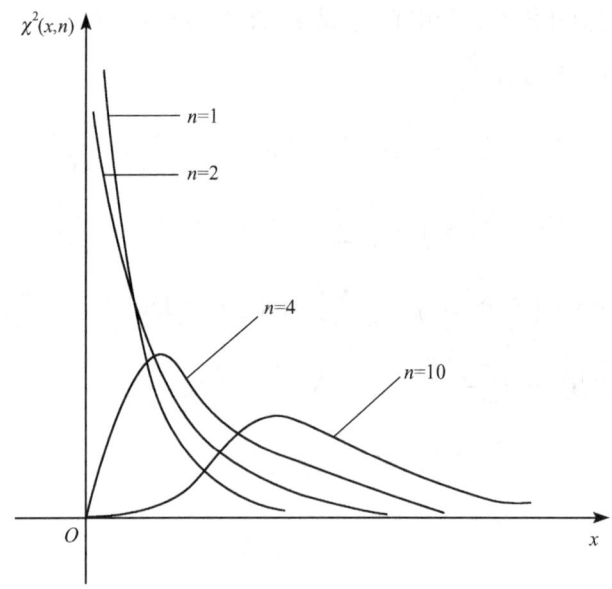

图 6-1 χ^2 分布密度曲线

由 χ^2 分布的定义,不难得到以下性质.

定理 6.3.1 1° 设 $\chi^2 \sim \chi^2(n)$,则 $E(\chi^2)=n, D(\chi^2)=2n$;

2° $\chi_1^2 \sim \chi^2(n_1), \chi_2^2 \sim \chi^2(n_2)$,且它们相互独立,则 $\chi_1^2+\chi_2^2 \sim \chi^2(n_1+n_2)$;

3° $(X_1, X_2, \cdots, X_n)$ 为来自正态总体 $N(\mu, \sigma^2)$ 的样本,μ, σ^2 是已知常数,则

$$\chi^2 = \frac{1}{\sigma^2} \sum_{i=1}^{n} (X_i - \mu)^2 \sim \chi^2(n).$$

下面介绍分布的上侧 α 分位数的概念,在后面将会经常用到.

定义 6.3.2 设随机变量 X 的密度函数为 $f(x)$,对给定的 $\alpha(0<\alpha<1)$,称满足条件

$$P(X > x_\alpha) = \int_{x_\alpha}^{+\infty} f(x) \mathrm{d}x = \alpha$$

的实数 x_α 为 X 的**上侧 α 分位数**.

例如,随机变量 $\chi^2 \sim \chi^2(n)$,则称满足 $P(\chi^2 > \chi_\alpha^2(n)) = \alpha$ 的点 $\chi_\alpha^2(n)$ 为 $\chi^2(n)$ 分布的上侧 α 分位数,见图 6-2. χ^2 分布的上侧 α 分位数已制成表格(见附表 3),如 $\alpha=0.01, n=10$,则查表可得 $\chi_{0.01}^2(10)=23.209$,又如 $\alpha=0.005, n=6$,则 $\chi_{0.005}^2(6)=18.548$.

若随机变量 $X \sim N(0,1)$,则它的上侧 α 分位数常用 u_α 来表示. 由 $P(X>u_\alpha)=\alpha$ 可知,$u_{0.025}=1.96$,见图 6-3. 通过反查标准正态分布表(见附表 2)即可得到.

这是因为 $P(X\leqslant u_\alpha)=1-\alpha$，所以 $P(X\leqslant 1.96)=0.975=1-0.025$.

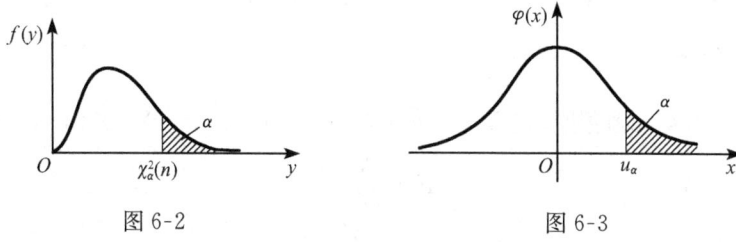

图 6-2   图 6-3

6.3.2 t 分布

定义 6.3.3 设随机变量 X 与 Y 相互独立,且 $X\sim N(0,1),Y\sim \chi^2(n)$,则称统计量

$$T=\frac{X}{\sqrt{Y/n}} \qquad (6.3.2)$$

服从自由度为 n 的 **t 分布**,记作 $T\sim t(n)$.

$t(n)$ 分布的概率密度函数为

$$t(x,n)=\frac{\Gamma\left(\frac{n+1}{2}\right)}{\Gamma\left(\frac{n}{2}\right)\sqrt{n\pi}}\left(1+\frac{x^2}{n}\right)^{-\frac{n+1}{2}}.$$

$t(x,n)$ 是偶函数,因此,当 $n\geqslant 2$ 时,$E(T)=0$.

t 分布的密度函数的图像见图 6-4,它随着自由度 n 的不同而有所改变. 利用 Γ 函数的性质可以证明,当 $n\to\infty$ 时,$t(x,n)$ 趋向于 $N(0,1)$ 的密度函数 $\varphi(x)$,即

$$\lim_{n\to\infty}t(x,n)=\frac{1}{\sqrt{2\pi}}\mathrm{e}^{-\frac{x^2}{2}},\quad -\infty<x<\infty.$$

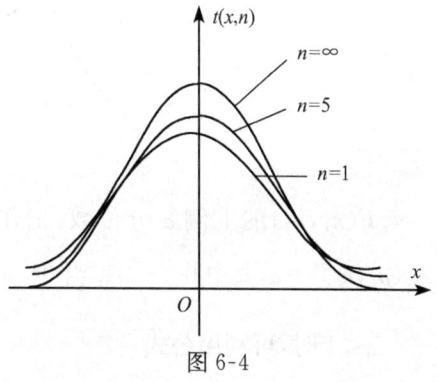

图 6-4

$t(n)$ 分布的上侧 α 分位数记为 $t_\alpha(n)$,即当 $T\sim t(n)$ 时,$P(T>t_\alpha(n))=\alpha$,其中 $0<\alpha<1$,当 $0<\alpha<\frac{1}{2}$ 时,可由附表 4 查得 $t_\alpha(n)$ 的值,当 $\frac{1}{2}<\alpha<1$ 时,可以利用公式

$$t_\alpha(n)=-t_{1-\alpha}(n) \qquad (6.3.3)$$

得到 $t_\alpha(n)$ 的值. 这是因为 $t(-x,n)=t(x,n)$.

例如

$$t_{0.01}(25)=2.4851,$$
$$t_{0.95}(13)=-t_{0.05}(13)=-1.7709.$$

当 $n>45$ 时,$t_\alpha(n)=u_\alpha$,其中 u_α 是 $N(0,1)$ 的上侧 α 分位数,即当 $P(X>u_\alpha)=\alpha$,$X\sim N(0,1)$,u_α 可通过 $\Phi(u_\alpha)=1-\alpha$ 的值反查附表 2 得到.

6.3.3　F 分布

定义 6.3.4　设随机变量 X 与 Y 相互独立,且 $X\sim\chi^2(n_1)$,$Y\sim\chi^2(n_2)$,则称统计量

$$F=\frac{X/n_1}{Y/n_2} \tag{6.3.4}$$

服从自由度为 (n_1,n_2) 的 F 分布,记作 $F\sim F(n_1,n_2)$.

$F(n_1,n_2)$ 分布的概率函数为

$$f(x;n_1,n_2)=\begin{cases}\dfrac{\Gamma\left(\dfrac{n_1+n_2}{2}\right)}{\Gamma\left(\dfrac{n_1}{2}\right)\Gamma\left(\dfrac{n_2}{2}\right)}\dfrac{n_1}{n_2}\left(\dfrac{n_1}{n_2}x\right)^{\frac{n_1}{2}-1}\left(1+\dfrac{n_1}{n_2}x\right)^{-\frac{n_1+n_2}{2}}, & x>0,\\ 0, & x\leqslant 0.\end{cases}$$

图 6-5 给出了几条 F 分布的密度曲线.

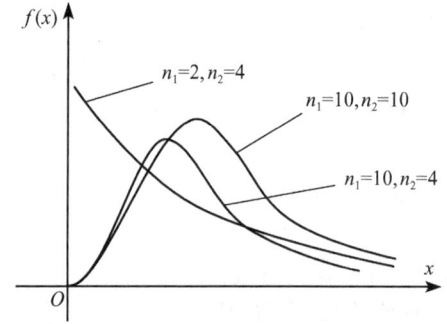

图 6-5

$F(n_1,n_2)$ 的上侧 α 分位数,记作 $F_\alpha(n_1,n_2)$,即当 $F\sim F(n_1,n_2)$ 时,$P(F>F_\alpha(n_1,n_2))=\alpha$,其中 $0<\alpha<1$.当 $0<\alpha<\dfrac{1}{2}$ 时,可由附表 5 查得 $F_\alpha(n_1,n_2)$ 的值;当 $\dfrac{1}{2}<\alpha<1$ 时,可利用公式

$$F_\alpha(n_1,n_2)=\frac{1}{F_{1-\alpha}(n_2,n_1)} \tag{6.3.5}$$

得到 $F_\alpha(n_1,n_2)$ 的值,这是因为,当 $F\sim F(n_1,n_2)$ 时,由定义 6.3.4,知 $\dfrac{1}{F}\sim F(n_2,n_1)$,

$$P\left(F>\frac{1}{F_{1-\alpha}(n_2,n_1)}\right)=P\left(\frac{1}{F}<F_{1-\alpha}(n_2,n_1)\right)$$

$$= 1 - P\left(\frac{1}{F} > F_{1-\alpha}(n_2, n_1)\right) = 1 - (1-\alpha) = \alpha,$$

这里用到 $F_{1-\alpha}(n_2, n_1)$ 是 $\frac{1}{F}$ 的上侧 $(1-\alpha)$ 分位数.

例如

$$F_{0.05}(12, 3) = 8.74,$$
$$F_{0.90}(4, 10) = \frac{1}{F_{0.10}(10, 4)} = \frac{1}{3.92} = 0.255.$$

正态总体下统计量分布的重要结果

6.3.4 正态总体下统计量分布的几个重要结果

定理 6.3.2 设 $X_1, X_2, \cdots, X_n$ 是取自正态总体 $N(\mu, \sigma^2)$ 的一个样本, $\overline{X}$ 与 S^2 为样本的样本均值与样本方差, 则

$1°$ $\overline{X} \sim N\left(\mu, \dfrac{\sigma^2}{n}\right)$; (6.3.6)

$2°$ $\overline{X}$ 与 S^2 相互独立; (6.3.7)

$3°$ $\dfrac{(n-1)S^2}{\sigma^2} = \dfrac{1}{\sigma^2}\sum\limits_{i=1}^{n}(X_i - \overline{X})^2 \sim \chi^2(n-1)$. (6.3.8)

证明略.

推论 6.3.1 设 $X_1, X_2, \cdots, X_n$ 是来自正态总体 $N(\mu, \sigma^2)$ 的一个样本, 则

$$T = \sqrt{n}\,\frac{\overline{X} - \mu}{S} \sim t(n-1). \tag{6.3.9}$$

证明 因为

$$\sqrt{n}\,\frac{\overline{X} - \mu}{S} = \frac{\sqrt{n}\,\dfrac{\overline{X} - \mu}{\sigma}}{\sqrt{\dfrac{(n-1)S^2}{\sigma^2}\Big/(n-1)}},$$

上式右端的分子服从 $N(0,1)$, 分母中 $\dfrac{(n-1)S^2}{\sigma^2} \sim \chi^2(n-1)$, 由定理 6.3.1 知二者独立, 所以, 由 t 分布定义便知结论成立.

定理 6.3.3 设 $X_1, X_2, \cdots, X_{n_1}$ 和 $Y_1, Y_2, \cdots, Y_{n_2}$ 分别是来自正态总体 $N(\mu_1, \sigma_1^2)$ 和 $N(\mu_2, \sigma_2^2)$ 的两个样本, 且它们相互独立, 则

$1°$ $\dfrac{(\overline{X} - \overline{Y}) - (\mu_1 - \mu_2)}{\sqrt{\dfrac{\sigma_1^2}{n_1} + \dfrac{\sigma_2^2}{n_2}}} \sim N(0, 1);$ (6.3.10)

$2°$ $\dfrac{\sum\limits_{i=1}^{n_1}(X_i - \mu_1)^2 / n_1 \sigma_1^2}{\sum\limits_{i=1}^{n_2}(Y_i - \mu_2)^2 / n_2 \sigma_2^2} \sim F(n_1, n_2);$ (6.3.11)

$3°\ \dfrac{S_1^2/\sigma_1^2}{S_2^2/\sigma_2^2} \sim F(n_1-1, n_2-1);$ \hfill (6.3.12)

$4°$ 当 $\sigma_1^2 = \sigma_2^2 = \sigma^2$ 时, \hfill (6.3.13)

$$\frac{(\overline{X} - \overline{Y}) - (\mu_1 - \mu_2)}{S_w\sqrt{\dfrac{1}{n_1} + \dfrac{1}{n_2}}} \sim t(n_1 + n_2 - 2),$$

其中

$$\overline{X} = \frac{1}{n_1}\sum_{i=1}^{n_1} X_i, \quad \overline{Y} = \frac{1}{n_2}\sum_{i=1}^{n_2} Y_i,$$

$$S_1^2 = \frac{1}{n_1-1}\sum_{i=1}^{n_1}(X_i - \overline{X})^2, \quad S_2^2 = \frac{1}{n_2-1}\sum_{i=1}^{n_2}(Y_i - \overline{Y})^2,$$

$$S_w^2 = \frac{1}{n_1+n_2-2}\left[\sum_{i=1}^{n_1}(X_i - \overline{X})^2 + \sum_{i=1}^{n_2}(Y_i - \overline{Y})^2\right], \quad S_w = \sqrt{S_w^2}.$$

证明留给读者.

以上结论在后面将经常用到,必须记住. 另外,对其他总体,虽然很难求得其精确的抽样分布,但我们可以利用中心极限定理等理论得到当 n 较大时的近似分布,这就是统计问题中的大样本问题,在此不加以讨论.

例 1 设 X_1, X_2, X_3, X_4 是来自正态总体 $X \sim N(\mu, \sigma^2)$ 的样本,试求随机变量

$$Y = (X_3 - X_4)\Big/\sqrt{\sum_{i=1}^{2}(X_i - \mu)^2}$$

服从什么分布?

解 由已知可得 $X_3 - X_4 \sim N(0, 2\sigma^2)$,所以 $\dfrac{X_3 - X_4}{\sqrt{2}\sigma} \sim N(0,1)$,因 $\dfrac{X_i - \mu}{\sigma} \sim N(0,1)(i=1,2)$,故

$$\sum_{i=1}^{2}(X_i - \mu)^2/\sigma^2 \sim \chi^2(2),$$

于是

$$Y = \frac{X_3 - X_4}{\sqrt{2}\sigma}\Bigg/\sqrt{\frac{\sum_{i=1}^{2}(X_i - \mu)^2}{2\sigma^2}}$$

$$= (X_3 - X_4)\Big/\sqrt{\sum_{i=1}^{2}(X_i - \mu)^2} \sim t(2).$$

例 2 设总体 $X \sim N(0, 2^2)$,而 $X_1, X_2, \cdots, X_{15}$ 是来自总体 X 的简单随机样本,试求随机变量

$$Y = \frac{X_1^2 + \cdots + X_{10}^2}{2(X_{11}^2 + \cdots + X_{15}^2)}$$

服从什么分布,并写出其参数.

解 由于 $X_i \sim N(0,2^2)(i=1,2,\cdots,15)$,且相互独立,$\frac{X_i}{2} \sim N(0,1)$,而 X_i^2 之间也相互独立,分子 $\sum\limits_{i=1}^{10} X_i^2 = 4\sum\limits_{i=1}^{10} \left(\frac{X_i}{2}\right)^2$,而 $\sum\limits_{i=1}^{10} \left(\frac{X_i}{2}\right)^2 \sim \chi^2(10)$;分母 $\sum\limits_{i=11}^{15} X_i^2 = 4\sum\limits_{i=11}^{15} \left(\frac{X_i}{2}\right)^2$,而 $\sum\limits_{i=11}^{15} \left(\frac{X_i}{2}\right)^2 \sim \chi^2(5)$,即 $\frac{1}{4} \sum\limits_{i=1}^{10} X_i^2 \sim \chi^2(10), \frac{1}{4} \sum\limits_{i=11}^{15} X_i^2 \sim \chi^2(5)$.

根据 F 分布的结构特点,有

$$\frac{\frac{1}{4}\sum\limits_{i=1}^{10} X_i^2}{10} \bigg/ \frac{\frac{1}{4}\sum\limits_{i=11}^{15} X_i^2}{5} = \frac{\sum\limits_{i=1}^{10} X_i^2}{2\sum\limits_{i=11}^{15} X_i^2} \sim F(10,5),$$

即

$$Y \sim F(10,5).$$

例3 证明:若随机变量 $X \sim t(n)(n>1), Y = \frac{1}{X^2}$,则 $Y \sim F(n,1)$.

证明 已知 $X \sim t(n)(n>1)$,由 t 分布的构成模式,设随机变量 $U \sim N(0,1), V \sim \chi^2(n)$,且 U 与 V 相互独立,则有

$$X = \frac{U}{\sqrt{\frac{V}{n}}} \sim t(n),$$

而

$$X^2 = \frac{U^2}{\frac{V}{n}},$$

于是

$$Y = \frac{1}{X^2} = \frac{\frac{V}{n}}{U^2},$$

其中 $U^2 \sim \chi^2(1)$,且 U^2 与 V 仍是相互独立的,则根据 F 分布的构成模式可知,变量 Y 应服从参数为 $(n,1)$ 的 F 分布.

例4 已知总体 $X \sim N(21,2^2), X_1, X_2, \cdots, X_{25}$ 为一个样本,样本均值 $\overline{X} = \frac{1}{n}\sum\limits_{i=1}^{n} X_i$,求 $P(|\overline{X}-21| \leqslant 0.24)$.

解 因为总体 $X \sim N(21,2^2)$,根据正态总体统计量分布的重要结果可得

$$\overline{X} \sim N\left(21, \frac{2^2}{25}\right), \quad \frac{\overline{X}-21}{0.4} \sim N(0,1),$$

所以

$$P(|\overline{X}-21|\leqslant 0.24)=P\left(\frac{|\overline{X}-21|}{0.4}\leqslant 0.6\right)$$
$$=P\left(-0.6\leqslant\frac{\overline{X}-21}{0.4}\leqslant 0.6\right)$$
$$=\Phi(0.6)-\Phi(-0.6)=2\Phi(0.6)-1,$$

又因为
$$\Phi(0.6)=0.7257,$$

所以有
$$P(|\overline{X}-21|\leqslant 0.24)=0.4514.$$

*6.4 随机模拟

现实世界充满不确定性,我们所研究的现实对象往往难以摆脱随机因素的影响,概率统计是用数学的思想与方法处理与研究随机现象的一个有效的工具. 在用传统的方法难以解决的问题中,有很大部分可用概率统计模型进行描述,而这类模型难以用解析方法作定量分析,在这种情况下,可采用模拟的方法来分析解决问题. 模拟是研究复杂系统中随机性现象的一个重要途径,本节将介绍模拟的基本知识以及如何利用随机模拟方法研究概率统计模型.

6.4.1 模拟

模拟是一种功能强大且使用广泛的技术,一些涉及随机现象的实际问题无法用解析的方法求解,在这种情况下,模拟通常是可供使用的建模和分析的唯一替代形式. 所谓模拟,又称为仿真,就是在随机现象中产生一系列满足分布假设的随机数,再利用现象内在的规律讨论相关问题.

模拟是模仿随时间演进的现实世界系统运行的一种技术. 模拟模型分为静态模拟模型和动态模拟模型. 静态模拟模型表现处于某个时间点的系统;动态模拟模型表现随时间而演进的系统. 模拟可以是确定性的或随机的. 确定性模拟不包含随机变量,随机模拟包含一个或多个随机变量. 可用离散型或连续型模型来表示模拟. 离散模拟指状态变量只在离散的时间变化的模拟,连续模拟指状态变量随时间连续变化的模拟.

一般来说,模拟的过程包含以下几步:

1° 分析问题,收集资料. 需要搞清楚问题要达到的目标,根据问题的性质收集有关随机性因素的资料. 这里用得较多的知识主要来自概率统计领域. 在这个阶段,还应当估计一下待建立的模拟系统的规模和条件,说明哪些是可以控制的变量、哪些是不可控制的变量.

2° 建立模拟模型,编制模拟程序. 按照一般的建模方法,对问题进行适当假设. 模拟模型不需要将被模拟系统的每个细节全部考虑. 如果一个"粗糙"的模拟模型已经比较符合实际系统的情况,则没有必要建立复杂的模型.若开始建立的模型比较简单,且与实际系统差距较大,则可在简单模型基础上逐步加入原先没有考虑的因素,直到模型达到预定要求.编写模拟程序之前,要先画出程序框图或写出算法步骤,并选择合适的计算机语言,编写模拟程序.

$3°$ 运行模拟程序,计算结果.为了减小模拟结果的随机性偏差,一般要多次运行模拟程序,并可增加模拟模型的时段次数.

$4°$ 分析模拟结果,并检验.模拟结果一般说来反映的是统计特性,结果的合理性、有效性,都需要结合实际的系统来分析、检验,以便提出合理的对策、方案.

以上步骤是一个反复的过程,在时间和步骤上是彼此交错的.比如,模型的修改和改进,都需要重新编写和改动模拟程序.若模拟结果不合理,则要检查模型,并修改模拟程序.

对随机现象的模拟实质上是要给出随机变量的模拟,也就是说利用计算机随机地产生一系列数值,它们的出现服从一定的概率分布,称这些数值为随机数.最常用的是$(0,1)$区间内的均匀分布的随机数,即得到的这组数值可以看作是$(0,1)$区间内均匀分布的随机变量的一组独立样本值.其他分布的随机数可利用均匀分布的随机数产生.

当需要一系列均匀分布的随机数时,可利用专门的随机数表查出,也可利用随机数发生器产生,但更常用的是按一定的算法用计算机产生的伪随机数.产生随机数的方法很多,其中以乘同余法使用较广.用以产生均匀分布随机数的乘同余法的递推公式为 $x_{n+1}=\lambda x_n(\bmod M), r_n=x_n/M$,其中 λ 为乘因子,M 为模数,前式右端称为 M 为模数的同余式,式子可理解为以 M 除 λx_n 后得到的余数为 x_{n+1},给定一个 x_0 后计算出的 $r_1,r_2,\cdots$,即为$(0,1)$区间内均匀分布的随机数.

对于离散型分布,还可利用某些分布自身特点得到其他的模拟方法.如二项分布是一类非常重要的分布,它的分布列为 $P(X=k)=C_n^k p^k(1-p)^{n-k}(k=0,1,2,\cdots,n)$.随机变量 X 是 n 次独立试验中事件 A 所发生的次数,p 为事件 A 发生的概率.根据这个特点我们可通过在计算机上模拟 n 重伯努利试验来产生二项分布的随机数,即首先产生 n 个随机数 $r_i(i=1,2,\cdots,n)$,统计其中使 $r_i<p$ 成立的个数,这就是所要求的随机数.

对于连续型分布,则使用几种算法(逆转方法和接受-排除法)之一生成随机数.逆转方法要求随机变量的分布函数以闭合形式存在,它包含下列步骤:

$1°$ 已知概率密度函数 $f(x)$,形成分布函数 $F(x)$,$F(x)=\int_{-\infty}^{x}f(t)\mathrm{d}t$;

$2°$ 生成随机数 r;

$3°$ 设 $F(x)=r$,求解 x,变量 x 是从其概率密度函数 $f(x)$ 给出的分布生成的随机数.

接受-排除法要求随机变量的概率密度函数限定于有限的区间,因此在区间 $[a,b]$ 内定义概率密度函数 $f(x)$,接受-排除法步骤如下:

1° 选择常数 M，使其成为 $[a,b]$ 区间上 $f(x)$ 的最大值.

2° 生成随机数 r_1 和 r_2.

3° 计算 $x^* = a + (b-a)r_1$.

4° 估计在 x^* 处的函数 $f(x^*)$.

5° 若 $r_2 \leqslant \dfrac{f(x^*)}{M}$，则将 x^* 作为以其概率密度函数为 $f(x^*)$ 的分布生成的随机变数提交；否则，排除 x^* 重新返回 2°.

利用这两种方法几乎可以从所有常用分布生成随机变量，不过正态分布是例外. 对正态分布有两种方法生成随机变量.

1° 坐标变换法. 直接把随机数 r_1 和 r_2 转换成标准正态分布的随机数 z_1 和 z_2，使用的变换公式为 $z_1 = (-2\ln r_1)^{\frac{1}{2}} \sin 2\pi r_2$，$z_2 = (-\ln r_1)^{\frac{1}{2}} \cos 2\pi r_2$.

2° 利用中心极限定理. 设 $X_i(i=1,2,\cdots,n)$ 为相互独立的 $(0,1)$ 上的均匀分布的随机变量，$E(X_i) = \dfrac{1}{2}$，$D(X_i) = \dfrac{1}{12}$. 由中心极限定理 $z = \dfrac{1}{\sqrt{n/12}} \left(\sum_{i=1}^{n} X_i - \dfrac{n}{2} \right)$ 近似服从标准正态分布. 因此我们取 n 个均匀随机数 r_i，则 $z = \dfrac{1}{\sqrt{n/12}} \left(\sum_{i=1}^{n} r_i - \dfrac{n}{2} \right)$ 可看作标准正态分布的随机数.

n 应足够大，一般 $n > 10$ 即可. 若取 $n = 12$，则 $z = \sum_{i=1}^{n} r_i - 6$，由 $y = \sigma x + \mu$ 即可得 $N(\mu, \sigma^2)$ 的随机数 y.

在离散事件模拟时，一般采用事件导向法. 此过程中，模拟随时间而演进，通过从概率分布生成随机变数来安排事件. 对于那些对分析方法来说过于复杂的系统，模拟提供了研究的灵活性，但模拟模型的构建和运行成本高且耗时，结果可能不精确且难验证. 总之模拟可以成为强大的工具但必须正确使用.

例 1 指数分布的概率密度函数为

$$f(x) = \begin{cases} \lambda e^{-\lambda x}, & x \geqslant 0, \lambda > 0, \\ 0, & \text{其他,} \end{cases}$$

使用逆转方法从指数分布生成观测值.

解 (1) 计算分布函数

$$F(x) = \begin{cases} 1 - e^{-\lambda x}, & x \geqslant 0, \\ 0, & x < 0. \end{cases}$$

(2) 生成随机数 r. 设 $F(x) = r$ 以求解 x. 可得 $1 - e^{-\lambda x} = r$，重新整理后得 $e^{-\lambda x} = 1 - r$，取对数 $-\lambda x = \ln(1-r)$，最后求得 $x = -\dfrac{1}{\lambda} \ln(1-r)$.

为简化计算，可用 r 代替 $1-r$（r 为随机数，$1-r$ 也是随机数）. 指数分布过程

生成的观测值为 $x=-\frac{1}{\lambda}\ln r$, 如 $r=\frac{1}{e}, x=\frac{1}{\lambda}; r=1, x=0$.

下面我们主要研究静态模拟模型,即蒙特卡罗方法及其应用.蒙特卡罗方法也称统计模拟方法或计算机统计试验方法,是 20 世纪 40 年代中期由于科学技术的发展和计算机的发明,而提出的一种以概率统计理论为指导的一类非常重要的数值计算方法.

6.4.2 概率统计模型的模拟

概率统计模型一般很难解析地解出,蒙特卡罗模拟是有效地解决这类问题的建模技术,也是对许多复杂的随机系统进行建模的方法.蒙特卡罗模拟是可以应用于任何概率统计模型的技术.用蒙特卡罗方法模拟某一过程时,需要产生各种概率分布的随机变量,用统计方法把模型的数字特征估计出来,从而得到实际问题的数值解.蒙特卡罗方法适应性强,对问题不一定要进行离散化,可连续处理.程序结构简单所需计算机存储单元比其他数值方法少,容易建立通用性很强的应用软件.

蒙特卡罗方法的基本思想是将各种随机事件的概率特征与数学分析的解联系起来,用试验的方法来确定事件的相应概率.蒙特卡罗方法解决实际问题,大体上有如下几个内容:

1° 对求解的问题建立简单而又便于实现的概率统计模型,使所求的解恰好是所建立模型的概率分布或数学期望;

2° 根据概率统计模型的特点和计算实践的需要,尽量改进模型,以便减小方差和降低费用,提高计算效率;

3° 建立对随机变量的抽样方法,包括建立产生随机数的方法和建立对所遇到的分布产生随机变量的随机抽样方法;

4° 给出获得所求解的统计估计值及其方差或标准误差的方法.

一个概率统计模型包含有若干随机变量,同时需要明确每一个随机变量的概率分布,蒙特卡罗模拟使用随机化设备按照它们的概率分布给出每个随机变量的值.因为模拟的结果依赖于随机因素,接连重复同样的模拟会产生不同的结果.一个蒙特卡罗模拟将被重复若干次以便于确定平均数或期望的结果.重复的模拟可以被看作是独立的随机试验.我们考虑仅有一个模拟参数 Y 被检验的情况,重复模拟的结果得到 $Y_1, Y_2, \cdots, Y_n$(可看作独立同布的随机变量).分布未知,由大数定律可知 $n \to \infty$ 时, $\frac{Y_1+Y_2+\cdots+Y_n}{n} \to E(Y)$, 令 $S_n = Y_1+Y_2+\cdots+Y_n$, 由中心极限定理知,当 n 足够大时, $(S_n-n\mu)/(\sigma\sqrt{n})$ 近似于标准正态分布,其中 $\mu=E(Y), \sigma^2=D(Y)$. 大多数情形下,当 $n \geqslant 10$ 时,正态近似得相当好.观测的均值与真实的均值之差为 $\frac{S_n}{n}-\mu=\frac{\sigma}{\sqrt{n}}\frac{S_n-n\mu}{\sigma\sqrt{n}}$, 能够期望观测均值趋于零的变化的速度

与 $\dfrac{1}{\sqrt{n}}$ 一样快.

使用蒙特卡罗模拟,必须要满足平均性质的相当粗放的估计. 实际的问题,有许多可能引起误差和建模问题中的变化的因素. 由蒙特卡罗模拟产生的额外变化并不很严重,应用灵敏性分析完全可以保证模拟结果的适当使用.

例2(排队模型的模拟) 某商店假设只有一个售货员,顾客陆续到来,售货员逐个地接待顾客,当到达的顾客较多时,一部分顾客需排队等待,被接待后的顾客便离开商店,假设顾客到达时间的间隔时间服从参数为0.1的指数分布;对顾客的服务时间服从$[4,15]$上的均匀分布;排队按先到先服务规则,对队长没有限制,假设时间以分钟(min)为单位,一个工作日为8小时(h).

(1) 试模拟一个工作日内完成服务的顾客数及顾客平均等待时间;

(2) 试模拟100个工作日平均每日内完成服务的顾客数及平均等待时间.

解 对问题(1),模拟过程框图如图6-6所示.

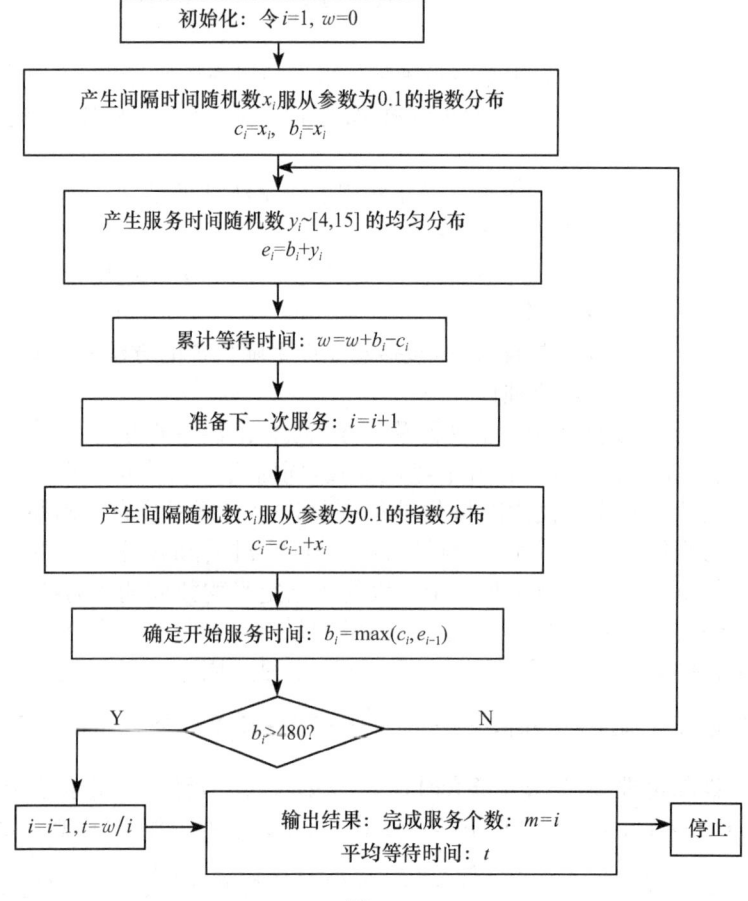

图 6-6

设 w 为总等待的时间;c_i 为第 i 个顾客到来的时刻;b_i 为第 i 个顾客开始服务时刻;e_i 为第 i 个顾客结束服务的时刻;x_i 为第 $i-1$ 个顾客与第 i 个顾客到达之间的时间间隔;y_i 为对第 i 个顾客的服务时间;m 为一个工作日完成服务的顾客数;t 为平均等待时间,则有 $c_i=c_{i-1}+x_i$,$e_i=b_i+y_i$,$b_i=\max(c_i,e_{i-1})$.

模拟 n 日内完成服务的顾客人数及顾客平均等待时间,用 MATLAB 编程 simu1.m (n=1;%模拟的天数)如下:

```
for  j=1:1:n;
    i=1;
    w=0;
  x(i)=exprnd(10);
  c(i)=x(i);
  b(i)=x(i)
while   b(i)<=480
    y(i)=unifrnd(4,15);
    e(i)=b(i)+y(i)
    w=w+b(i)-c(i);
    i=i+1;
    X(i)=exprnd(10)
  c(i)=c(i-1)+x(i)
  b(i)=max(c(i),e(i-1));
end
i=i-1;
t(j)=w/i
m(j)=i
end
```

运行 simu1.m 一次模拟的结果是:一个工作日内完成服务的顾客数为 $m=46$ 人,平均等待时间为 $t=22.0799$ min.

(2) 对问题 2 只需将程序 simu1.m 略作修改,用 MATLAB 编程 simu2.m (n=100;%模拟的天数)如下:

```
for  j=1:1:n
i=1;
w=0;
x(i)=exprnd(10);
```

```
        c(i)=x(i);
        b(i)=x(i)
        while  b(i)<=480
                y(i)=unifrnd(4,15);
                e(i)=b(i)+y(i)
                w=w+b(i)-c(i);
                i=i+1;
                X(i)=exprnd(10)
                c(i)=c(i-1)+x(i)
                b(i)=max(c(i),e(i-1));
        end
        i=i-1;
        t(j)=w/i
        m(j)=i
    end
    meant=mean(t)
    Stdt=std(t)
    meanm=mean(m)
    Stdm=std(m)
```

运行 simu2.m 一次模拟的结果是:100 个工作日内平均每日完成服务的顾客数为 43.81 人,平均等待时间为 23.0857.

注意:由于存在随机性,每次模拟结果可能都不一样.

习 题 6

A

1. 选择题

(1) 设总体 X, X_1, X_2, X_3, X_4 为简单随机样本,则以下不是统计量的是( ).

A. $\dfrac{X_1+2X_2+3X_3+4X_4}{10}$ B. $X_1^2+2X_2^2+X_3+2X_4$

C. $a(X_1-2X_2)^2+2(3X_3-4X_4)^2$ D. $X_1^2+X_2^2$ 服从 F 分布

(2) 设随机变量 $X \sim N(\mu,\sigma^2), Y \sim \chi^2(n), T=\dfrac{X-\mu}{\sqrt{Y}}\dfrac{\sqrt{n}}{\sigma}$,则下列结论正确的是( ).

A. $T \sim t(n-1)$ B. $T \sim t(n)$ C. $T \sim N(0,1)$ D. $T \sim F(1,n)$

(3) 设总体 $X \sim N(0,\sigma^2)$, $\bar{X}$ 和 S 分别是样本均值与样本标准差,则服从 $t(n-1)$ 的随机变量是( ).

A. $\dfrac{\sqrt{n}\bar{X}}{S}$ B. $\dfrac{\sqrt{n-1}\bar{X}}{S}$ C. $\dfrac{\sqrt{n}\bar{X}}{S^2}$ D. $\dfrac{\sqrt{n-1}\bar{X}}{S^2}$

(4) 设样本 $(X_1, X_2, \cdots, X_n)$ 来自总体 $X \sim N(0,1)$，$\bar{X}$ 与 S 分别是样本均值与样本标准差，则有（　　）.

A. $\bar{X} \sim N(0,1)$
B. $n\bar{X} \sim N(0,1)$
C. $\sum_{i=1}^{n} X_i^2 \sim \chi^2(n)$
D. $\dfrac{\bar{X}}{S} \sim t(n-1)$

(5) 设随机变量总体 X 和 Y 都服从标准正态分布，则下列说法正确的是（　　）.

A. $X+Y$ 服从正态分布
B. X^2+Y^2 服从 χ^2 分布
C. X^2 和 Y^2 都服从 χ^2 分布
D. X^2/Y^2 服从 F 分布

2. 填空题

(1) 设 $(X_1, X_2, \cdots, X_n)$ 是取自总体 X 的一个样本，$X \sim E(\lambda)$，样本均值为 $\bar{X}$，样本方差为 S^2，则 $E(\bar{X}) = $ _____，$D(\bar{X}) = $ _____，$E(S^2) = $ _____.

(2) 设 $(X_1, X_2, \cdots, X_{16})$ 为来自总体 $X \sim N(0,1)$ 的一个样本，设随机变量

$$Y = \left(\sum_{i=1}^{4} X_i\right)^2 + \left(\sum_{i=5}^{8} X_i\right)^2 + \left(\sum_{i=9}^{12} X_i\right)^2 + \left(\sum_{i=13}^{16} X_i\right)^2,$$

若 $aY \sim \chi^2(4)$，则 $a = $ _____.

(3) 设随机变量 $X \sim N(0,1)$，$\mu_{\frac{\alpha}{2}}$ 是其上侧 $\dfrac{\alpha}{2}$ 分位数，则 $P(|X| > \mu_{\frac{\alpha}{2}}) = $ _____.

(4) 假设随机变量 $X \sim N(\mu, \sigma^2)$，$X_1, X_2, \cdots, X_{20}$ 是来自 X 的一个样本，令 $Y = 3\sum_{i=1}^{10} X_i - 4\sum_{i=11}^{20} X_i$，则 Y 服从分布 _____.

3. 从某班级的英语考试成绩中随机抽取 10 名同学的成绩（单位：分）分别为 100, 85, 70, 65, 90, 95, 63, 50, 77, 86，求样本均值、样本方差和二阶原点矩.

4. 某公司生产瓶装洗发水，规定每瓶装 500mL，但在实际灌装的过程中，总会出现一定的误差，误差要求控制在一定范围内. 假定灌装量的方差为 $\sigma^2 = 1$，如果每箱装 25 瓶这样的洗发水，问：25 瓶洗发水的平均灌装量和标准值 500mL 相差不超过 0.3mL 的概率是多少？

5. 已知总体 $X \sim N(150, 25^2)$，样本容量 $n = 25$，试求 $P\{140 < \bar{X} < 147.5\}$.

6. 某种零件质量服从 $X \sim N(9.6, 0.3^2)$，今从中任取 12 个零件抽检，求下列事件的概率：

求：(1) 12 个零件的平均质量大于 9.4；

(2) 12 个零件的样本方差大于 0.4^2.

7. 已知总体 $X \sim N(20, 3)$，从中抽取两个样本 $X_1, X_2, \cdots, X_{10}$ 和 $Y_1, Y_2, \cdots, Y_{15}$，求概率 $P\{|\bar{X} - \bar{Y}| > 0.3\}$.

B

1. 选择题

(1) 设 $X \sim N(0,1)$，对给定的 $\alpha(0 < \alpha < 1)$ 有 $P(X > \mu_\alpha) = \alpha$，若 $P(|X| < x) = \alpha$ 则 x 为（　　）.

A. $\mu_{\frac{1-\alpha}{2}}$
B. $\mu_{\frac{\alpha}{2}}$
C. $\mu_{1-\alpha}$
D. $\mu_{1-\frac{\alpha}{2}}$

(2) 设 $X_1, X_2, \cdots, X_n$ 是来自正态总体 $X \sim N(\mu, \sigma^2)$ 的简单随机样本，$\bar{X}$ 是样本均值，记

$$S_1^2 = \frac{1}{n-1} \sum_{i=1}^{n} (X_i - \bar{X})^2, \quad S_2^2 = \frac{1}{n} \sum_{i=1}^{n_2} (X_i - \bar{X})^2,$$

$$S_3^2 = \frac{1}{n-1} \sum_{i=1}^{n} (X_i - \mu)^2, \quad S_4^2 = \frac{1}{n} \sum_{i=1}^{n_2} (X_i - \mu)^2,$$

则服从自由度为 $n-1$ 的 t 分布的随机变量是（　　）.

A. $T = \dfrac{\bar{X} - \mu}{S_1 / \sqrt{n-1}}$ 　　B. $T = \dfrac{\bar{X} - \mu}{S_2 / \sqrt{n-1}}$

C. $T = \dfrac{\bar{X} - \mu}{S_3 / \sqrt{n}}$ 　　D. $T = \dfrac{\bar{X} - \mu}{S_4 / \sqrt{n}}$

(3) 设 $X_1, X_2, \cdots, X_n (n \geqslant 2)$ 是来自正态总体 $X \sim N(\mu, 1)$ 的简单随机样本，$\bar{X} = \frac{1}{n} \sum_{i=1}^{n} X_i$，则下列结论中不正确的是（　　）.

A. $\sum_{i=1}^{n} (X_i - \mu)^2$ 服从 χ^2 分布　　B. $2(X_n - X_1)^2$ 服从 χ^2 分布

C. $\sum_{i=1}^{n} (X_i - \bar{X})^2$ 服从 χ^2 分布　　D. $n(\bar{X} - \mu)^2$ 服从 χ^2 分布

(4) 设 $X_1, X_2, \cdots, X_n$ 是来自总体 $N(\mu_1, \sigma^2)$ 的简单随机样本，$Y_1, Y_2, \cdots, Y_m$ 是来自总体 $N(\mu_2, 2\sigma^2)$ 的简单随机样本，两样本独立，$\bar{X} = \frac{1}{n} \sum_{i=1}^{n} X_i$，$\bar{Y} = \frac{1}{m} \sum_{i=1}^{m} Y_i$，

$$S_1^2 = \frac{1}{n-1} \sum_{i=1}^{n} (X_i - \bar{X})^2, \quad S_2^2 = \frac{1}{m-1} \sum_{i=1}^{m} (Y_i - \bar{Y})^2,$$

则（　　）.

A. $\dfrac{S_1^2}{S_2^2} \sim F(n, m)$ 　　B. $\dfrac{S_1^2}{S_2^2} \sim F(n-1, m-1)$

C. $\dfrac{2 S_1^2}{S_2^2} \sim F(n, m)$ 　　D. $\dfrac{2 S_1^2}{S_2^2} \sim F(n-1, m-1)$

2. 填空题

(1) 设总体 $X \sim N(\mu, \sigma^2)$，$X_1, X_2, \cdots, X_n$ 是来自 X 的一个简单随机样本，$\bar{X} = \sum_{i=1}^{n} X_i$，则 $E \sum_{i=1}^{n} (X_i - \bar{X})^2 = $ _____.

(2) 设总体 $X \sim N(\mu, \sigma^2)$，为至少要以 95% 的概率保证 $|\bar{X} - \mu| < 0.1\sigma$，样本容量 n 满足 _____.

(3) 设 $X_1, X_2, \cdots, X_n (n \geqslant 2)$ 是来自正态总体 $X \sim N(\mu, 4)$ 的简单随机样本，$\bar{X} = \frac{1}{n} \sum_{i=1}^{n} X_i$ 为样本均值，则当 $n \geqslant$ _____ 时，有 $E(\bar{X} - \mu)^2 \leqslant 0.1$.

(4) 设 $X_1, X_2, \cdots, X_{17}$ 是来自正态总体 $X \sim N(\mu, 4)$ 的简单随机样本, $S^2 = \dfrac{1}{16} \sum\limits_{i=1}^{17} (X_i - \bar{X})^2$ 为样本方差, 若 $P(S^2 > a) = 0.01$, 则 $a =$ _____.

3. 如果总体 X 有有限的数学期望 $E(X) = \mu$, 方差 $D(X) = \sigma^2$, $X_1, X_2, \cdots, X_n$ 是来自 X 的一个样本, $\bar{X}$ 与 S^2 分别是样本均值和样本方差, 证明:

(1) $E(\bar{X}) = \mu$; (2) $D(\bar{X}) = \dfrac{\sigma^2}{n}$; (3) $E(S^2) = \sigma^2$.

4. 已知总体 $X \sim N(60, 12^2)$, 从总体中抽取容量为 n 的一个样本, 问样本容量至少为多少时, 才能使样本均值大于 54 的概率不小于 0.975?

5. 从总体 $N(\mu, \sigma^2)$ 中随机抽取一个容量为 10 的样本, 假定有 2‰ 的样本均值与总体均值之差的绝对值在 4 以上, 求总体的标准差.

6. 在总体 $N(\mu, \sigma^2)$ 中随机抽取一个容量为 16 的样本, 这里 μ, σ^2 均为未知. 求:

(1) $P\left\{ \dfrac{S^2}{\sigma^2} \leqslant 2.041 \right\}$, 其中 S^2 为样本方差;

(2) $D(S^2)$.

戈塞特

第 6 章测试题

第7章 参数估计

在实际问题中,当所研究的总体分布类型已知,但分布中含有一个或多个未知参数时,如何根据样本来估计未知参数,就是参数估计问题. 参数估计问题分为点估计问题与区间估计问题两类. 所谓点估计就是用某一个函数值作为总体未知参数的估计值;区间估计就是对于未知参数给出一个范围,并且在一定的可靠度下使这个范围包含未知参数的真值. 参数估计问题的一般提法为:设有一个总体 X,总体的分布函数为 $F(x;\theta)$,其中 θ 为未知参数(θ 可以是向量). 现从该总体中随机地抽样,得到一个样本 $X_1,X_2,\cdots,X_n$,再依据该样本对参数 θ 作出估计,或估计参数 θ 的某已知函数 $g(\theta)$.

7.1 点估计方法

设总体 X 的分布函数为 $F(x;\theta)$,其中 θ 为未知参数,$(X_1,X_2,\cdots,X_n)$ 是它的一个样本,由样本构造统计量 $T(X_1,X_2,\cdots,X_n)$ 作为参数 θ 的估计,则称统计量 $T(X_1,X_2,\cdots,X_n)$ 为 θ 的点估计量,简称为**点估计**,记为
$$\hat{\theta} = T(X_1,X_2,\cdots,X_n).$$

若 $(x_1,x_2,\cdots,x_n)$ 是样本的一个观察值,代入统计量 T 中,得到一个确定的值 $T(x_1,x_2,\cdots,x_n)$,称为参数 θ 的估计值.

如果总体的未知参数有 k 个,即 $\theta=(\theta_1,\theta_2,\cdots,\theta_k)$,就要构造出 k 个不同的统计量 $T_i(X_1,X_2,\cdots,X_n)(i=1,2,\cdots,k)$,分别作为 θ_i 的点估计量,即
$$\hat{\theta}_i = T_i(X_1,X_2,\cdots,X_n), \quad i=1,2,\cdots,k.$$

现介绍点估计的两种常用方法——矩估计法和最大似然估计法.

7.1.1 矩估计法

矩估计法

矩估计法是19世纪英国统计学家皮尔逊最早提出的. 基本思想是用相应的样本矩去估计总体矩. 这是一种古老的方法,是基于简单的替换思想建立起来的一种估计方法. 这里的替换是指:

1° 用样本矩去替换总体矩,可以是原点矩,也可以是中心矩;

2° 用样本矩的函数去替换相应的总体矩的函数.

根据这个替换原则,在总体分布形式未知时,也可以对各种参数进行估计. 比

如,总体均值 $E(X)$ 可以用样本均值 $\overline{X}$ 来估计,即 $\hat{E}(X)=\overline{X}$;总体方差 $D(X)$ 可以用样本二阶中心矩 B_2 来估计,即 $\hat{D}(X)=B_2$.

同时,大数定律也告诉我们,样本容量充分大时,样本均值稳定于总体均值,这也是矩估计法的理论基础.

定义 7.1.1 用相应的样本矩去估计总体矩的方法称为**矩估计法**,用矩估计法确定的估计量称为**矩估计量**,相应的估计值称为**矩估计值**. 矩估计量与矩估计值统称为**矩估计**.

下面介绍矩估计的具体方法. 记

总体 k 阶原点矩: $\quad \mu_k = E(X^k)$.

样本 k 阶原点矩: $\quad A_k = \dfrac{1}{n}\sum_{i=1}^{n} X_i^k$.

总体 k 阶中心矩: $\quad \gamma_k = E(X-E(X))^k$.

样本 k 阶中心矩: $\quad B_k = \dfrac{1}{n}\sum_{i=1}^{n}(X_i-\overline{X})^k$.

设总体 X 的分布函数为 $F(x;\theta_1,\theta_2,\cdots,\theta_k)$,其中 $\theta_1,\theta_2,\cdots,\theta_k$ 为未知参数,$X_1,X_2,\cdots,X_n$ 为来自总体 X 的样本. 如果总体的 r 阶原点矩 $E(X^r)$ 存在,并设 $E(X^r)=\mu_r(\theta_1,\theta_2,\cdots,\theta_k)$,相应的 r 阶样本原点矩为 $A_r=\dfrac{1}{n}\sum_{i=1}^{n} X_i^r, r=1,2,\cdots,k$. 以 A_r 替代 $E(X^r)$,即可得到关于 $\theta_1,\theta_2,\cdots,\theta_k$ 的方程组

$$\mu_r(\theta_1,\theta_2,\cdots,\theta_k) = \frac{1}{n}\sum_{i=1}^{n} X_i^r, \quad r=1,2,\cdots,k,$$

记其解为 $\hat{\theta}_1,\hat{\theta}_2,\cdots,\hat{\theta}_k$,则 $\hat{\theta}_1,\hat{\theta}_2,\cdots,\hat{\theta}_k$ 分别为参数 $\theta_1,\theta_2,\cdots,\theta_k$ 的**矩估计量**.

例1 设总体 X 的概率密度为

$$f(x;\theta) = \begin{cases} e^{-(x-\theta)}, & x \geqslant \theta, \\ 0, & x < \theta, \end{cases}$$

而 $X_1,X_2,\cdots,X_n$ 是来自总体 X 的简单随机样本,求未知参数 θ 的矩估计量.

解 因为只有一个未知参数 θ,所以只需求总体一阶矩即可.

$$E(X) = \int_{\theta}^{+\infty} x e^{-(x-\theta)} dx = e^{\theta}\left(-xe^{-x}\big|_{\theta}^{+\infty} + \int_{\theta}^{+\infty} e^{-x}dx\right) = \theta+1,$$

$$\hat{E}(X) = \frac{1}{n}\sum_{i=1}^{n} X_i = \overline{X},$$

所以

$$\hat{\theta} = \overline{X} - 1 = \frac{1}{n}\sum_{i=1}^{n} X_i - 1.$$

例2 设样本 $X_1,X_2,\cdots,X_n$ 来自总体 X. 求总体均值 μ 和方差 σ^2 的矩估计.

解 总体的二阶矩为 $\mu_2 = \mu^2 + \sigma^2$,由上述矩估计法得到方程组:

$$\begin{cases} \mu = \dfrac{1}{n}\sum_{i=1}^{n} X_i = \overline{X}, \\ \mu^2 + \sigma^2 = \dfrac{1}{n}\sum_{i=1}^{n} X_i^2. \end{cases}$$

解此方程组,得到矩估计量为

$$\hat{\mu} = \overline{X},$$

$$\hat{\sigma}^2 = \frac{1}{n}\sum_{i=1}^{n} X_i^2 - \overline{X}^2 = \frac{1}{n}\sum_{i=1}^{n}(X_i - \overline{X})^2.$$

例 3 样本 $X_1, X_2, \cdots, X_n$ 来自总体 X,而设总体 X 服从参数为 λ 的泊松分布,求参数 λ 的矩估计.

解 由于 $\lambda = E(X) = D(X)$,故由例 2 可知

$$\hat{\lambda}_1 = \overline{X}, \quad \hat{\lambda}_2 = \frac{1}{n}\sum_{i=1}^{n}(X_i - \overline{X})^2$$

均为 λ 的矩估计量.

例 4 设样本 $X_1, X_2, \cdots, X_n$ 来自总体 X,其密度函数

$$f(x;\theta_1,\theta_2) = \begin{cases} \dfrac{1}{\theta_2 - \theta_1}, & \theta_1 \leqslant x \leqslant \theta_2, \\ 0, & \text{其他}, \end{cases}$$

求 θ_1, θ_2 的矩估计.

解 由 $E(X) = \dfrac{\theta_1 + \theta_2}{2}$,$D(X) = \dfrac{1}{12}(\theta_2 - \theta_1)^2$,得方程组

$$\begin{cases} \dfrac{\theta_1 + \theta_2}{2} = \overline{X}, \\ \dfrac{1}{12}(\theta_2 - \theta_1)^2 = B_2 = \dfrac{1}{n}\sum_{i=1}^{n}(X_i - \overline{X})^2, \end{cases}$$

解此方程组,得到矩估计量:

$$\hat{\theta}_1 = \overline{X} - \sqrt{3B_2},$$

$$\hat{\theta}_2 = \overline{X} + \sqrt{3B_2}.$$

矩估计法是一种经典的估计方法,其优点为直观、简便,特别是对总体的均值及方差作估计时,并不需要知道总体的分布类型. 但是,矩估计法要求总体 X 的原点矩存在. 若原点矩不存在,就不能用矩估计法了,且样本矩的表示式与总体 X 的分布函数 $F(x;\theta_1,\theta_2,\cdots,\theta_k)$ 的表示式无关,故矩估计法未能充分利用样本所提供的信息.

7.1.2 最大似然估计法

引例 某学生与一位猎人一起去打猎,一只野兔从前方窜过,只

听一声枪响,野兔应声倒下,试猜测是谁打中的?

由于只发一枪便打中,而猎人命中的概率一般大于这位同学命中的概率,故一般会猜测这一枪是猎人射中的.

1. 最大似然估计法的思想

在已经得到试验结果的情况下,应该寻找使这个结果出现的可能性最大的那个 θ 值作为 θ 的估计 $\hat{\theta}$.

最大似然估计法首先由德国数学家高斯于 1821 年提出,英国统计学家费希尔于 1922 年重新发现并作了进一步的研究.

下面分别就离散型总体和连续型总体情形作具体讨论.

1) **离散型总体**的情形

设总体 X 的概率分布为
$$P\{X=x\} = p(x,\theta), \quad \theta 为未知参数,$$
如果 $X_1, X_2, \cdots, X_n$ 是取自总体 X 的样本,样本的观察值为 $x_1, x_2, \cdots, x_n$,那么样本的联合分布律为
$$P\{X_1=x_1, X_2=x_2, \cdots, X_n=x_n\} = \prod_{i=1}^{n} p(x_i;\theta).$$

对确定的样本观察值 $x_1, x_2, \cdots, x_n$,它是未知参数 θ 的函数,记为
$$L(\theta) = L(x_1, x_2, \cdots, x_n;\theta) = \prod_{i=1}^{n} p(x_i;\theta),$$
并称其为**似然函数**.

2) **连续型总体**的情形

设总体 X 的概率密度为 $f(x,\theta)$,其中 θ 为未知参数,此时定义**似然函数**
$$L(\theta) = L(x_1, x_2, \cdots, x_n;\theta) = \prod_{i=1}^{n} f(x_i;\theta).$$

似然函数 $L(\theta)$ 的值的大小意味着该样本值出现的可能性的大小,在已得到样本值 $x_1, x_2, \cdots, x_n$ 的情况下,则应该选择使 $L(\theta)$ 达到最大值的那个 θ 作为 θ 的估计 $\hat{\theta}$.这种求点估计的方法称为**最大似然估计法**.

定义 7.1.2 若对任意给定的样本值 $x_1, x_2, \cdots, x_n$,存在 $\hat{\theta}=\hat{\theta}(x_1, x_2, \cdots, x_n)$,使
$$L(\hat{\theta}) = \max_{\theta} L(\theta),$$
则称 $\hat{\theta}=\hat{\theta}(x_1, x_2, \cdots, x_n)$ 为 θ 的**最大似然估计值**.称相应的统计量 $\hat{\theta}(X_1, X_2, \cdots, X_n)$ 为 θ 的**最大似然估计量**.它们统称为 θ 的**最大似然估计**.

2. 求最大似然估计的一般方法

求未知参数 θ 的最大似然估计问题,归结为求似然函数 $L(\theta)$ 的最大值点的问

题. 当似然函数关于未知参数可微时,可利用微分学中求最大值的方法求解. 其主要步骤如下:

1° 写出似然函数 $L(\theta)=L(x_1,x_2,\cdots,x_n;\theta)$.

2° 令 $\dfrac{\mathrm{d}L(\theta)}{\mathrm{d}\theta}=0$ 或 $\dfrac{\mathrm{d}\ln L(\theta)}{\mathrm{d}\theta}=0$ 求出驻点.

注 因函数 $\ln L$ 是 L 的单调增加函数,且函数 $\ln L(\theta)$ 与函数 $L(\theta)$ 有相同的极值点,故常转化为求函数 $\ln L(\theta)$ 的最大值点,这样较方便.

3° 判断并求出最大值点,在最大值点的表达式中,用样本值代入就得到参数的最大似然估计值.

注 1° 当似然函数关于未知参数不可微时,只能按最大似然估计法的基本思想求出最大值点;

2° 上述方法易推广至多个未知参数的情形.

例 5 设样本 $X_1,X_2,\cdots,X_n$ 来自总体 X,其总体 X 服从参数为 $\lambda(\lambda>0)$ 的泊松分布,分布列为

$$p(x;\lambda)=P(X=x)=\dfrac{\lambda^x}{x!}\mathrm{e}^{-\lambda},\quad x=0,1,2,\cdots,$$

求参数 λ 的最大似然估计量.

解 样本为 $X_1,X_2,\cdots,X_n$,其似然函数为

$$L(\lambda)=\prod_{i=1}^{n}\dfrac{\lambda^{x_i}}{x_i!}\mathrm{e}^{-\lambda}=\mathrm{e}^{-n\lambda}\dfrac{\lambda^{\sum_{i=1}^{n}x_i}}{x_1!x_2!\cdots x_n!},$$

两边取对数得

$$\ln L(\lambda)=-n\lambda+\left(\sum_{i=1}^{n}x_i\right)\ln\lambda-\sum_{i=1}^{n}\ln(x_i!),$$

对 λ 求导,得似然方程为

$$\dfrac{\mathrm{d}\ln L(\lambda)}{\mathrm{d}\lambda}=-n+\dfrac{1}{\lambda}\sum_{i=1}^{n}x_i=0,$$

解得

$$\hat{\lambda}=\dfrac{1}{n}\sum_{i=1}^{n}x_i=\bar{x},$$

所以 λ 的最大似然估计量为

$$\hat{\lambda}=\bar{X}.$$

例 6 设某电子元件的寿命 X 服从参数为 $\lambda(\lambda>0)$ 的指数分布,其密度函数为

$$f(x;\lambda)=\begin{cases}\lambda\mathrm{e}^{-\lambda x},& x>0,\\ 0,& x\leqslant 0,\end{cases}$$

测得 n 个元件的失效时间为 $x_1,x_2,\cdots,x_n$,试求 λ 的最大似然估计量.

解 似然函数为

$$L(\lambda) = \prod_{i=1}^{n}\lambda e^{-\lambda x_i} = \lambda^n e^{-\lambda\sum_{i=1}^{n}x_i}, \quad \text{其中 } x_i > 0, i = 1,2,\cdots,n,$$

取对数

$$\ln L(\lambda) = n\ln\lambda - \lambda\sum_{i=1}^{n}x_i,$$

似然方程为

$$\frac{\mathrm{d}\ln L(\lambda)}{\mathrm{d}\lambda} = \frac{n}{\lambda} - \sum_{i=1}^{n}x_i = 0,$$

解得

$$\hat{\lambda} = \frac{n}{\sum_{i=1}^{n}x_i} = \frac{1}{\bar{x}},$$

故 λ 的最大似然估计量为 $\hat{\lambda} = \dfrac{1}{\bar{X}}$.

例 7 设 $X_1, X_2, \cdots, X_n$ 为来自正态总体 $N(\mu, \sigma^2)$ 的一个样本,求 μ 与 σ^2 的最大似然估计量.

解 似然函数为

$$L(\mu,\sigma^2) = \prod_{i=1}^{n}\left[\frac{1}{\sqrt{2\pi}\sigma}e^{-\frac{1}{2\sigma^2}(x_i-\mu)^2}\right]$$

$$= \left(\frac{1}{2\pi\sigma^2}\right)^{\frac{n}{2}}e^{-\frac{1}{2\sigma^2}\sum_{i=1}^{n}(x_i-\mu)^2},$$

取对数

$$\ln L(\mu,\sigma^2) = -\frac{n}{2}\ln(2\pi) - \frac{n}{2}\ln\sigma^2 - \frac{1}{2\sigma^2}\sum_{i=1}^{n}(x_i-\mu)^2,$$

似然方程为

$$\begin{cases}\dfrac{\partial \ln L(\mu,\sigma^2)}{\partial\mu} = \dfrac{2}{2\sigma^2}\sum_{i=1}^{n}(x_i-\mu) = 0,\\[6pt]\dfrac{\partial \ln L(\mu,\sigma^2)}{\partial\sigma^2} = \dfrac{-n}{2\sigma^2} + \dfrac{1}{2\sigma^4}\sum_{i=1}^{n}(x_i-\mu)^2 = 0,\end{cases}$$

解得

$$\hat{\mu} = \frac{1}{n}\sum_{i=1}^{n}x_i = \bar{x},$$

$$\hat{\sigma}^2 = \frac{1}{n}\sum_{i=1}^{n}(x_i-\bar{x})^2 = \frac{(n-1)}{n}s^2,$$

则 $\bar{X}$ 及 $\dfrac{(n-1)}{n}S^2$ 分别为 μ 及 σ^2 的最大似然估计量.

最大似然估计有一个很好的性质,若 $\hat{\theta}$ 是 θ 的最大似然估计,函数 $\mu=\mu(\theta)$ 具有单值反函数,则 $\mu(\hat{\theta})$ 是 $\mu(\theta)$ 的最大似然估计,这一性质称为最大似然函数估计的不变性.

例如,在正态分布中,参数 σ^2 的最大似然估计为 $\hat{\sigma}^2 = \dfrac{1}{n}\sum_{i=1}^{n}(X_i-\overline{X})^2$,则 $\sigma=\sqrt{\sigma^2}$ 的最大似然估计为

$$\hat{\sigma} = \sqrt{\frac{1}{n}\sum_{i=1}^{n}(X_i-\overline{X})^2}.$$

例 8 设 X 服从 $(0,\theta]$ $(\theta>0)$ 上的均匀分布,$X_1,X_2,\cdots,X_n$ 是取自总体 X 的样本,求 θ 的最大似然估计.

解 X 的密度函数为

$$f(x;\theta) = \begin{cases} \dfrac{1}{\theta}, & 0<x\leqslant\theta, \\ 0, & \text{其他}, \end{cases}$$

似然函数为

$$L(\theta) = \prod_{i=1}^{n} f(x_i;\theta) = \begin{cases} \dfrac{1}{\theta^n}, & 0<x_i\leqslant\theta \quad (i=1,2,\cdots,n), \\ 0, & \text{其他}, \end{cases}$$

显然,当 $\theta>0$ 时,$L(\theta)$ 是单调减函数,θ 越小,$L(\theta)$ 越大,另外,θ 必须满足 $0\leqslant x_i\leqslant\theta$,$i=1,2,\cdots,n$;否则 $L(\theta)=0$,于是,使 $L(\theta)$ 最大的 θ 应满足

$1°$ θ 尽量小;

$2°$ $\theta\geqslant x_i(i=1,2,\cdots,n)$.

这表明当 $\theta=\max\limits_{1\leqslant i\leqslant n}\{x_i\}$ 时,$L(\theta)$ 达到最大值,所以 $\hat{\theta}=\max\limits_{1\leqslant i\leqslant n}\{x_i\}$ 为 θ 的最大似然估计值.

7.2 估计量的评选标准

对于同一个未知数,可以构造不同的估计量,其中究竟哪一个估计量好呢?这就涉及评价估计量的标准问题,下面分别介绍几个常用的判别标准.

7.2.1 无偏性

未知参数 θ 的估计量 $\hat{\theta}$ 是样本 $(X_1,X_2,\cdots,X_n)$ 的函数,是一个随机变量,对于不同的样本观察值,估计量的取值也不尽相同,但我们总希望这些值能围绕参数的真值波动,不要产生系统误差,也就是说,希望估计量的数学期望等于未知参数的真值,这就是无偏性的概念.定义如下.

定义 7.2.1 设 $\hat{\theta}$ 是未知参数 θ 的一个估计量,若满足
$$E(\hat{\theta}) = \theta,$$
则称 $\hat{\theta}$ 是 θ 的**无偏估计量**.

例 1 设 $(X_1, X_2, \cdots, X_n)$ 是取自正态总体 $N(\mu, \sigma^2)$ 的一个样本,当 μ 未知时,用样本平均值
$$\overline{X} = \frac{1}{n}(X_1 + X_2 + \cdots + X_n)$$
作为总体数学期望 μ 的估计,是不是无偏估计?

解 因为
$$E(\overline{X}) = E\left[\frac{1}{n}(X_1 + X_2 + \cdots + X_n)\right]$$
$$= \frac{1}{n}(E(X_1) + E(X_2) + \cdots + E(X_n))$$
$$= \frac{1}{n} n\mu = \mu,$$
所以,$\overline{X}$ 是总体数学期望 μ 的无偏估计.

例 2 设 $X_1, X_2, \cdots, X_n$ 为来自总体的一个样本.若总体 X 的期望 μ,方差 σ^2 均未知,则用样本方差
$$S^2 = \frac{1}{n-1}\sum_{i=1}^{n}(X_i - \overline{X})^2$$
作为总体方差的估计,是不是无偏估计?

解 因为
$$E(S^2) = E\left[\frac{1}{n-1}\sum_{i=1}^{n}(X_i - \overline{X})^2\right] = \frac{1}{n-1}E\left[\sum_{i=1}^{n}X_i^2 - n\overline{X}^2\right]$$
$$= \frac{1}{n-1}\left[\sum_{i=1}^{n}E(X_i^2) - nE(\overline{X}^2)\right]$$
$$= \frac{1}{n-1}\left[\sum_{i=1}^{n}(DX_i + (EX_i)^2) - n(D\overline{X} + (E\overline{X})^2)\right]$$
$$= \frac{1}{n-1}\left[n\sigma^2 + n\mu^2 - n\frac{\sigma^2}{n} - n\mu^2\right]$$
$$= \frac{n-1}{n-1}\sigma^2 = \sigma^2,$$
所以 S^2 是 σ^2 的无偏估计.

例 3* 设总体 X 的概率密度为
$$f(x) = \begin{cases} 2e^{-2(x-\theta)}, & x > \theta, \\ 0, & x \leqslant \theta, \end{cases}$$

其中 $\theta>0$ 是未知参数，从总体 X 中抽取简单随机样本 $X_1, X_2, \cdots, X_n$，记 $\hat{\theta} = \min(X_1, X_2, \cdots, X_n)$.

(1) 求总体 X 的分布函数 $F(x)$；

(2) 求统计量 $\hat{\theta}$ 的分布函数 $F_{\hat{\theta}}(x)$；

(3) 如果用 $\hat{\theta}$ 作为 θ 的估计量，讨论它是否具有无偏性.

解 (1)
$$F(x) = \int_{-\infty}^{x} f(t) dt = \begin{cases} 1 - e^{-2(x-\theta)}, & x > \theta, \\ 0, & x \leqslant \theta. \end{cases}$$

(2)
$$\begin{aligned} F_{\hat{\theta}}(x) &= P(\hat{\theta} \leqslant x) = P(\min(X_1, X_2, \cdots, X_n) \leqslant x) \\ &= 1 - P(\min(X_1, X_2, \cdots, X_n) > x) \\ &= 1 - P(X_1 > x, X_2 > x, \cdots, X_n > x) \\ &= 1 - \prod_{i=1}^{n} P(X_i > x) \\ &= 1 - (1 - F(x))^n \\ &= \begin{cases} 1 - e^{-2n(x-\theta)}, & x > \theta, \\ 0, & x \leqslant \theta. \end{cases} \end{aligned}$$

(3) $\hat{\theta}$ 的概率密度为
$$f_{\hat{\theta}}(x) = F'_{\hat{\theta}}(x) = \begin{cases} 2n e^{-2n(x-\theta)}, & x > \theta, \\ 0, & x \leqslant \theta, \end{cases}$$

求得
$$\begin{aligned} E(\hat{\theta}) &= \int_{-\infty}^{+\infty} x f_{\hat{\theta}} dx \\ &= \int_{\theta}^{+\infty} 2nx e^{-2n(x-\theta)} dx \\ &= \theta + \frac{1}{2n}, \end{aligned}$$

因为 $E(\hat{\theta}) \neq \theta$，所以 $\hat{\theta}$ 作为 θ 的估计量不具有无偏性.

7.2.2 有效性

我们知道，对同一个未知参数 θ 反复使用同一个无偏估计 $\hat{\theta}(x_1, x_2, \cdots, x_n)$ 时，尽管由每次得到的数据算得的估计值 $\hat{\theta}(x_1, x_2, \cdots, x_n)$ 的误差 $\hat{\theta}(x_1, x_2, \cdots, x_n) - \theta$ 未必为 0，但是平均误差都是 0. 这虽是无偏估计的一个优点，但也有很不合理的地方. 因为总误差应该累计计算，而不能相互抵消来度量. 因此，对未知参数 θ 的若干个无偏估计来说,哪一个更好一些?较合理的评选标准应该是以对 θ 的平均偏差较小的为好,也就是以估计量的方差小为好. 这就导致了下列有效性的概念. 定义如下:

定义 7.2.2 设 $\hat{\theta}_1, \hat{\theta}_2$ 是未知参数 θ 的两个无偏估计,若
$$D(\hat{\theta}_1) < D(\hat{\theta}_2),$$
则称估计 $\hat{\theta}_1$ 较 $\hat{\theta}_2$ 有效.

例 4 总体数学期望 μ 的无偏估计 $\overline{X}, X_i (i=1,2,\cdots,n), \frac{1}{2}X_1 + \frac{1}{3}X_2 + \frac{1}{6}X_3$ 中,哪一个最有效?

解 因为
$$D(\overline{X}) = \frac{\sigma^2}{n}, \quad D(X_i) = \sigma^2, \quad i=1,2,\cdots,n,$$
$$D\left(\frac{1}{2}X_1 + \frac{1}{3}X_2 + \frac{1}{6}X_3\right) = \left(\frac{1}{4} + \frac{1}{9} + \frac{1}{36}\right)\sigma^2 = \frac{14}{36}\sigma^2 > \frac{\sigma^2}{3},$$

显而易见 $\frac{\sigma^2}{n}(n \geqslant 3)$ 最小,故 $\overline{X}$ 较 X_i 和 $\frac{1}{2}X_1 + \frac{1}{3}X_2 + \frac{1}{6}X_3$ 有效.

例 5 设 $(X_1, X_2, \cdots, X_n)$ 是取自正态总体 $N(\mu, \sigma^2)$ 的一个样本,其中 μ 未知, $-\infty < \mu < +\infty$,记
$$\hat{\mu}_k = \frac{1}{k}\sum_{i=1}^{k} X_i, \quad k=1,2,\cdots,n,$$

易见, $\hat{\mu}_1, \hat{\mu}_2, \cdots, \hat{\mu}_n$ 都是 μ 的无偏估计量. 试问: 哪一个最有效?

解 因为
$$D(\hat{\mu}_k) = D\left(\frac{1}{k}\sum_{i=1}^{k} X_i\right) = \frac{1}{k^2}\sum_{i=1}^{k} D(X_i) = \frac{1}{k^2} k\sigma^2 = \frac{\sigma^2}{k},$$
$$k = 1, 2, \cdots, n,$$

所以 k 越大, $D(\hat{\mu}_k)$ 越小. 从而得到:在这 n 个无偏估计量中, $\hat{\mu}_n = \frac{1}{n}\sum_{i=1}^{n} X_i = \overline{X}$ 最有效.

在数理统计中常用到最小方差无偏估计,其方法就是在所有的无偏估计量中寻找最有效的那一个,定义如下.

*定义 7.2.3 (最小方差无偏估计) 设 $X_1, X_2, \cdots, X_n$ 是 X 的一个样本, $\hat{\theta}(X_1, X_2, \cdots, X_n)$ 为 θ 的估计量,设 Θ 为 θ 的所有无偏估计量构成的集合. 若 $\hat{\theta}$ 满足:

(1) $\hat{\theta}$ 是 θ 的无偏估计量;

(2) 对任意的 $\hat{\theta}^* \in \Theta$,有 $D(\hat{\theta}) \leqslant D(\hat{\theta}^*)$.

则称 $\hat{\theta}$ 为 θ 的**最小方差无偏估计**.

7.2.3 一致性

我们希望,当样本的容量 n 越大时,对参数 θ 的估计越精确,这就是一致性的概念. 定义如下.

定义 7.2.4 设 $\hat{\theta}_n$ 为未知参数 θ 的估计量,对任意的 $\varepsilon>0$,有
$$\lim_{n\to\infty}P(|\hat{\theta}_n-\theta|\leqslant\varepsilon)=1,$$
则称 $\hat{\theta}_n$ 为 θ 的**一致估计**.

例 6 证明样本均值 $\overline{X}$ 是总体均值 μ 的一致估计.

证明 因为样本均值 $\overline{X}=\dfrac{1}{n}\sum_{i=1}^{n}X_i$,由大数定律知
$$\lim_{n\to\infty}P\left(\left|\frac{1}{n}\sum_{i=1}^{n}X_i-\mu\right|\leqslant\varepsilon\right)=\lim_{n\to\infty}P(|\overline{X}-\mu|\leqslant\varepsilon)=1,$$
所以样本均值 $\overline{X}$ 是总体均值 μ 的一致估计.

7.3 区间估计

上面我们讨论了参数的点估计,若 $\hat{\theta}$ 是 θ 的估计量,对于样本的一个观测值,就得到 θ 的一个估计值,它简单、明确,但没有提供一个精度的概念. 例如,我们用 $B_2=\dfrac{1}{n}\sum_{i=1}^{n}(X_i-\overline{X})^2$ 去估计 $D(X)$,由于 B_2 是随机变量,对于由样本的一个观测值算得的 B_2 不会恰好与 $D(X)$ 相等,而总会有偏差. 我们自然希望对此偏差作出衡量,指出估计量 $\hat{\theta}$ 与未知参数 θ 的偏差范围. 确切地说,就是要找一个随机区间,并指出这个区间包含未知参数 θ 真值的概率,这就是区间估计讨论的问题. 区间估计的一般提法如下所述.

定义 7.3.1 设总体分布中的未知参数为 θ,由样本 $X_1,X_2,\cdots,X_n$ 构造两个统计量 $\theta_1=\theta_1(X_1,X_2,\cdots,X_n)$,$\theta_2=\theta_2(X_1,X_2,\cdots,X_n)$,且 $\theta_1<\theta_2$,若对于给定的 $\alpha(0<\alpha<1)$ 有
$$P(\theta_1<\theta<\theta_2)=1-\alpha, \tag{7.3.1}$$
则称随机区间 (θ_1,θ_2) 为 θ 的 $1-\alpha$ 的(双侧)**置信区间**,θ_1 和 θ_2 分别称为参数 θ 的**置信下限**和**置信上限**,$1-\alpha$ 为**置信度**(或置信水平).

θ_1 和 θ_2 为统计量,是随机变量,因此置信区间 (θ_1,θ_2) 为随机区间,故式(7.3.1)的含义是指,在每次取样下,对样本的一个观察值 $(x_1,x_2,\cdots,x_n)$,就得到一个具体的区间 (θ_1,θ_2),它要么含参数 θ 的真值,要么不含参数 θ 的真值,重复多次取样,就

得到许多不同的区间,在这众多区间中,包含参数 θ 真值的约占 $100(1-\alpha)\%$,一般取 α 为接近于 0 的正数.

下面我们通过具体例子给出构造置信区间的方法与步骤.

例 1 设 $X_1,X_2,\cdots,X_n$ 为来自正态总体 $X \sim N(\mu,\sigma^2)$ 的样本,其中 σ^2 已知,μ 未知,试求出 μ 的置信度为 $1-\alpha$ 的置信区间.

解 由前述可知,样本均值 $\overline{X}$ 是 μ 的最大似然估计量,且 $\overline{X} \sim N\left(\mu,\dfrac{\sigma^2}{n}\right)$,故
$$U = \frac{\overline{X}-\mu}{\sigma/\sqrt{n}} \sim N(0,1),$$
于是由标准正态分布的上侧 α 分位数的定义可知,
$$P(-u_{\frac{\alpha}{2}} < U < u_{\frac{\alpha}{2}}) = 1-\alpha,$$
即
$$P\left(-u_{\frac{\alpha}{2}} < \frac{\overline{X}-\mu}{\sigma/\sqrt{n}} < u_{\frac{\alpha}{2}}\right) = P\left(\overline{X} - \frac{\sigma}{\sqrt{n}}u_{\frac{\alpha}{2}} < \mu < \overline{X} + \frac{\sigma}{\sqrt{n}}u_{\frac{\alpha}{2}}\right) = 1-\alpha.$$

再由置信区间的定义可知,$\left(\overline{X} - \dfrac{\sigma}{\sqrt{n}}u_{\frac{\alpha}{2}}, \overline{X} + \dfrac{\sigma}{\sqrt{n}}u_{\frac{\alpha}{2}}\right)$ 即为所求均值 μ 的置信度为 $1-\alpha$ 的置信区间.

对此例进行分析,我们发现随机变量 U 在区间的构造过程中起着关键作用,它具有下述特点:

1° 是待估参数 μ 和统计量 $\overline{X}$ 的函数;

2° 不含其他未知参数;

3° 服从与未知参数无关的已知分布.

我们称满足上述三条特点的量 Q 为**枢轴量**(或**主元**). 在引入枢轴量 Q 的概念后,便可把求置信区间的步骤归纳如下:

1° 根据待估参数构造枢轴量 Q,一般可由未知参数的最大似然估计量改造得到;

2° 对于给定的置信水平 $1-\alpha$,利用枢轴量 Q 的分布的上侧 α 分位数求出常数 a,b,使
$$P(a<Q<b) = 1-\alpha,$$
通常为方便起见,取 a,b 分别为 Q 的上侧 $\left(1-\dfrac{\alpha}{2}\right)$ 和上侧 $\dfrac{\alpha}{2}$ 分位数;

3° 利用不等式的恒等变形,将 2° 中不等式变形即可得到置信区间 (θ_1,θ_2).

这种利用枢轴量构造置信区间的方法称为**枢轴量法**.

下面我们给出正态总体关于参数 μ 和 σ^2 的置信区间. 首先考虑单个正态总

体 $X \sim N(\mu, \sigma^2)$ 的情形,并设总体的样本为 $X_1, X_2, \cdots, X_n$。

7.3.1 均值 μ 的置信区间

1. 方差 σ^2 已知

由例 1 可知,这时枢轴量 $Q = U = \dfrac{\overline{X} - \mu}{\sigma/\sqrt{n}} \sim N(0, 1)$,则置信度为 $1-\alpha$ 的置信区间为

$$\left(\overline{X} - \frac{\sigma}{\sqrt{n}} u_{\frac{\alpha}{2}}, \overline{X} + \frac{\sigma}{\sqrt{n}} u_{\frac{\alpha}{2}} \right).$$

2. 方差 σ^2 未知

这时 U 不再构成枢轴量,由于 σ^2 未知,故考虑用 σ^2 的无偏估计

$$S^2 = \frac{1}{n-1} \sum_{i=1}^{n} (X_i - \overline{X})^2$$

来代替,即可得到

$$T = \frac{\overline{X} - \mu}{S/\sqrt{n}} \sim t(n-1),$$

易验证 T 为关于 μ 的枢轴量,由关系式

$$P\left[-t_{\frac{\alpha}{2}}(n-1) < \frac{\overline{X} - \mu}{S/\sqrt{n}} < t_{\frac{\alpha}{2}}(n-1) \right] = 1 - \alpha$$

进行恒等变形,即可得到置信度为 $1-\alpha$ 的置信区间为

$$\left(\overline{X} - \frac{S}{\sqrt{n}} t_{\frac{\alpha}{2}}(n-1), \overline{X} + \frac{S}{\sqrt{n}} t_{\frac{\alpha}{2}}(n-1) \right).$$

例 2 从一批铆钉中抽取 16 枚,测得其直径为(单位:cm)

$$2.30, 2.34, 2.33, 2.35, 2.33, 2.32, 2.33, 2.30,$$
$$2.35, 2.32, 2.34, 2.30, 2.31, 2.33, 2.34, 2.31.$$

设铆钉直径服从正态分布,设已知标准差 $\sigma = 0.01\text{cm}$,试求平均直径 μ 的置信度为 $1-\alpha$ 的置信区间。($\alpha = 0.05$)

解 因为 $\overline{x} = \dfrac{1}{16}(2.30 + 2.34 + \cdots + 2.31) = 2.325$,置信度 $1 - \alpha = 0.95$,$\dfrac{\alpha}{2} = 0.025$,由附表 2 查得上侧分位数 $u_{\frac{\alpha}{2}} = u_{0.025} = 1.96$,而

$$\overline{x} - \frac{\sigma}{\sqrt{n}} u_{\frac{\alpha}{2}} = 2.325 - \frac{0.01}{\sqrt{16}} \times 1.96 = 2.3201,$$

$$\overline{x} + \frac{\sigma}{\sqrt{n}} u_{\frac{\alpha}{2}} = 2.325 + \frac{0.01}{\sqrt{16}} \times 1.96 = 2.3299.$$

得 $(2.3201, 2.3299)$ 为 μ 的置信水平为 0.95 的置信区间.

在例 2 中,也可以取置信度为 0.9 或 0.995 等,从而得到相应的置信区间. 一般来说,置信度越大,置信区间越宽,精确度反而降低. 但在实际问题中,我们总希望 μ 的范围尽可能缩小,而同时置信度尽可能增大. 但在样本容量一定的情形下,二者不能兼得. 故在解决实际问题时,应依具体的情况,确定合适的置信度.

另外要指出的是,对于给定的 $1-\alpha$,置信区间 (θ_1, θ_2) 的取法有很多种,也就是说,置信区间不唯一. 一般来说,所构造的置信区间长度越短越好. 在例 2 中,我们把 $\alpha = 0.05$ 分成相同的两部分 $\alpha_1 = \alpha_2 = 0.025$,得到的置信区间为 $(2.3201, 2.3299)$,这时区间长度为 0.0098,若把 α 分为 $\alpha_1 = 0.02, \alpha_2 = 0.03$,则得到的 μ 的 0.95 的置信区间比上述区间要长. 一般地,若构造置信区间的样本函数具有对称分布,以样本均值为中心的对称区间长度最短. 对于不对称分布,求最短长度的置信区间,是一个较复杂的问题. 在实际应用中,为方便起见,也总是把 α 等分为两部分 $\alpha_1 = \alpha_2 = \frac{\alpha}{2}$,然后查相应的表求上、下置信限.

例 3 问题同例 2,若 σ 未知,试求平均直径 μ 的置信度为 $1-\alpha$ 的置信区间. ($\alpha = 0.05$)

解 因 $1-\alpha = 0.95, \frac{\alpha}{2} = 0.025, n = 16$,查 t 分布表,得

$$t_{\frac{\alpha}{2}}(n-1) = t_{0.025}(15) = 2.1315,$$

且

$$\bar{x} = 2.325, \quad s^2 = \frac{1}{16-1} \sum_{i=1}^{16} (x_i - \bar{x})^2 = 0.000293,$$

$$\bar{x} - t_{0.025}(15) \frac{s}{\sqrt{n}} = 2.325 - 2.1315 \times \frac{\sqrt{0.000293}}{4} = 2.3159,$$

$$\bar{x} + t_{0.025}(15) \frac{s}{\sqrt{n}} = 2.325 + 2.1315 \times \frac{\sqrt{0.000293}}{4} = 2.3341,$$

故 μ 的置信度为 0.95 置信区间为 $(2.3159, 2.3341)$.

7.3.2 方差 σ^2 的置信区间

1. 均值 μ 已知

这时 σ^2 的最大似然估计量为 $\hat{\sigma}^2 = \frac{1}{n} \sum_{i=1}^{n} (X_i - \mu)^2$,且

$$Q = \frac{\sum_{i=1}^{n}(X_i - \mu)^2}{\sigma^2} \sim \chi^2(n),$$

故取 Q 为 σ^2 的枢轴量,由概率

$$P\left(\chi^2_{1-\frac{\alpha}{2}}(n) < \frac{\sum_{i=1}^{n}(X_i - \mu)^2}{\sigma^2} < \chi^2_{\frac{\alpha}{2}}(n)\right) = 1 - \alpha$$

可得 σ^2 的置信度为 $1-\alpha$ 的置信区间为

$$\left(\frac{\sum_{i=1}^{n}(X_i - \mu)^2}{\chi^2_{\frac{\alpha}{2}}(n)}, \frac{\sum_{i=1}^{n}(X_i - \mu)^2}{\chi^2_{1-\frac{\alpha}{2}}(n)}\right).$$

2. 均值 μ 未知

这时可取 $Q = \dfrac{\sum_{i=1}^{n}(X_i - \overline{X})^2}{\sigma^2} = \dfrac{(n-1)S^2}{\sigma^2} \sim \chi^2(n-1)$ 为相应的枢轴量,其中 $S^2 = \dfrac{1}{n-1}\sum_{i=1}^{n}(X_i - \overline{X})^2$ 为样本方差.

类似地可得 σ^2 的置信度为 $1-\alpha$ 的置信区间为

$$\left(\frac{(n-1)S^2}{\chi^2_{\frac{\alpha}{2}}(n-1)}, \frac{(n-1)S^2}{\chi^2_{1-\frac{\alpha}{2}}(n-1)}\right).$$

例 4 电动机由于连续工作时间过长而烧坏,今随机地从某种型号的电动机中选取 9 台,并测试它们在烧坏前的连续工作时间(单位:小时),可由数据 $x_1, x_2, \cdots, x_9$ 算得

$$\overline{x} = \frac{1}{9}\sum_{i=1}^{9} x_i = 39.7,$$

$$s = \sqrt{\frac{1}{8}\sum_{i=1}^{9}(x_i - \overline{x})^2} = 2.65.$$

假定该种型号的电动机烧坏前连续工作时间 $X \sim N(\mu, \sigma^2)$,取置信度为 0.95. 试分别求出 μ 与 σ^2 的双侧置信区间.

解 因为 σ^2 未知且 $\alpha = 0.05$. $t_{0.025}(8) = 2.306$,所以 μ 的双侧 95% 置信区间的上下限分别为

$$\overline{X} + t_{0.025}(8)\frac{S}{\sqrt{9}} = 39.7 + 2.306 \times \frac{2.65}{3} = 41.74,$$

$$\overline{X} - t_{0.025}(8)\frac{S}{\sqrt{9}} = 39.7 - 2.306 \times \frac{2.65}{3} = 37.66,$$

即 μ 的双侧 95% 的置信区间为 $(37.66, 41.74)$.

因为 μ 未知,由 $\chi^2_{0.975}(8)=2.18$,$\chi^2_{0.025}(8)=17.54$,所以得到 σ^2 的双侧 95% 的置信区间为 $\left(\dfrac{(n-1)S^2}{\chi^2_{0.025}(8)}, \dfrac{(n-1)S^2}{\chi^2_{0.975}(8)}\right) = (3.21, 25.8)$.

下面我们讨论两个正态总体的情形.

在实际问题中,虽然已知某产品的质量指标服从正态分布,但由于原料、设备条件、操作人员不同或工艺过程的改变等原因,都会引起总体的均值、方差有所改变,我们需要知道这种改变有多大? 这就需要考察两个正态总体的均值差、方差比的区间估计问题.

7.3.3 两个总体均值差的置信区间

设样本 $X_1, X_2, \cdots, X_{n_1}$ 来自正态总体 $X \sim N(\mu_1, \sigma_1^2)$,样本 $Y_1, Y_2, \cdots, Y_{n_2}$ 来自正态总体 $Y \sim N(\mu_2, \sigma_2^2)$,两个样本相互独立,$\overline{X}, S_1^2, \overline{Y}, S_2^2$ 分别表示两个样本的均值和方差.

1. σ_1^2, σ_2^2 已知,计算 $\mu_1 - \mu_2$ 的区间估计

由于 $\overline{X} \sim N\left(\mu_1, \dfrac{\sigma_1^2}{n_1}\right)$,$\overline{Y} \sim N\left(\mu_2, \dfrac{\sigma_2^2}{n_2}\right)$,且 $\overline{X}, \overline{Y}$ 相互独立,所以 $\overline{X} - \overline{Y} \sim N\left(\mu_1 - \mu_2, \dfrac{\sigma_1^2}{n_1} + \dfrac{\sigma_2^2}{n_2}\right)$,同时 $\overline{X} - \overline{Y}$ 又是 $\mu_1 - \mu_2$ 的最大似然估计,故取

$$U = \frac{\overline{X} - \overline{Y} - (\mu_1 - \mu_2)}{\sqrt{\dfrac{\sigma_1^2}{n_1} + \dfrac{\sigma_2^2}{n_2}}} \sim N(0,1)$$

为枢轴量,可得置信度为 $1-\alpha$ 的置信区间为

$$\left(\overline{X} - \overline{Y} - u_{\frac{\alpha}{2}}\sqrt{\dfrac{\sigma_1^2}{n_1} + \dfrac{\sigma_2^2}{n_2}}, \overline{X} - \overline{Y} + u_{\frac{\alpha}{2}}\sqrt{\dfrac{\sigma_1^2}{n_1} + \dfrac{\sigma_2^2}{n_2}}\right).$$

2. 若 σ_1^2, σ_2^2 未知,但已知 $\sigma_1^2 = \sigma_2^2$,计算 $\mu_1 - \mu_2$ 的区间估计

由于总体方差 σ_1^2, σ_2^2 未知,但 $\sigma_1^2 = \sigma_2^2$,故取

$$S_w^2 = \frac{\sum_{i=1}^{n_1}(X_i-\overline{X})^2 + \sum_{j=1}^{n_2}(Y_j-\overline{Y})^2}{n_1+n_2-2} = \frac{(n_1-1)S_1^2+(n_2-1)S_2^2}{n_1+n_2-2}$$

作为 $\sigma_1^2=\sigma_2^2$ 的估计,这时可得枢轴量

$$T = \frac{\overline{X}-\overline{Y}-(\mu_1-\mu_2)}{S_w\sqrt{\frac{1}{n_1}+\frac{1}{n_2}}} \sim t(n_1+n_2-2),$$

由此可得 $\mu_1-\mu_2$ 的置信区间为

$$\left(\overline{X}-\overline{Y}-t_{\frac{\alpha}{2}}(n_1+n_2-2)S_w\sqrt{\frac{1}{n_1}+\frac{1}{n_2}},\ \overline{X}-\overline{Y}+t_{\frac{\alpha}{2}}(n_1+n_2-2)S_w\sqrt{\frac{1}{n_1}+\frac{1}{n_2}}\right).$$

例5 随机地从 A 批导线中抽取 5 根,从 B 批导线中抽取 4 根,测得其电阻(单位:欧姆)为

A 批导线:0.142,0.140,0.138,0.140,0.136;

B 批导线:0.143,0.137,0.142,0.143.

设测试数据分别服从正态分布 $N(\mu_1,\sigma^2)$ 和 $N(\mu_2,\sigma^2)$,并且它们相互独立,又 μ_1,μ_2 及 σ^2 均未知,试求 $\mu_1-\mu_2$ 的置信度为 0.99 的置信区间.

解 由题意得

$$\overline{x} = \frac{1}{5}(0.142+0.140+0.138+0.140+0.136) = 0.1392,$$

$$\overline{y} = \frac{1}{4}(0.143+0.137+0.142+0.143) = 0.14125,$$

$$s_1^2 = \frac{1}{4}\sum_{i=1}^{5}(x_i-\overline{x})^2 = 0.0000052,$$

$$s_2^2 = \frac{1}{3}\sum_{i=1}^{4}(y_i-\overline{y})^2 = 0.00000825.$$

置信度 $1-\alpha=0.99, \alpha=0.01, n_1=5, n_2=4$,查 t 分布表得

$$t_{\frac{\alpha}{2}}(n_1+n_2-2) = t_{0.005}(7) = 3.4995,$$

$$s_w = \sqrt{\frac{(n_1-1)s_1^2+(n_2-1)s_2^2}{n_1+n_2-2}} = 0.00256, \quad \sqrt{\frac{1}{n_1}+\frac{1}{n_2}} = \sqrt{\frac{9}{20}} = 0.6708,$$

所以

$$(\overline{x}-\overline{y})+3.4995\times0.00256\times0.6708 = 0.00398,$$

$$(\overline{x}-\overline{y})-3.4995\times0.00256\times0.6708 = -0.00804,$$

即 $\mu_1 - \mu_2$ 的置信度为 0.99 的置信区间为 $(-0.00804, 0.00398)$.

注 两个总体均值差的置信区间的含义是,若 $\mu_1 - \mu_2$ 的置信下限大于零,则可以认为 $\mu_1 > \mu_2$;若 $\mu_1 - \mu_2$ 的置信上限小于零,则可以认为 $\mu_1 < \mu_2$. 但本例情形, 不能由此判定哪个总体均值大.

7.3.4 方差比 $\dfrac{\sigma_1^2}{\sigma_2^2}$ 的置信区间

根据 σ_1^2, σ_2^2 的估计,我们容易构造 $\dfrac{\sigma_1^2}{\sigma_2^2}$ 的枢轴量为

$$F = \frac{S_1^2/\sigma_1^2}{S_2^2/\sigma_2^2} = \frac{S_1^2}{S_2^2} \cdot \frac{\sigma_2^2}{\sigma_1^2} \sim F(n_1 - 1, n_2 - 1),$$

因此在 μ_1, μ_2 未知时,方差比 $\dfrac{\sigma_1^2}{\sigma_2^2}$ 的置信度为 $1 - \alpha$ 的置信区间为

$$\left(\frac{S_1^2}{S_2^2} \frac{1}{F_{\frac{\alpha}{2}}(n_1 - 1, n_2 - 1)}, \frac{S_1^2}{S_2^2} \frac{1}{F_{1-\frac{\alpha}{2}}(n_1 - 1, n_2 - 1)} \right)$$

(μ_1, μ_2 已知时的讨论作为练习,请读者自己完成).

例6 两个正态总体 $N(\mu_1, \sigma_1^2), N(\mu_2, \sigma_2^2)$ 的参数都是未知的,依次取容量为 $n_1 = 21, n_2 = 13$ 的两个独立样本,测得样本方差依次为 $s_1^2 = 6.38, s_2^2 = 2.15$. 求两个总体方差比 σ_1^2/σ_2^2 的置信度为 0.95 的置信区间.

解 由题意知 $1 - \alpha = 0.95, \alpha = 0.05, n_1 = 21, n_2 = 13$ 查 F 分布表,得

$$F_{\frac{\alpha}{2}}(n_1 - 1, n_2 - 1) = F_{0.025}(20, 12) = 3.07,$$

$$F_{1-\frac{\alpha}{2}}(n_1 - 1, n_2 - 1) = F_{0.975}(20, 12) = \frac{1}{F_{0.025}(12, 20)} = \frac{1}{2.68},$$

$$\frac{s_1^2}{s_2^2} = \frac{6.38}{2.15} = 2.97,$$

所以 σ_1^2/σ_2^2 的 0.95 的置信区间为 $\left(\dfrac{2.97}{3.07}, 2.97 \times 2.68 \right) = (0.9674, 7.9596)$.

注 方差比的置信区间的含义是:若置信下限大于 1,则说明 σ_1 较大;若置信上限小于 1,则说明 σ_1 较小;若该区间包含 1,则难以从这次试验中判定两个总体波动性的大小. 例 6 属此情形.

利用枢轴量的方法及对不等式的恒等变形还可以得到由参数的置信区间求出参数函数的置信区间等方法,在这里我们不再作进一步讨论. 下面仅介绍在实际中比较有用的单侧置信区间的概念.

7.3.5 单侧置信区间

在实际问题中,还常常会遇到另一类区间估计问题. 例如,对于某系统中的元件,使用寿命、平均寿命过长无问题,平均寿命短就不行了. 在这种情形下,可将置信上限取为 $+\infty$,而只考虑置信下限,或在相反的情形下,只需考虑置信上限. 这种估计方法称为**单侧置信限的估计法**. 定义如下:

定义 7.3.2 设 $(X_1, X_2, \cdots, X_n)$ 是取自总体 X 的一个样本,对于未知参数 θ,如果存在统计量 $\theta_1(X_1, X_2, \cdots, X_n)$,对于给定的 $\alpha(0<\alpha<1)$,使得
$$P(\theta_1 < \theta) = 1 - \alpha,$$
那么称 $(\theta_1, +\infty)$ 为 θ 的置信度为 $1-\alpha$ **的单侧置信区间**,θ_1 称为 θ 的置信度为 $1-\alpha$ 的单侧置信区间的下限,简称为**单侧置信下限**.

类似地,如果存在统计量 $\theta_2(X_1, X_2, \cdots, X_n)$,对于给定的 $\alpha\ (0<\alpha<1)$,有
$$P(\theta < \theta_2) = 1 - \alpha,$$
那么称 $(-\infty, \theta_2)$ 为 θ 的置信度为 $1-\alpha$ **单侧置信区间**,θ_2 称为 θ 的**单侧置信上限**.

以下仅讨论正态总体 $N(\mu, \sigma^2)$ 的参数 μ, σ^2 的区间估计.

若正态总体 $X \sim N(\mu, \sigma^2)$,均值 μ、方差 σ^2 均未知,$X_1, X_2, \cdots, X_n$ 为总体 X 的一个样本,则均值 μ 的枢轴量为
$$T = \frac{\overline{X} - \mu}{S/\sqrt{n}} \sim t(n-1),$$
对给定的 α 有
$$P\left(\frac{\overline{X} - \mu}{S/\sqrt{n}} < t_\alpha(n-1)\right) = 1 - \alpha,$$
即
$$P\left(\mu > \overline{X} - \frac{S}{\sqrt{n}} t_\alpha(n-1)\right) = 1 - \alpha,$$
于是可得 μ 的单侧置信区间为
$$\left(\overline{X} - \frac{S}{\sqrt{n}} t_\alpha(n-1), +\infty\right),$$
其中 $\theta_1 = \overline{X} - \frac{S}{\sqrt{n}} t_\alpha(n-1)$ 为单侧置信区间下限.

设正态总体 $X \sim N(\mu, \sigma^2), \mu, \sigma^2$ 未知,$X_1, X_2, \cdots, X_n$ 为总体的一个样本,则关于 σ^2 的枢轴量为

$$\chi^2 = \frac{(n-1)S^2}{\sigma^2} \sim \chi^2(n-1),$$

对于给定的 α,有 $P\left(\frac{(n-1)S^2}{\sigma^2} > \chi^2_{1-\alpha}(n-1)\right) = 1-\alpha$,即

$$P\left(\sigma^2 < \frac{(n-1)S^2}{\chi^2_{1-\alpha}(n-1)}\right) = 1-\alpha,$$

于是得 σ^2 的单侧置信区间

$$\left(0, \frac{(n-1)S^2}{\chi^2_{1-\alpha}(n-1)}\right),$$

其中 $\bar{\theta}_2 = \frac{(n-1)S^2}{\chi^2_{1-\alpha}(n-1)}$ 为单侧置信区间上限.

由上可知,单侧置信区间的估计与双侧情形完全类似,只需注意要用单侧分位数即可.

例 7 从某批灯泡中随机地抽取 9 只做寿命试验,经计算得样本平均寿命为 1280 小时,样本方差 $s^2 = 99^2$,设寿命服从正态分布,试求寿命均值 μ 的置信度为 0.95 的单侧置信区间.

解 设灯泡寿命为 X,服从正态分布 $N(\mu, \sigma^2)$,其中方差 σ^2 未知,故应使用 t 分布,令

$$T = \frac{\overline{X} - \mu}{S} \sqrt{n},$$

则

$$T \sim t(n-1),$$

由 t 分布的上侧分位数 $t_\alpha(9-1) = t_{0.05}(8) = 1.8595$ 和 $P\left(\frac{\overline{X} - \mu}{S}\sqrt{n} < t_\alpha(n-1)\right) = 1-\alpha$,知

$$P\left(\mu > \overline{X} - t_\alpha(n-1)\frac{S}{\sqrt{n}}\right) = 1-\alpha.$$

对于给定的数值 $\bar{x} = 1280$,

$$\bar{x} - t_\alpha(n-1)\frac{s}{\sqrt{n}} = 1280 - 1.8595 \times \frac{99}{\sqrt{9}} = 1218.6365,$$

故寿命均值 μ 的置信度为 0.95 的单侧置信区间为 $(1218.6365, +\infty)$.

现将本节所讨论的各种情况列于表 7-1.

表 7-1 正态总体下未知参数的置信区间

样本	未知参数	条件	随机变量	分布	双侧置信区间上、下限	单侧置信下限	单侧置信上限
单个样本	μ	σ^2 已知	$U=\sqrt{n}\,\dfrac{\bar X-\mu}{\sigma}$	$N(0,1)$	$\bar X \pm u_{\frac{\alpha}{2}}\dfrac{\sigma}{\sqrt n}$	$\bar X - u_\alpha\dfrac{\sigma}{\sqrt n}$	$\bar X + u_\alpha\dfrac{\sigma}{\sqrt n}$
单个样本	μ	σ^2 未知	$T=\sqrt{n}\,\dfrac{\bar X-\mu}{S}$	$t(n-1)$	$\bar X \pm t_{\frac{\alpha}{2}}(n-1)\dfrac{S}{\sqrt n}$	$\bar X - t_\alpha(n-1)\dfrac{S}{\sqrt n}$	$\bar X + t_\alpha(n-1)\dfrac{S}{\sqrt n}$
单个样本	σ^2	μ 已知	$\chi^2=\dfrac{\sum_{i=1}^{n}(X_i-\mu)^2}{\sigma^2}$	$\chi^2(n)$	$\dfrac{\sum_{i=1}^{n}(X_i-\mu)^2}{\chi^2_{\frac{\alpha}{2}}(n)},\ \dfrac{\sum_{i=1}^{n}(X_i-\mu)^2}{\chi^2_{1-\frac{\alpha}{2}}(n)}$	$\dfrac{\sum_{i=1}^{n}(X_i-\mu)^2}{\chi^2_{\alpha}(n)}$	$\dfrac{\sum_{i=1}^{n}(X_i-\mu)^2}{\chi^2_{1-\alpha}(n)}$
单个样本	σ^2	μ 未知	$\chi^2=\dfrac{\sum_{i=1}^{n}(X_i-\bar X)^2}{\sigma^2}$	$\chi^2(n-1)$	$\dfrac{\sum_{i=1}^{n}(X_i-\bar X)^2}{\chi^2_{\frac{\alpha}{2}}(n-1)},\ \dfrac{\sum_{i=1}^{n}(X_i-\bar X)^2}{\chi^2_{1-\frac{\alpha}{2}}(n-1)}$	$\dfrac{\sum_{i=1}^{n}(X_i-\bar X)^2}{\chi^2_{\alpha}(n-1)}$	$\dfrac{\sum_{i=1}^{n}(X_i-\bar X)^2}{\chi^2_{1-\alpha}(n-1)}$

续表

样本	未知参数	随机变量	分布	双侧置信区间上、下限	单侧置信下限	单侧置信上限
两个样本	$\mu_1 - \mu_2$, σ_1^2, σ_2^2 均已知	$U = \dfrac{(\bar{X}-\bar{Y})-(\mu_1-\mu_2)}{\sqrt{\dfrac{\sigma_1^2}{n_1}+\dfrac{\sigma_2^2}{n_2}}}$	$N(0,1)$	$(\bar{X}-\bar{Y}) \pm u_{\frac{\alpha}{2}} \sqrt{\dfrac{\sigma_1^2}{n_1}+\dfrac{\sigma_2^2}{n_2}}$	$(\bar{X}-\bar{Y}) - u_\alpha \sqrt{\dfrac{\sigma_1^2}{n_1}+\dfrac{\sigma_2^2}{n_2}}$	$(\bar{X}-\bar{Y}) + u_\alpha \sqrt{\dfrac{\sigma_1^2}{n_1}+\dfrac{\sigma_2^2}{n_2}}$
	$\sigma_1^2=\sigma_2^2=\sigma^2$ 但未知	$T = \dfrac{(\bar{X}-\bar{Y})-(\mu_1-\mu_2)}{S_w \sqrt{\dfrac{1}{n_1}+\dfrac{1}{n_2}}}$	$t(n_1+n_2-2)$	$(\bar{X}-\bar{Y}) \pm t_{\frac{\alpha}{2}}(n_1+n_2-2) S_w \sqrt{\dfrac{1}{n_1}+\dfrac{1}{n_2}}$	$(\bar{X}-\bar{Y}) - t_\alpha(n_1+n_2-2) S_w \sqrt{\dfrac{1}{n_1}+\dfrac{1}{n_2}}$	$(\bar{X}-\bar{Y}) + t_\alpha(n_1+n_2-2) S_w \sqrt{\dfrac{1}{n_1}+\dfrac{1}{n_2}}$
	σ_1^2/σ_2^2, μ_1,μ_2 均已知	$F = \dfrac{\dfrac{\sum\limits_{i=1}^{n_1}(X_i-\mu_1)^2}{n_1 \sigma_1^2}}{\dfrac{\sum\limits_{i=1}^{n_2}(Y_i-\mu_2)^2}{n_2 \sigma_2^2}}$	$F(n_1, n_2)$	$\dfrac{1}{F_{\frac{\alpha}{2}}(n_1, n_2)} \cdot \dfrac{n_2 \sum\limits_{i=1}^{n_1}(X_i-\mu_1)^2}{n_1 \sum\limits_{i=1}^{n_2}(Y_i-\mu_2)^2},$ $\dfrac{1}{F_{1-\frac{\alpha}{2}}(n_1, n_2)} \cdot \dfrac{n_2 \sum\limits_{i=1}^{n_1}(X_i-\mu_1)^2}{n_1 \sum\limits_{i=1}^{n_2}(Y_i-\mu_2)^2}$	$\dfrac{1}{F_\alpha(n_1, n_2)} \cdot \dfrac{n_2 \sum\limits_{i=1}^{n_1}(X_i-\mu_1)^2}{n_1 \sum\limits_{i=1}^{n_2}(Y_i-\mu_2)^2}$	$\dfrac{1}{F_{1-\alpha}(n_1, n_2)} \cdot \dfrac{n_2 \sum\limits_{i=1}^{n_1}(X_i-\mu_1)^2}{n_1 \sum\limits_{i=1}^{n_2}(Y_i-\mu_2)^2}$
	μ_1, μ_2 均未知	$F = \dfrac{S_1^2}{S_2^2} \cdot \dfrac{\sigma_2^2}{\sigma_1^2}$	$F(n_1-1, n_2-1)$	$\dfrac{1}{F_{\frac{\alpha}{2}}(n_1-1, n_2-1)} \cdot \dfrac{S_1^2}{S_2^2},$ $\dfrac{1}{F_{1-\frac{\alpha}{2}}(n_1-1, n_2-1)} \cdot \dfrac{S_1^2}{S_2^2}$	$\dfrac{1}{F_\alpha(n_1-1, n_2-1)} \cdot \dfrac{S_1^2}{S_2^2}$	$\dfrac{1}{F_{1-\alpha}(n_1-1, n_2-1)} \cdot \dfrac{S_1^2}{S_2^2}$

*7.4 敏感问题的调查

抽样调查在人们生活工作的方方面面中起着越来越重要的作用. 对于敏感问题的调查,若采用直接问答往往会遭到拒绝或有意地说谎,使调查结果产生误差,降低调查的质量. 随机化应答技术被认为是最能有效地保护隐私、提高真实率的回答方法. 随机化应答技术基于"越少泄露问题的答案,越能较好合作的思想,被问者的答案仅仅提供概率意义下的信息". 它避免了被调查者在没有任何保护情况下直接回答从而能获得信任取得较真实的答案. 本节通过实例简单介绍了如何应用随机化应答技术对敏感问题进行调查.

敏感问题是指高度私人机密性或大多数人认为不便在公开场合表态及陈述的问题. 随机化应答技术是指在调查中使用特定的随机化装置,使得被调查者以预定的概率来回答敏感性问题,旨在最大限度地为被调查者保守秘密,取得被调查者的信任,从而得到对问题的真实回答.

例1(敏感问题的调查) 某学校为了了解学生考试的真实情况,需要知道有多少人作弊. 若调查者直接提出这样一个问题:"你作弊了吗?"恐怕得不到正确的回答. 下面我们应用随机化应答技术来解决这个问题.

在调查学生考试作弊的问题中,让每个人用一个随机化装置确定是回答被问的"敏感"问题还是去回答一个无关的"诱饵性"问题.

具体做法如下:

从学生总体中随机选取 n 个学生,对他们进行调查,要求将回答写在卡片上.

这里设计的两个问题是:

敏感问题:你在考试中作弊了吗?

诱饵问题:你的出生月份是偶数吗?

对每一问题,只要求回答"是"和"否".

在回答前,要求被调查者从装有红、黑两种球的箱中摸一个球(已知红球所占比例为 p). 摸到红色球,回答敏感问题;摸到黑色球,回答诱饵问题.

被调查者摸球的结果除他自己外,别人是不知道的. 同时答案内容的信息是保密的. 调查者收到答卷后也不知道被提问者回答的是哪一个问题. 这样可解除被提问者的顾虑,一般情况下能得到对问题真实的回答.

那么要问:根据被调查者的回答,我们应如何估计考试中作弊的真实比率呢?

首先,根据问题和上述做法,我们作如下假设:

1° 假设被调查的学生是从学生总体中抽取的简单随机样本,样本量比较大;

2° 假设被调查者说的是真话.

我们用 π_A 表示总体中作弊的学生所占比例,它是我们要估计的未知参数. 用

π_B 表示总体中出生月份是偶数的学生所占的比例(本问题中,$\pi_B=1/2$).p 是回答敏感问题(取到红球)的概率,$1-p$ 是回答诱饵问题(取到黑球)的概率.

设
$$X_i = \begin{cases} 1, & \text{被调查者回答"是"}, \\ 0, & \text{被调查者回答"否"}, \end{cases} \quad i=1,2,\cdots,n,$$

由全概率公式
$$P(\text{回答"是"}) = P(\text{回答敏感问题})P(\text{回答"是"}\mid\text{回答敏感问题})$$
$$+ P(\text{回答诱饵问题})P(\text{回答"是"}\mid\text{回答诱饵问题}).$$

记 $\pi=P(X_i=1)$,即有
$$\pi = p\pi_A + (1-p)\pi_B. \tag{7.4.1}$$

对随机选取的 n 个学生的调查结果 $X_1,X_2,\cdots,X_n$ 可看作是来自总体 $B(1,\pi)$ 的样本,π 的最大似然估计是
$$\hat{\pi} = \frac{1}{n}\sum_{i=1}^{n}x_i, \tag{7.4.2}$$

即调查结果中回答"是"的比例.

由(7.4.1)及最大似然估计的不变性,可得 π_A 的最大似然估计是
$$\hat{\pi}_A = \frac{\hat{\pi}-(1-p)\pi_B}{p}, \tag{7.4.3}$$

可以验证
$$E(\hat{\pi}_A) = E\left(\frac{\hat{\pi}-(1-p)\pi_B}{p}\right) = \frac{1}{p}[E(\hat{\pi})-(1-p)\pi_B]$$
$$= \frac{1}{p}[\pi-(1-p)\pi_B] = \frac{p\pi_A}{p} = \pi_A,$$

即 $\hat{\pi}_A$ 是 π_A 的无偏估计.

为了得到 π_A 的置信水平为 $1-\alpha$ 的置信区间,我们需要构造枢轴量.

由于 $\hat{\pi}_A$ 的方差为
$$D(\hat{\pi}) = D\left(\frac{1}{n}\sum_{i=1}^{n}X_i\right) = \frac{1}{n^2}\sum_{i=1}^{n}D(X_i) = \frac{1}{n}\pi(1-\pi),$$

故由式(7.4.3),$\hat{\pi}_A$ 的方差是
$$D(\hat{\pi}_A) = D\left[\frac{\hat{\pi}-(1-p)\pi_B}{p}\right] = \frac{D(\hat{\pi})}{p^2} = \frac{\pi(1-\pi)}{np^2}, \tag{7.4.4}$$

将 π 的估计值 $\hat{\pi}$ 代入式(7.4.4),得 $\hat{\pi}_A$ 的方差的一个点估计为
$$S_A^2 = \frac{\hat{\pi}(1-\hat{\pi})}{np^2}, \tag{7.4.5}$$

可以证明,当 $n\to\infty$ 时,$U=\dfrac{\hat{\pi}_A-\pi_A}{S_A}$ 近似地服从 $N(0,1)$ 分布.

对给定的置信水平 $1-\alpha$,查标准正态分布函数表确定上侧分位数 $u_{\alpha/2}$,使

$$P(|U| \leqslant u_{\alpha/2}) = 1-\alpha,$$

由此可得 π_A 的置信水平为 $1-\alpha$ 的渐近置信区间为 $\hat{\pi}_A \pm u_{\alpha/2} S_A$，其中 $S_A = \sqrt{\dfrac{\hat{\pi}(1-\hat{\pi})}{np^2}}$.

若在一次调查中，使用上述调查方法。装有红、黑两种球的箱中，红球占的比例 $p=0.8$，共抽选了 300 名学生，有 90 名学生选择了"是"，可得到 $\hat{\pi}=90/300=0.3$. π_A 的估计是

$$\hat{\pi}_A = \frac{\hat{\pi}-(1-p)\pi_B}{p} = \frac{0.3-(1-0.8)\times 0.5}{0.8} = 0.25,$$

$$S_A = \sqrt{\frac{\hat{\pi}(1-\hat{\pi})}{np^2}} = 0.03307.$$

置信水平为 0.95 的渐近置信区间为 $\hat{\pi}_A \pm u_{0.025} S_A$，即

$$0.25 \pm 1.96 \times 0.03307 = (0.18518, 0.31482).$$

习 题 7

A

1. 选择题

(1) 设总体 $X \sim U(0,\theta)$，$\theta > 0$ 为未知参数，$X_1, X_2, \cdots, X_n$ 为样本，则 θ 的矩估计量为（　　）.

A. $\dfrac{\bar{X}}{2}$　　　B. $\bar{X}$　　　C. $2\bar{X}$　　　D. $3\bar{X}$

(2) 设总体 $X \sim N(\mu_0, \sigma^2)$，其中 μ_0 已知，$X_1, X_2, \cdots, X_n$ 为 X 的样本容量为 n 的简单随机样本，则 σ^2 的最大似然估计量是（　　）.

A. $\dfrac{1}{n-1}\sum\limits_{i=1}^{n}(X_i-\mu_0)^2$　　　B. $\dfrac{1}{n}\sum\limits_{i=1}^{n}(X_i-\mu_0)^2$

C. $\dfrac{1}{n-1}\sum\limits_{i=1}^{n}(X_i-\bar{X})^2$　　　D. $\dfrac{1}{n}\sum\limits_{i=1}^{n}(X_i-\bar{X})^2$

(3) 设 $X \sim N(\mu,\sigma^2)$，X_1, X_2, X_3, X_4 为 X 的一个样本，下列各项为 μ 的无偏估计，其中最有效估计量为（　　）.

A. $X_1 + 2X_2 + 2X_3 - 4X_4$　　　B. $\dfrac{1}{4}\sum\limits_{i=1}^{4}X_i$

C. $0.5X_1 + 0.5X_4$　　　D. $0.1X_1 + 0.5X_2 + 0.4X_3$

(4) 设 $X_1, X_2, \cdots, X_n$ 为正态总体 $N(\mu, 4)$ 的一个样本，$\bar{X}$ 表示样本均值，则 μ 的置信度为 $1-\alpha$ 的置信区间为（　　）.

A. $\left(\bar{X} - u_{\alpha/2}\dfrac{4}{\sqrt{n}}, \bar{X} + u_{\alpha/2}\dfrac{4}{\sqrt{n}}\right)$　　　B. $\left(\bar{X} - u_{1-\alpha/2}\dfrac{2}{\sqrt{n}}, \bar{X} + u_{1-\alpha/2}\dfrac{2}{\sqrt{n}}\right)$

C. $\left(\bar{X} - u_{\alpha}\dfrac{2}{\sqrt{n}}, \bar{X} + u_{\alpha}\dfrac{2}{\sqrt{n}}\right)$　　　D. $\left(\bar{X} - u_{\alpha/2}\dfrac{2}{\sqrt{n}}, \bar{X} + u_{\alpha/2}\dfrac{2}{\sqrt{n}}\right)$

第7章 参数估计

2.填空题

(1) 设 $X_1, X_2, \cdots, X_n$ 是来自总体 $N(\mu, \sigma^2)$ 的一个样本，μ, σ^2 均未知，则 σ^2 的矩估计量为_____．

(2) 设总体 X 的分布律为
$$P(X=1) = \theta^2, \quad P(X=2) = 2\theta(1-\theta), \quad P(X=3) = (1-\theta)^2,$$
其中 $0 < \theta < 1$．现观测结果为 $\{1,2,2,1,2,3\}$，则 θ 的最大似然估计值 $\hat{\theta} =$ _____．

(3) 设总体 X 服从指数分布，其概率密度为
$$f(x) = \begin{cases} \theta e^{-\theta x}, & x > 0, \\ 0, & x \leqslant 0, \end{cases}$$
其中 $\theta > 0$ 是未知参数，$(X_1, X_2, \cdots, X_n)$ 是取自总体 X 的一个样本，则参数 θ 的最大似然估计量为_____．

(4) 设 X_1, X_2, X_3 为总体 X 的简单随机样本，$T = \dfrac{1}{2} X_1 + \dfrac{1}{6} X_2 + k X_3$，已知 T 是 $E(X)$ 的无偏估计，则 $k =$ _____．

(5) 设由来自总体 $N(\mu, 0.9^2)$ 的容量为 9 的简单随机样本其样本均值为 $\bar{x} = 5$，则 μ 的置信度为 0.95 的置信区间是_____．

3. 设总体 X 的分布律为

X	0	1	2	3
p_i	θ^2	$2\theta(1-\theta)$	θ^2	$1-2\theta$

其中 $\theta\ (0 < \theta < 1/2)$ 未知，$(X_1, X_2, \cdots, X_8)$ 是取自总体 X 的样本，3,1,0,3,3,1,2,3 是对应的样本值，求参数 θ 的矩估计值和最大似然估计值．

4. 设总体 X 的概率密度为
$$f(x) = \begin{cases} \theta x^{\theta-1}, & 0 < x < 1, \\ 0, & \text{其他}, \end{cases}$$
其中 $\theta > 0$ 是未知参数，$(X_1, X_2, \cdots, X_n)$ 是取自总体 X 的的样本，求参数 θ 的矩估计量和最大似然估计量．

5. 设某机器生产的零件长度(单位：cm) $X \sim N(\mu, \sigma^2)$，今抽取容量为 16 的样本，测得样本均值 $\bar{x} = 10$，样本方差 $s^2 = 0.16$．试分别求 μ 和 σ^2 的置信度为 0.95 的置信区间．

6. 某厂生产的零件质量 X 服从正态分布 $X \sim N(\mu, \sigma^2)$．现从该厂生产的零件中抽取 9 个，测得其质量为(单位：g)

　　　45.3,　45.4,　45.1,　45.3,　45.5,　45.7,　45.4,　45.3,　45.6.

试求总体标准差 σ 的置信度为 0.95 的置信区间．

7. 总体 $X \sim N(\mu, \sigma^2)$，σ^2 已知，问需抽取容量 n 为多大的样本，才能使 μ 的置信水平为 $1-\alpha$ 的置信区间的长度不大于 L．

B

1.选择题

(1) 设 $X_1, X_2, \cdots, X_n$ 是来自总体 $N(\mu, 1)$ 的一个样本，则 $P(X < 0)$ 的最大似然估计是 (　)．

A. $\bar{X}$ B. $\Phi(\bar{X})$ C. $1-\Phi(\bar{X})$ D. 0.5

(2) 设 $X_1,X_2,\cdots,X_n$ 是来自总体 $N(0,\sigma^2)$ 的一个样本,则下列为 σ^2 的无偏估计量的是( ).

A. $\sum\limits_{i=1}^{n} X_i^2$ B. $\dfrac{1}{n}\sum\limits_{i=1}^{n}(X_i-\bar{X})^2$

C. $\dfrac{1}{n-1}\sum\limits_{i=1}^{n} X_i^2$ D. $\dfrac{1}{n}\sum\limits_{i=1}^{n} X_i^2$

(3) 对于区间估计,当样本容量固定时,下面说法正确的是( ).
A. 置信度越大,对参数取值范围估计越准确
B. 置信度越大,置信区间越长
C. 置信度越大,置信区间越短
D. 置信度大小与置信区间的长度无关

(4) 设总体 $X\sim N(\mu,\sigma^2)$,$X_1,X_2,\cdots,X_n$ 为其简单随机样本,当 μ 为未知参数,则 σ^2 的置信度为 $1-\alpha$ 的置信区间为( ).

A. $\left(\dfrac{\sum\limits_{i=1}^{n}(X_i-\mu)^2}{\chi^2_{\frac{\alpha}{2}}(n)},\dfrac{\sum\limits_{i=1}^{n}(X_i-\mu)^2}{\chi^2_{1-\frac{\alpha}{2}}(n)}\right)$

B. $\left(\dfrac{\sum\limits_{i=1}^{n}(X_i-\bar{X})^2}{\chi^2_{\frac{\alpha}{2}}(n-1)},\dfrac{\sum\limits_{i=1}^{n}(X_i-\bar{X})^2}{\chi^2_{1-\frac{\alpha}{2}}(n-1)}\right)$

C. $\left(\dfrac{(n-1)S^2}{\chi^2_{\alpha}(n-1)},\dfrac{(n-1)S^2}{\chi^2_{1-\alpha}(n-1)}\right)$

D. $\left(\dfrac{(n-1)S^2}{\chi^2_{\frac{\alpha}{2}}(n)},\dfrac{(n-1)S^2}{\chi^2_{1-\frac{\alpha}{2}}(n)}\right)$

2. 填空题

(1) 设总体 $X\sim B(m,p)$,其中 $0<p<1$ 为未知参数. $X_1,X_2,\cdots,X_n$ 是取自总体 X 的一个样本,则 p 的矩估计量为_____.

(2) 设总体 $X\sim N(\mu,16)$,μ 未知,$X_1,X_2,\cdots,X_{16}$ 为来自该总体的样本,$\bar{X}$ 为样本均值,u_α 为标准正态分布的上侧 α 分位数. 当 μ 的置信区间是 $(\bar{X}-u_{0.05},\bar{X}+u_{0.05})$ 时,则置信度为_____.

(3) 设总体 $X\sim N(\mu,\sigma^2)$,μ,σ^2 均未知,选取样本容量为 n 的简单随机样本,样本方差为 S^2,求 σ^2 的置信度为 $1-\alpha$ 的置信区间时,选取的枢轴量为_____.

3. 设总体 X 的概率密度函数为 $f(x;\theta)=\begin{cases}\theta, & 0\leqslant x<1,\\ 1-\theta, & 1\leqslant x<2,\\ 0, & \text{其他}\end{cases}$,其中 θ 为未知参数($0<\theta<1$),$X_1,X_2,\cdots,X_n$ 为来自总体 X 的一个简单随机样本,记 m 为样本值 $x_1,x_2,\cdots,x_n$ 中小于 1 的个数.

求:(1) θ 的矩估计量;(2) θ 的最大似然估计量.

4. 设总体 $X\sim N(\mu,\sigma^2)$,已知样本观察值有 $\sum\limits_{i=1}^{15} x_i=8.7$,$\sum\limits_{i=1}^{15} x_i^2=25.05$,试求总体均

值 μ 的置信度为 0.95 的置信区间.

5. 为试验某种肥料对提高水稻产量的影响,在条件相同的地域中选定相同面积的小试验田若干块. 试验结果表明,施加该种肥料的 8 块试验田产量分别为(单位:kg)

12.6, 10.2, 11.7, 12.3, 11.1, 10.5, 10.6, 12.2;

另外 10 块未施肥的试验田产量分别为(单位:kg)

8.6, 7.9, 9.3, 10.7, 11.2, 11.4, 9.8, 9.5, 10.1, 8.5.

假设两总体都服从正态分布,且方差相等. 试以 95% 的可靠性估计施肥后水稻产量提高多少?

6. 某车间生产滚轴,从长期实践中知道,滚轴直径 X 服从正态分布,现从某天生产的产品中随机抽取 6 个,测得它们的直径(单位:mm)如下:

3.46, 3.51, 3.49, 3.48, 3.52, 3.51.

试以 95% 的置信水平估计该天产品的平均直径的范围.

7. 为了估计磷肥对某农作物增产的作用,现选用 20 块条件大致相同的地块进行对比试验,其中 10 块地施磷肥,另外 10 块地不施磷肥,得到单位面积的产量如下(单位:kg):

施磷肥:620,570,650,600,630,580,570,600,600,580;

不施磷肥:560,590,560,570,580,570,600,550,570,550.

设施磷肥的地块的单位面积的产量 $X \sim N(\mu_1, \sigma^2)$,不施磷肥的地块的单位面积的产量 $Y \sim N(\mu_2, \sigma^2)$,求 $\mu_1 - \mu_2$ 的置信度为 0.95 的置信区间.

8. 某钢铁公司的管理人员为比较新旧两个电炉的温度状况,他们抽取了新电炉的 31 个温度数据及旧电炉的 25 个温度数据,并计算得样本方差分别为 $s_1^2 = 75$ 及 $s_2^2 = 100$. 设新电炉的温度 $X \sim N(\mu_1, \sigma_1^2)$,旧电炉的温度 $Y \sim N(\mu_2, \sigma_2^2)$,试求 $\dfrac{\sigma_1^2}{\sigma_2^2}$ 的置信度为 0.95 的置信区间.

奈曼　　第 7 章测试题

第 8 章 假 设 检 验

第 7 章介绍的参数估计,是通过样本的观察值对总体分布中的未知参数作出估计,但在实际应用中,还有另外一类重要问题,就是根据样本的观察值对总体分布的相关假设作出结论性判断,即假设检验问题.

8.1 假设检验的基本概念

假设检验的
基本概念

8.1.1 问题的提出

为了具体说明假设检验解决哪些类型的问题,先看几个例子.

例 1 某炼铁厂生产的生铁,含砂量服从正态分布,由过去大量的数据算得含砂量平均值为 $0.700(\%)$,均方差为 $0.030(\%)$,现在炼铁原料有了改变,从改变后的产生记录中随机地抽取 $n=25$ 的样本,算得平均含砂量的值 $\bar{x}$ 为 $0.670(\%)$,若均方差 σ 没有改变,问生铁含砂量有无显著变化?

例 2 某厂生产某种产品,由经验知,其强力服从正态分布,强力均方差 $\sigma=7.5$ 千克,后改变原料,从新产品中抽取 16 件进行测试,得样本标准差为 8.5 千克,问新产品的强力标准差是否有明显增加?

例 3 某电话交换台在 1 分钟内得到的呼唤次数统计的记录如下:

呼唤次数	0	1	2	3	4	5	6	≥7
频数	8	16	17	10	6	2	1	0

试检验电话呼唤次数 X 是否服从泊松分布.

以上三个例子都是假设检验中常见的问题,在例 1、例 2 中,总体的分布类型已知,仅对总体中的未知参数及其有关性质进行判断,这种检验称为**参数假设检验**. 设总体分布类型未知,若检验其分布属于某种类型(如例 3 中的问题)或两个变量是否独立,或两个总体的分布函数是否相同等,称为**非参数假设检验**. 本书主要介绍参数假设检验的情况.

8.1.2 假设检验的基本原理

我们以例 1 为代表,就提出的问题建立模型,并分析模型回答问题,借此来说明假设检验的基本原理.

首先把原料改变后生铁的含砂量看作一个总体,把原来的生铁含砂量看作另一个总体,那么问题就化为两个生铁含砂量的总体平均值有无差异的问题,为了解决这一问题,先作出假设,以下称之为**原假设**(或**零假设**),记为 H_0,此例中可以假设原料改变后的生铁含砂量并无变化,其均值仍为 $0.700(\%)$,即

$$H_0: \mu = 0.700(\%),$$

同时我们把原假设 H_0 的对立面,即含砂量均值不是 $0.700(\%)$ 称为**备择假设**(或**对立假设**),记为 H_1,即

$$H_1: \mu \neq 0.700(\%),$$

于是例 1 的假设检验问题,就是根据样本所提供的信息判断 H_0 与 H_1 中谁对,即检验假设

$$H_0: \mu = 0.700(\%); \quad H_1: \mu \neq 0.700(\%).$$

若 H_0 为真,则现在生铁含砂量 $X \sim N(0.700, (0.030)^2)$,由统计理论知道,样本均值 $\overline{X} \sim N\left(0.700, \dfrac{(0.030)^2}{25}\right)$,即 $\overline{X} \sim N(0.700, (0.006)^2)$,其中 $0.700 = E(\overline{X}) = \mu$,$0.006 = \sigma(\overline{X})$,故

$$U = \frac{\overline{X} - 0.700}{0.006} \sim N(0,1),$$

显然 U 的观察值 u 应集中在零的周围.

由正态分布的对称性及上侧分位数的定义,易得问题的数学模型如下:

$$P(|U| > u_{\frac{\alpha}{2}}) = \alpha,$$

α 为给定的一个小概率值,可为 $0.05, 0.01, 0.001$ 等.取 $\alpha = 0.05$,通过 $1 - \dfrac{\alpha}{2}$ 的值反查标准正态分布表得 $u_{\frac{\alpha}{2}} = u_{0.025} = 1.96$,于是有

$$P(|U| > 1.96) = 0.05.$$

下面我们对此模型进行分析说明:

若 H_0 为真时,U 的观察值 u 落在 $\{|U| > 1.96\}$ 中的概率仅为 0.05,这是一个小概率事件,可以认为在一次实际的抽样中,这个小概率事件几乎是不可能发生的.一旦发生,自然就有理由怀疑 H_0 为真的假设,从而拒绝 H_0,否则就接受 H_0;我们把小概率事件 $W = \{|U| > u_{\frac{\alpha}{2}}\}$ 或 $W = \{|U| > 1.96\}$ 称为**拒绝域**(并把 $u_{\frac{\alpha}{2}}$ 或 1.96 称为**临界值**).于是可简言之:若 U 的观察值 u 落在拒绝域中则拒绝 H_0,否则接受 H_0.

计算 U 的观察值

$$u = \frac{\overline{x} - 0.700}{0.006} = \frac{0.670 - 0.700}{0.006} = -5.$$

由于 $|u|=5>1.96$，即 u 落在拒绝域 $W=\{|U|>1.96\}$ 中，所以拒绝 H_0，从而接受 H_1，即认为原料改变后，生铁的含砂量有显著变化.

上述的讨论，其推理方法有以下两个特点.

(1) 用了反证法的思想.

为检验假设，先假设其中的原假设 H_0 为真，在 H_0 为真的条件下，若得出一个不尽合理的结果，就否定 H_0，接受 H_1，否则就接受 H_0.

(2) 用了"小概率事件的原理".

这里的反证法不同于纯数学中的反证法，所谓"不合理"，并不是形式逻辑中的绝对的矛盾，而是基于人们在实践中广泛使用的一个原则：

小概率事件原理：小概率事件在一次试验中基本上不会发生.

综上所述，可以概括为一句话：假设检验是某种带有概率性质的反证法.

8.1.3 两类错误

用概率性质的反证法进行假设检验会不会犯错误呢？犯错误的概率有多大？

首先我们看到，其中 H_0 为真，小概率事件虽然是发生可能性很小的事件，但并非绝对不发生. 因此，按上面的原则拒绝 H_0，就难免将正确的结果加以否定，这种"弃真"的错误，称为**第一类错误**，犯第一类错误的概率为

$$P(拒绝\ H_0\ |\ H_0\ 为真) = \alpha, \qquad (8.1.1)$$

这个概率是小概率，并称 α 为检验的**显著性水平**，简称为**检验水平**.

除了第一类错误外，还有另一类错误，即当 H_0 不真时，而样本观察值未落入拒绝域 W，因而接受 H_0，这种"取伪"的错误称为**第二类错误**，犯第二类错误的概率为

$$P(接受\ H_0\ |\ H_1\ 为真) = \beta. \qquad (8.1.2)$$

两类错误的分析列表如表 8-1 所示.

表 8-1

真实情况	判断	
	接受 H_0	拒绝 H_0
H_0 成立	判断正确	第一类错误
H_1 成立	第二类错误	判断正确

我们自然希望犯两类错误的概率都很小，但当 H_0, H_1 给定，样本容量 n 固定时，这是办不到的，只有增大样本容量 n，才能使 α, β 都变得小些.

8.1.4 假设检验的重要步骤

下面我们在假设检验原理的基础上,提炼出假设检验的重要步骤,如下:

$1°$ 提出原假设 H_0 及备择假设 H_1.

$2°$ 构造检验统计量,在 H_0 为真的条件下,确定该统计量的分布.

$3°$ 确定 H_0 的拒绝域:在给定检验水平 $\alpha(0<\alpha<1)$ 的条件下,查统计量所服从的分布表,可得临界值,从而确定拒绝域 W.

$4°$ 判断:由样本观察值算出统计量的值,若落在拒绝域 W 中拒绝 H_0;否则就接受 H_0.

8.2 正态总体均值的检验

单个正态总体均值的检验

8.2.1 单个正态总体均值的检验

1. 方差 σ_0^2 已知

设 $X_1,X_2,\cdots,X_n$ 是从正态总体 $N(\mu,\sigma_0^2)$ 中抽取的一个样本,其中 σ_0^2 为已知常数,现在要检验假设 $H_0:\mu=\mu_0$;$H_1:\mu\neq\mu_0$.

检验的关键是找一个合适的统计量,由 8.1 节例 1 讨论知,在 H_0 成立时,$\overline{X}\sim N\left(\mu_0,\dfrac{\sigma_0^2}{n}\right)$,将 $\overline{X}$ 标准化,得到统计量

$$U=\frac{\overline{X}-\mu_0}{\sigma_0}\sqrt{n} \qquad (8.2.1)$$

服从标准正态分布 $N(0,1)$.

对于给定的检验水平 α,查标准正态分布表,得出临界值 $u_{\frac{\alpha}{2}}$,使得

$$P(|U|>u_{\frac{\alpha}{2}})=\alpha,$$

(图 8-1)故检验的拒绝域为

$$W=\{|U|>u_{\frac{\alpha}{2}}\},$$

或

$$W=\{U>u_{\frac{\alpha}{2}} \text{ 或 } U<-u_{\frac{\alpha}{2}}\}.$$

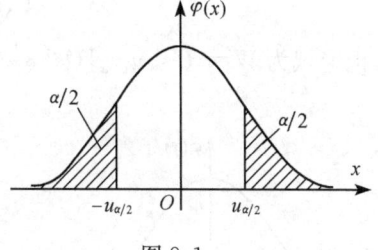

图 8-1

将样本观察值 $(x_1,x_2,\cdots,x_n)$ 代入式 (8.2.1),算出 U 的观察值 u,若 $|u|>u_{\frac{\alpha}{2}}$,拒绝 H_0,即认为总体的均值 μ 与 μ_0 之间有显著差异;否则,若 $|u|\leqslant u_{\frac{\alpha}{2}}$,则接受 H_0,即认为观察结果与假设 H_0 给定的 μ_0 无显著差异.

这种用服从正态分布的统计量作为检验的方法称为 **U 检验法**.

上述检验中的拒绝域 $W=\{|U|>u_{\frac{\alpha}{2}}\}$ 为双侧的,即 $U>u_{\frac{\alpha}{2}}$ 或 $U<-u_{\frac{\alpha}{2}}$,统计量 U 落入 $(-\infty,-u_{\frac{\alpha}{2}})$ 和 $(u_{\frac{\alpha}{2}},+\infty)$ 的概率之和为 $\frac{\alpha}{2}+\frac{\alpha}{2}=\alpha$,则此检验称为**双侧检验**.

有时我们只考虑总体均值是否增大(或减小),比如经过工艺改革后,考虑某材料的强度是否比以前提高,这时,考虑的问题是在新工艺下总体的均值 μ 是否小于等于原总体的均值 μ_0 还是大于 μ_0,即要检验假设

$$H_0:\mu\leqslant\mu_0;\quad H_1:\mu>\mu_0,$$

可以证明,它和假设检验问题

$$H_0:\mu=\mu_0;\quad H_1:\mu>\mu_0$$

在同一检验水平 α 下的检验法是一样的,以下只考虑后者情形.

与前面的讨论法类似,用式(8.2.1)的统计量 U,对于给定的显著性水平 α,查标准正态分布表,求出 u_α,使得

$$P(U>u_\alpha)=\alpha,$$

(图 8-2)此时拒绝域为 $W=\{U>u_\alpha\}$.

我们称此检验为**右方单侧检验**.

类似地,检验假设

$$H_0:\mu=\mu_0;\quad H_1:\mu<\mu_0,$$

对于给定的显著水平 α,查标准正态分布表,求出 u_α,即 $-u_{1-\alpha}$ 使上述统计量 U 满足

$$P(U<u_{1-\alpha})=\alpha,$$

其拒绝域为 $W=\{U<u_{1-\alpha}\}$(图 8-3),这种检验称为**左方单侧检验**.

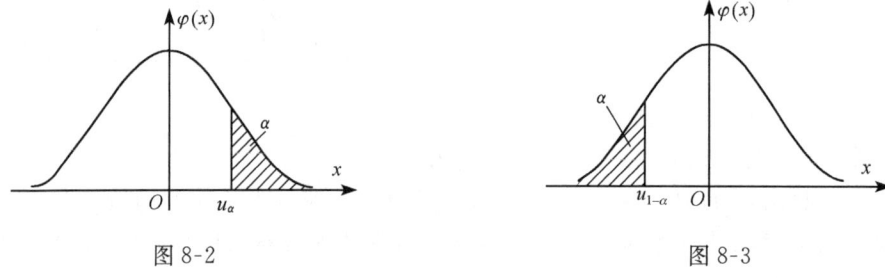

图 8-2   图 8-3

例 1 某车间生产钢丝,用 X 表示钢丝的折断力,由经验判断 $X\sim N(\mu,\sigma^2)$,

其中 $\mu=570, \sigma^2=8^2$；今换了一批材料，从性能上看估计折断力的方差 σ^2 不会有什么变化（即仍有 $\sigma^2=8^2$），但不知折断力的均值 μ 和原先有无差别. 现抽得样本，测得其折断力分别为

$$578,572,570,568,572,570,570,572,596,584.$$

取 $\alpha=0.05$，试检验折断力均值有无变化？

解 (1) 建立假设 $H_0:\mu=\mu_0=570, H_1:\mu\neq 570$.

(2) 因方差已知，选择统计量 $U=\dfrac{\overline{X}-\mu_0}{\dfrac{\sigma}{\sqrt{n}}}\sim N(0,1)$.

(3) 对于给定的显著性水平 $\alpha=0.05$，查标准正态分布表，得 $u_{\frac{\alpha}{2}}=u_{0.025}=1.96$，从而拒绝域 $W=\{|U|>1.96\}$.

(4) 由于 $\bar{x}=\dfrac{1}{10}\sum_{i=1}^{10}x_i=575.20, \sigma^2=64$，计算统计量 U 的观测值

$$|u|=\left|\dfrac{\bar{x}-\mu_0}{\dfrac{\sigma}{\sqrt{n}}}\right|=2.06>1.96,$$

故应拒绝 H_0，也即认为折断力的均值发生了变化.

例 2 某种元件，要求使用寿命不得低于 1000h，现从一批这种元件中随机抽取 25 件，测得其寿命平均值为 950h，已知该元件寿命 $X\sim N(\mu,100^2)$，在显著性水平 $\alpha=0.05$ 下，确定这批元件是否合格.

解 本例为左方单侧检验问题，即在 $\alpha=0.05$ 下，检验假设

$$H_0:\mu=1000;\quad H_1:\mu<1000,$$

对于检验水平 $\alpha=0.05$，查标准正态分布表，得

$$u_\alpha=u_{0.05}=1.645,\quad u_{0.95}=-u_{0.05}=-1.645,$$

拒绝域 $W=\{U<-1.645\}$.

计算统计量 U 的观察值

$$u=\dfrac{\bar{x}-\mu_0}{\sigma_0}\sqrt{n}=\dfrac{950-1000}{100}\sqrt{25}=-2.5,$$

由于

$$u=-2.5<-1.645=-u_{0.05},$$

故拒绝 H_0，认为此批元件的平均寿命偏低，即不合格.

2. 方差 σ^2 未知

设 $X_1, X_2, \cdots, X_n$ 是从正态总体 $N(\mu,\sigma^2)$ 中抽取的一个样本，其中 σ^2 未知，现

在要检验假设

$$H_0: \mu = \mu_0; \quad H_1: \mu \neq \mu_0,$$

由于方差 σ^2 未知,(8.2.1)式不能用.因为它含有未知参数 σ,一个自然的想法是,用样本方差 S^2 代替 σ^2,构造统计量 T,记

$$T = \frac{\overline{X} - \mu_0}{S}\sqrt{n}, \tag{8.2.2}$$

其中

$$S = \sqrt{\frac{1}{n-1}\sum_{i=1}^{n}(X_i - \overline{X})^2}.$$

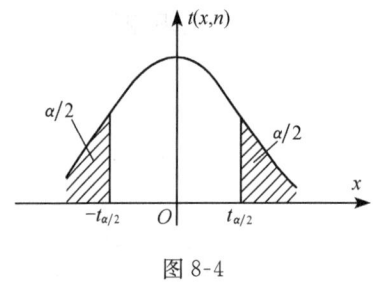

图 8-4

由统计理论知,在 H_0 为真时,$T \sim t(n-1)$,此时 T 的观察值应集中在零的附近,否则,$|T|$ 的观察值有偏大趋势,故对给定的显著性水平 α,查 t 分布表,得临界值 $t_{\frac{\alpha}{2}}(n-1)$,使

$$P(|T| > t_{\frac{\alpha}{2}}(n-1)) = \alpha,$$

(图 8-4)故检验的拒绝域为

$$W = \{|T| > t_{\frac{\alpha}{2}}(n-1)\}.$$

这种利用 t 分布统计量的检验方法称为 **t 检验法**,单侧检验的情形类似于本节前段的讨论.

例 3 某批矿砂的五个样品中镍含量(%)经测定为

3.25, 3.27, 3.24, 3.26, 3.24.

设测定值服从正态分布,问能否接受原假设 H_0:这批矿砂的镍含量为 3.25%($\alpha = 0.05$)?

解 问题是方差未知时检验假设

$$H_0: \mu = 3.25(\%); \quad H_1: \mu \neq 3.25(\%).$$

由于方差 σ^2 未知,因而用 t 检验法,对于检验水平 $\alpha = 0.05$,自由度 $n-1 = 4$,查 t 分布表,得临界值 $t_{\frac{\alpha}{2}}(n-1) = t_{0.025}(4) = 2.7764$,拒绝域为

$$W = \{|T| > 2.7764\},$$

由样本观察值得

$$\bar{x} = 3.252, \quad s = 0.013.$$

则 T 的观察值

$$t = \frac{\bar{x} - \mu}{s}\sqrt{n} = \frac{3.252 - 3.25}{0.013}\sqrt{5} = 0.344,$$

由于
$$|t| = 0.344 < 2.7764 = t_{0.025}(4),$$
故接受 H_0,即认为此批矿砂含镍量为 3.25.

8.2.2 两个正态总体均值的检验

设两个正态总体 $X \sim N(\mu_1, \sigma_1^2)$, $Y \sim N(\mu_2, \sigma_2^2)$, $X_1, X_2, \cdots, X_{n_1}$ 和 $Y_1, Y_2, \cdots, Y_{n_2}$ 是分别从总体 X 和总体 Y 中抽取的两个独立样本,$\overline{X}, \overline{Y}$ 和 S_1^2, S_2^2 分别为两样本的均值和方差.

1. σ_1^2, σ_2^2 已知

要检验假设
$$H_0: \mu_1 = \mu_2; \quad H_1: \mu_1 \neq \mu_2.$$

在方差已知的条件下,检验两个正态总体的均值是否相等,同样可用 U 检验法,由于
$$\overline{X} \sim N\left(\mu_1, \frac{\sigma_1^2}{n_1}\right), \quad \overline{Y} \sim N\left(\mu_2, \frac{\sigma_2^2}{n_2}\right),$$

又有
$$E(\overline{X} - \overline{Y}) = E(\overline{X}) - E(\overline{Y}) = \mu_1 - \mu_2,$$
$$D(\overline{X} - \overline{Y}) = D(\overline{X}) + D(\overline{Y}) = \frac{\sigma_1^2}{n_1} + \frac{\sigma_2^2}{n_2},$$

故
$$\overline{X} - \overline{Y} \sim N\left(\mu_1 - \mu_2, \frac{\sigma_1^2}{n_1} + \frac{\sigma_2^2}{n_2}\right),$$

当 H_0 成立时,取统计量
$$U = \frac{\overline{X} - \overline{Y}}{\sqrt{\frac{\sigma_1^2}{n_1} + \frac{\sigma_2^2}{n_2}}} \sim N(0,1), \tag{8.2.3}$$

对给定的显著性水平 α,查正态分布表,求得临界值 $u_{\frac{\alpha}{2}}$,使得
$$P(|U| > u_{\frac{\alpha}{2}}) = \alpha,$$

检验的拒绝域为
$$W = \{|U| > u_{\frac{\alpha}{2}}\}.$$

类似地可以讨论单侧假设检验问题.

2. $\sigma_1^2 = \sigma_2^2 = \sigma^2$ 未知

要检验假设
$$H_0: \mu_1 = \mu_2; \quad H_1: \mu_1 \neq \mu_2,$$
选取统计量
$$T = \frac{\overline{X} - \overline{Y}}{S_w \sqrt{\frac{1}{n_1} + \frac{1}{n_2}}}, \tag{8.2.4}$$

$$S_w^2 = \frac{1}{n_1 + n_2 - 2}\left[\sum_{i=1}^{n_1}(X_i - \overline{X})^2 + \sum_{i=1}^{n_2}(Y_i - \overline{Y})^2\right],$$

$$S_w = \sqrt{S_w^2},$$

在 H_0 为真的条件下，$T \sim t(n_1 + n_2 - 2)$，对给定的显著性水平 α，查 t 分布表，求得临界值 $t_{\frac{\alpha}{2}}$，拒绝域为
$$W = \{|T| > t_{\frac{\alpha}{2}}\}.$$

类似地可讨论单侧假设检验问题.

例 4 从两批同类型电子器材中独立地抽取容量均为 6 的两个样本，得电阻平均值 $\overline{x} = 0.1410, \overline{y} = 0.1385$，样本方差为 $s_1^2 = 0.000007866, s_2^2 = 0.0000071$，假设两批器材的电阻均服从正态分布，且方差相等，问这两批电子器材的电阻均值是否相等($\alpha = 0.05$)？

解 要检验的假设为
$$H_0: \mu_1 = \mu_2; \quad H_1: \mu_1 \neq \mu_2,$$
由于 $\sigma_1^2 = \sigma_2^2 = \sigma^2$ 未知，用 t 检验，选取式(8.2.4)的 T 为统计量.

对于 $\alpha = 0.05, n_1 + n_2 - 2 = 10$，查 t 分布表得临界值 $t_{\frac{\alpha}{2}}(n_1 + n_2 - 2) = t_{0.025}(10) = 2.2281$，拒绝域为 $W = \{|T| > 2.2281\}$.

计算 T 的观察值
$$t = \frac{\overline{x} - \overline{y}}{\sqrt{\frac{1}{6} + \frac{1}{6}} \cdot \sqrt{\frac{5s_1^2 + 5s_2^2}{10}}} = 1.5829,$$

因为 $|t| = 1.5829 < 2.2281 = t_{0.025}(10)$，故接受 H_0，认为两批器材的电阻均值相等.

8.3 正态总体方差的检验

8.3.1 单个正态总体方差的检验

设 $X_1, X_2, \cdots, X_n$ 是来自正态总体 $N(\mu, \sigma^2)$ 的一个样本，要

检验假设

$$H_0:\sigma^2=\sigma_0^2;\quad H_1:\sigma^2\neq\sigma_0^2.$$

1. $\mu=\mu_0$ 已知

当 H_0 成立时,因为 $\dfrac{1}{n}\sum\limits_{i=1}^{n}(X_i-\mu_0)^2$ 是总体方差的无偏估计,故 $\dfrac{1}{n}\sum\limits_{i=1}^{n}(X_i-\mu_0)^2$ 应在 σ_0^2 周围波动,否则将偏离 σ_0^2,故选统计量

$$\chi^2=\dfrac{\sum\limits_{i=1}^{n}(X_i-\mu_0)^2}{\sigma_0^2}\sim\chi^2(n),\tag{8.3.1}$$

对于给定的显著性水平 α,查 χ^2 分布表,可以求得两个值 $\chi^2_{\frac{\alpha}{2}}(n),\chi^2_{1-\frac{\alpha}{2}}(n)$,使得

$$P(\chi^2>\chi^2_{\frac{\alpha}{2}}(n))=\dfrac{\alpha}{2}$$

和

$$P(\chi^2<\chi^2_{1-\frac{\alpha}{2}}(n))=\dfrac{\alpha}{2}.$$

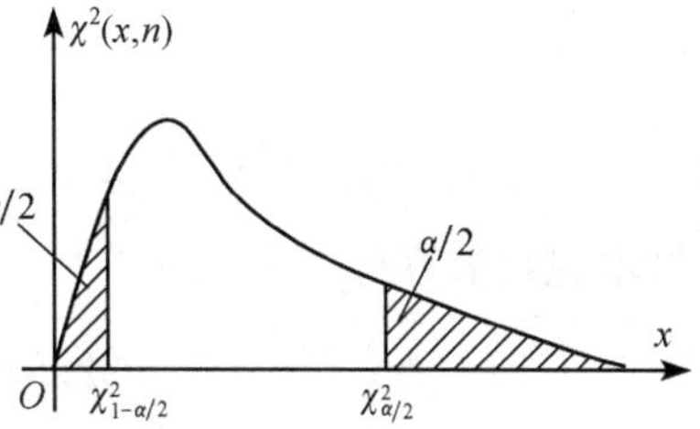

图 8-5

(图 8-5)拒绝域为

$$W=\{\chi^2>\chi^2_{\frac{\alpha}{2}}(n)\cup\chi^2<\chi^2_{1-\frac{\alpha}{2}}(n)\}.$$

2. μ 未知

这时式(8.3.1)不是统计量,自然想到用样本均值 $\overline{X}$ 代替总体均值 μ,当 H_0 成立时,由统计理论知,统计量

$$\chi^2=\dfrac{(n-1)S^2}{\sigma_0^2}=\dfrac{\sum\limits_{i=1}^{n}(X_i-\overline{X})^2}{\sigma_0^2}\sim\chi^2(n-1)\tag{8.3.2}$$

和上面情况类似,对于给定显著性水平 α,查 χ^2 分布表,求出临界值 $\chi^2_{\frac{\alpha}{2}}(n-1)$,$\chi^2_{1-\frac{\alpha}{2}}(n-1)$,得拒绝域为

$$W=\{\chi^2>\chi^2_{\frac{\alpha}{2}}(n-1)\text{ 或 }\chi^2<\chi^2_{1-\frac{\alpha}{2}}(n-1)\}.$$

上述的检验方法称为 **χ^2 检验法**,类似地可以讨论方差的单侧假设检验.

例 1 用过去的铸造方法,零件强度(试件)(单位:kg/mm)服从正态分布,其标准差是 1.6,为了降低成本,改变了铸造方法,改变后零件强度(试件)数据

如下：

51.9， 53.0， 52.7， 54.1， 53.2， 52.3， 52.5， 51.1， 54.7.

问改变后零件强度的方差是否发生了显著变化？（$\alpha=0.05$）

解 要检验假设

$$H_0 : \sigma^2 = 1.6^2 ; \quad H_1 : \sigma^2 \neq 1.6^2.$$

因为 μ 未知，所以用式(8.3.2)，对于给定的显著水平 $\alpha=0.05$，$n-1=8$，查 χ^2 分布表，得临界值

$$\chi^2_{\frac{\alpha}{2}}(n-1) = \chi^2_{0.025}(8) = 17.535,$$
$$\chi^2_{1-\frac{\alpha}{2}}(n-1) = \chi^2_{0.975}(8) = 2.180,$$

拒绝域为

$$W = \{\chi^2 < 2.180 \cup \chi^2 > 17.535\},$$

由样本观察值算得

$$\bar{x} = 52.83, \quad (n-1)s^2 = 9.54,$$

故

$$\chi^2 = \frac{(n-1)s^2}{\sigma_0^2} = \frac{9.54}{1.6^2} = 3.727.$$

因 $2.180 < 3.727 < 17.535$，故接受假设 H_0，即认为零件强度方差未发生显著变化.

8.3.2 两个正态总体方差的检验

要检验两个正态总体的方差是否相等，就要用到下面的 **F 检验法**，前面用 t 检验法检验两个正态总体均值是否相等，在方差未知的情况下，是在两总体方差相等的条件下进行的，若事先并不知道方差是否相等，就需先进行方差是否相等的检验.

设 $(X_1, X_2, \cdots, X_{n_1})$ 和 $(Y_1, Y_2, \cdots, Y_{n_2})$ 是分别取自正态总体 $N(\mu_1, \sigma_1^2)$ 和 $N(\mu_2, \sigma_2^2)$ 的两个独立的样本，要检验假设

$$H_0 : \sigma_1^2 = \sigma_2^2 ; \quad H_1 : \sigma_1^2 \neq \sigma_2^2.$$

我们只讨论 μ_1, μ_2 都是未知的情况（均值 μ_1, μ_2 已知时的讨论，作为练习，请读者自己完成）. 考虑两总体的样本方差 S_1^2, S_2^2，在 H_0 成立时，它们不应相差太多，则比值

$$F = \frac{S_1^2}{S_2^2} \tag{8.3.3}$$

应接近于1,否则,当 $\sigma_1^2 > \sigma_2^2$ 时,有偏大趋势;当 $\sigma_1^2 < \sigma_2^2$ 时,有偏小趋势,由统计理论知,当 H_0 成立时,$F \sim F(n_1-1, n_2-1)$,故对给定水平 α,查 F 分布表,求出两个临界值 $F_{\frac{\alpha}{2}}(n_1-1, n_2-1)$ 和 $F_{1-\frac{\alpha}{2}}(n_1-1, n_2-1)$,使得

$$P(F > F_{\frac{\alpha}{2}}(n_1-1, n_2-1)) = \frac{\alpha}{2},$$

$$P(F < F_{1-\frac{\alpha}{2}}(n_1-1, n_2-1)) = \frac{\alpha}{2},$$

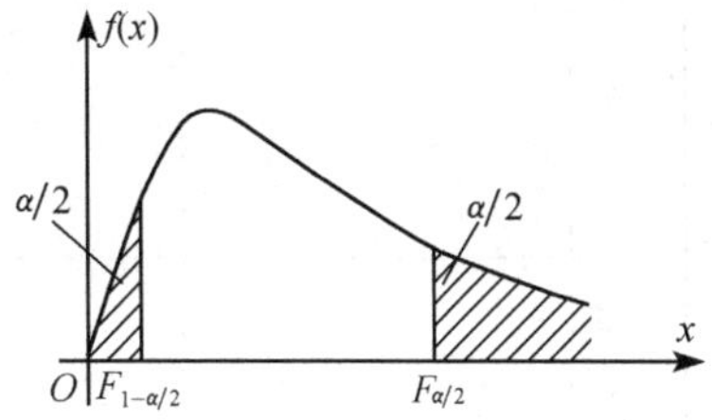

图 8-6

如图 8-6 所示. 因而拒绝域为

$$W = \{F > F_{\frac{\alpha}{2}}(n_1-1, n_2-1) \text{ 或 } F < F_{1-\frac{\alpha}{2}}(n_1-1, n_2-1)\}.$$

类似地可以讨论单侧检验.

例 2 在 8.2 节例 4 中,若两批器材的方差不知是否相等,在 $\alpha=0.05$ 下,检验这两批器材的电阻方差是否相等.

解 要检验假设

$$H_0: \sigma_1^2 = \sigma_2^2; \quad H_1: \sigma_1^2 \neq \sigma_2^2,$$

对于 $\alpha=0.05$,$n_1=6$,$n_2=6$,查 F 分布表,得两个临界值

$$F_{\frac{\alpha}{2}}(n_1-1, n_2-1) = F_{0.025}(5,5) = 7.15,$$

$$F_{1-\frac{\alpha}{2}}(n_1-1, n_2-1) = F_{0.975}(5,5) = \frac{1}{F_{0.025}(5,5)} = \frac{1}{7.15} = 0.14,$$

拒绝域为

$$W = \{F < 0.14 \text{ 或 } F > 7.15\},$$

由样本观察值算得

$$F = \frac{s_1^2}{s_2^2} = \frac{0.000007866}{0.0000071} = 1.108.$$

因为 $0.14 < F < 7.15$,故接受 H_0,认为两批器材的电阻方差相等.

将有关正态总体参数检验的各种情况及结果汇总在表 8-2 中,以便查阅.

表 8-2 正态总体参数的假设检验

检验名称	分布形式	H_0	H_1	已知条件	统计量	H_0 为真时统计量的分布	拒绝域
U 检验	$N(\mu,\sigma^2)$	$\mu=\mu_0$	$\mu\neq\mu_0$ $\mu>\mu_0$ $\mu<\mu_0$	$\sigma=\sigma_0$	$U=\dfrac{\bar{X}-\mu_0}{\sigma_0}\sqrt{n}$	$N(0,1)$	$\|U\|>u_{\frac{\alpha}{2}}$ $U>u_\alpha$ $U<-u_\alpha$
U 检验	$N(\mu_1,\sigma_1^2)$ $N(\mu_2,\sigma_2^2)$	$\mu_1=\mu_2$	$\mu_1\neq\mu_2$ $\mu_1>\mu_2$ $\mu_1<\mu_2$	σ_1,σ_2	$U=\dfrac{\bar{X}-\bar{Y}}{\sqrt{\dfrac{\sigma_1^2}{n_1}+\dfrac{\sigma_2^2}{n_2}}}$	$N(0,1)$	$\|U\|>u_{\frac{\alpha}{2}}$ $U>u_\alpha$ $U<-u_\alpha$
t 检验	$N(\mu,\sigma^2)$	$\mu=\mu_0$	$\mu\neq\mu_0$ $\mu>\mu_0$ $\mu<\mu_0$		$T=\dfrac{\bar{X}-\mu_0}{S}\sqrt{n}$	$t(n-1)$	$\|T\|>t_{\frac{\alpha}{2}}(n-1)$ $T>t_\alpha(n-1)$ $T<-t_\alpha(n-1)$
t 检验	$N(\mu_1,\sigma_1^2)$ $N(\mu_2,\sigma_2^2)$	$\mu_1=\mu_2$	$\mu_1\neq\mu_2$ $\mu_1>\mu_2$ $\mu_1<\mu_2$	$\sigma_1=\sigma_2$ $=\sigma$ 但未知	$T=\dfrac{\bar{X}-\bar{Y}}{S_w}\sqrt{\dfrac{1}{n_1}+\dfrac{1}{n_2}}$	$t(n_1+n_2-2)$	$\|T\|>t_{\frac{\alpha}{2}}(n_1+n_2-2)$ $T>t_\alpha(n_1+n_2-2)$ $T<-t_\alpha(n_1+n_2-2)$
χ^2 检验	$N(\mu,\sigma^2)$	$\sigma^2=\sigma_0^2$	$\sigma^2\neq\sigma_0^2$ $\sigma^2>\sigma_0^2$ $\sigma^2<\sigma_0^2$	μ_0	$\chi^2=\dfrac{\sum\limits_{i=1}^{n}(X_i-\mu_0)^2}{\sigma_0^2}$	$\chi^2(n)$	$\chi^2<\chi^2_{1-\frac{\alpha}{2}}(n)$ 或 $\chi^2>\chi^2_{\frac{\alpha}{2}}(n)$ $\chi^2>\chi^2_\alpha(n)$ $\chi^2<\chi^2_{1-\alpha}(n)$
χ^2 检验	$N(\mu,\sigma^2)$	$\sigma^2=\sigma_0^2$	$\sigma^2\neq\sigma_0^2$ $\sigma^2>\sigma_0^2$ $\sigma^2<\sigma_0^2$		$\chi^2=\dfrac{(n-1)S^2}{\sigma_0^2}$	$\chi^2(n-1)$	$\chi^2<\chi^2_{1-\frac{\alpha}{2}}(n-1)$ 或 $\chi^2>\chi^2_{\frac{\alpha}{2}}(n-1)$ $\chi^2>\chi^2_\alpha(n-1)$ $\chi^2<\chi^2_{1-\alpha}(n-1)$
F 检验	$N(\mu_1,\sigma_1^2)$ $N(\mu_2,\sigma_2^2)$	$\sigma_1^2=\sigma_2^2$	$\sigma_1^2\neq\sigma_2^2$ $\sigma_1^2>\sigma_2^2$ $\sigma_1^2<\sigma_2^2$		$F=\dfrac{S_1^2}{S_2^2}$	$F(n_1-1,n_2-1)$	$F<F_{1-\frac{\alpha}{2}}(n_1-1,n_2-1)$ 或 $F>F_{\frac{\alpha}{2}}(n_1-1,n_2-1)$ $F>F_\alpha(n_1-1,n_2-1)$ $F<F_{1-\alpha}(n_1-1,n_2-1)$

*8.4 关于一般总体数学期望的假设检验

在前两节中,我们讨论了正态总体的假设检验问题.本节我们讨论一般总体的假设检验问题,此类问题可借助一些统计量的极限分布近似地进行假设检验,属于大样本统计范畴,其理论依据是中心极限定理.

8.4.1 一个总体均值的大样本假设检验

设非正态总体 X 的均值为 μ,方差为 σ^2,$X_1,X_2,\cdots,X_n$ 为总体 X 的一个样本,样本的均值为 $\overline{X}$,样本的方差为 S^2,则当 n 充分大时,由中心极限定理知,$U_n=\dfrac{\overline{X}-\mu}{\sigma/\sqrt{n}}$ 近似地服从 $N(0,1)$.所以对 μ 的假设检验可以用前面讲过的 U 检验法.这里所不同的是拒绝域是近似的,这是关于一般总体数学期望的假设检验的简单有效的方法.

1° 对双侧检验:$H_0:\mu=\mu_0$,$H_1:\mu\neq\mu_0$,可得近似的拒绝域为 $|U_n|>u_{\alpha/2}$.
2° 对右侧检验:$H_0:\mu\leqslant\mu_0$,$H_1:\mu>\mu_0$,可得近似的拒绝域为 $U_n>u_\alpha$.
3° 对左侧检验:$H_0:\mu\leqslant\mu_0$,$H_1:\mu>\mu_0$,可得近似的拒绝域为 $U_n<-u_\alpha$.

注 若标准差 σ 未知,可以用样本标准差 S 来代替,即当 n 充分大时,由中心极限定理知,$T_n=\dfrac{\overline{X}-\mu_0}{S/\sqrt{n}}$ 近似地服从 $N(0,1)$.只需将上述的 σ 用 S 代替,U_n 用 T_n 代替,可得到类似的结论.

例1 某厂的生产管理员认为该厂第一道工序加工完的产品送到第二道工序进行加工之前的平均等待时间超过 90min.现对 100 件产品的随机抽样结果是平均等待时间为 96min,样本标准差为 30min.问抽样的结果是否支持该管理员的看法?($\alpha=0.05$)

解 用 X 表示第一道工序加工完的产品送到第二道工序进行加工之前的等待时间,总体均值为 μ.是否支持管理员的看法,也就是检验 $\mu>90$ 是否成立.于是,可提出待检假设:

$$H_0:\mu\leqslant 90;\quad H_1:\mu>90.$$

由于 $n=100$ 为大样本,故用 U 检验法.总体标准差 σ 未知,用样本标准差 S 代替.当 H_0 成立时,有

$$T_n=\frac{\overline{x}-90}{s/\sqrt{100}}=\frac{\overline{x}-\mu}{s/\sqrt{100}},$$

而 $\dfrac{\overline{x}-\mu}{s/\sqrt{100}}$ 近似服从标准正态分布 $N(0,1)$.对于 $\alpha=0.05$,查表得 $u_\alpha=u_{0.05}=$

1.645,故近似拒绝域为 $W=\{t>1.645\}$.

已知 $\bar{x}=96, s=30$,于是,统计量 T_n 的值

$$t = \frac{96-90}{30/\sqrt{100}} = 2 > 1.645.$$

T_n 的观察值落在了拒绝域中,故拒绝 H_0,即支持该管理员的看法.

8.4.2 两个总体均值的大样本假设检验

设有两个独立的总体 X,Y,其均值分别为 μ_1,μ_2,方差分别为 σ_1^2,σ_2^2,均值与方差均未知,现从两个总体中分别抽取样本容量 n_1,n_2(n_1,n_2 均大于 100)的大样本 $X_1,X_2,\cdots,X_{n_1}$ 与 $Y_1,Y_2,\cdots,Y_{n_2}$,$\bar{X}$ 与 $\bar{Y}$ 及 S_1^2 与 S_2^2 分别为这两个样本的样本均值及样本方差,记 S_w^2 是 S_1^2 与 S_2^2 的加权平均:

$$S_w^2 = \frac{(n_1-1)S_1^2 + (n_2-1)S_2^2}{n_1+n_2-2}.$$

检验假设:

1° $H_0:\mu_1=\mu_2$;$H_1:\mu_1\neq\mu_2$.
2° $H_0:\mu_1\leqslant\mu_2$;$H_1:\mu_1>\mu_2$.
3° $H_0:\mu_1\geqslant\mu_2$;$H_1:\mu_1<\mu_2$.

若 $\sigma_1^2\neq\sigma_2^2$,可采用以下检验统计量及其近似分布($\mu_1=\mu_2$):

$$U = \frac{\bar{X}-\bar{Y}}{\sqrt{S_1^2/n_1+S_2^2/n_2}} \xrightarrow{\text{近似}} N(0,1).$$

若 $\sigma_1^2=\sigma_2^2$,可采用以下检验统计量及其近似分布($\mu_1=\mu_2$):

$$U = \frac{\bar{X}-\bar{Y}}{S_w\sqrt{1/n_1+2/n_2}} \xrightarrow{\text{近似}} N(0,1).$$

对于给定的显著性水平 α,有:

(i) 对假设 1°,$P\{|U|\geqslant u_{\alpha/2}\}\approx\alpha$,可得拒绝域为 $|U|>u_{\alpha/2}$;
(ii) 对假设 2°,$P\{U>u_\alpha\}\approx\alpha$,可得拒绝域为 $U>u_\alpha$;
(iii) 对假设 3°,$P\{U<-u_\alpha\}\approx\alpha$,可得拒绝域为 $U<-u_\alpha$.

例 2 为比较两种小麦植株的高度(单位:cm),在相同条件下进行高度测定,测得样本均值与样本方差分别如下:

甲小麦:$n_1=100,\bar{y}=28,s_1^2=35.8$.
乙小麦:$n_2=100,\bar{y}=26,s_2^2=32.3$.

在显著性水平 $\alpha=0.05$ 下,这两种小麦株高之间有无显著差异(假设两个总体方差相等)?

解 这是属于大样本情形下两个总体分布未知、两个总体方差未知且均值相等的差异性检验.提出假设

$$H_0: \mu_1 = \mu_2; \quad H_1: \mu_1 \neq \mu_2,$$

由于 $\alpha=0.05, u_{\alpha/2}=1.96$,又

$$n_1 = n_2 = 100, \quad \bar{x} = 28, \quad \bar{y} = 26, \quad s_1^2 = 35.8, \quad s_2^2 = 32.3,$$

计算统计量 U 的值

$$u = \frac{\bar{x}-\bar{y}}{\sqrt{\frac{(n_1-1)s_1^2+(n_2-1)s_2^2}{n_1+n_2-2}}\sqrt{\frac{1}{n_1}+\frac{1}{n_2}}}$$

$$= \frac{28-26}{\sqrt{\frac{(100-1)\times 35.8+(100-1)\times 32.3}{100+100-2}}\sqrt{\frac{1}{100}+\frac{1}{100}}} = 2.42,$$

由于 $|u|>1.96$,故否定 H_0,在显著性 $\alpha=0.05$ 下可认为两种小麦株高之间有显著差异.

*8.5 非参数 χ^2 检验

前面的假设检验问题都是在总体分布类型已知的情况下,对未知参数进行的.但是,有时我们没有把握肯定总体分布的类型.这时就要根据样本来检验关于分布的假设,这里要介绍的是由英国统计学家皮尔逊(K. Pearson, 1857~1936)在 1900 年提出的 χ^2 检验法.

8.5.1 引例

例如,1500~1931 年的 432 年间,每年爆发战争的次数可以看作一个随机变量,据统计,这 432 年间共爆发了 299 次战争,具体数据如表 8-3 所示.

表 8-3

战争次数 X	发生 X 次战争的年数
0	223
1	142
2	48
3	15
4	4

根据所学知识和经验,每年爆发战争的次数 X,可以用一个泊松随机变量来近似描述,即可以假设每年爆发战争的次数 X 的分布近似泊松分布.于是,问题可归结为:如何利用上述数据检验 X 服从泊松分布的假设.

又如,某工厂制造一批骰子,声称它是均匀的,即在抛掷试验中,出现 $1,2,\cdots,$ 6 点的概率都应是 $1/6$.为检验骰子是否均匀,要重复地进行抛掷骰子的试验,并统

计各点出现的频率与 1/6 的差距. 问题可归结为:如何利用得到的统计数据对"骰子均匀"的结论进行检验,即检验抛掷骰子的点数服从均匀分布.

8.5.2 χ^2 检验法的基本思想

χ^2 检验法是在总体 X 的分布未知时,根据来自总体的样本,检验总体分布的假设的一种检验方法. 具体进行检验时,先提出原假设:
$$H_0:\text{总体 } X \text{ 的分布函数为 } F(x).$$
然后根据样本的经验分布和所假设的理论分布之间的吻合程度来决定是否接受原假设.

这种检验通常称作**拟合优度检验**. 它是一种非参数检验. 一般地,我们总是根据样本观察值用直方图和经验分布函数,来推断出总体可能服从的分布,然后作出检验.

8.5.3 χ^2 检验法的基本原理和步骤

1° 提出原假设:
$$H_0:\text{总体 } X \text{ 的分布函数为 } F(x).$$
如果总体分布为离散型,则假设具体为
$$H_0:\text{总体 } X \text{ 的分布律为 } P\{x=x_i\}=p_i, \quad i=1,2,\cdots;$$
如果总体分布为连续型,则假设具体为
$$H_0:\text{总体 } X \text{ 的概率密度函数为 } f(x).$$

2° 将总体 X 的取值范围分成 k 个互不相交的小区间 $A_1,A_2,\cdots,A_k$,如可取
$$A_1=(a_0,a_1],A_2=(a_1,a_2],\cdots,A_k=(a_{k-1},a_k),$$
其中 a_0 可取 $-\infty$,a_k 可取 $+\infty$;区间的划分视具体情况而定,使每个小区间所含样本值个数不小于 5,而区间个数 k 不要太大也不要太小.

3° 把落入第 i 个小区间 A_i 的样本值的个数记作 f_i,称为**组频数**,所有组频数之和 $f_1+f_2+\cdots+f_k$ 等于样本容量 n.

4° 当 H_0 为真时,根据所假设的总体理论分布,可算出总体 X 的值落入第 i 个小区间 A_i 的概率 p_i,于是,np_i 就是落入第 i 个小区间 A_i 的样本值的理论频数.

5° 当 H_0 为真时,n 次试验中样本值落入第 i 个小区间 A_i 的频率 f_i/n 与概率 p_i 应很接近,当 H_0 不真时,则 f_i/n 与 p_i 相差较大. 基于这种思想,皮尔逊引进如下检验统计量 $\chi^2=\sum_{i=1}^{k}\dfrac{(f_i-np_i)^2}{np_i}$,并证明了下列结论.

定理 8.5.1 当 n 充分大($n \geqslant 50$)时,统计量 χ^2 近似服从 $\chi^2(k-1)$ 分布.

6° 根据定理 8.5.1,对给定的显著性水平 α,确定 l 值,使 $P(\chi^2>l)=\alpha$,查 χ^2

分布表得 $l = \chi_\alpha^2(k-1)$，所以拒绝域为 $\chi^2 > \chi_\alpha^2(k-1)$.

7° 若由所给的样本值 $x_1, x_2, \cdots, x_n$ 算得统计量 χ^2 的实测值落入拒绝域，则拒绝原假设 H_0；否则就认为差异不显著而接受原假设 H_0.

8.5.4 总体含未知参数的情形

在对总体分布的假设检验中，有时只知道总体 X 的分布函数的形式，但其中还含有未知参数，即分布函数为 $F(x, \theta_1, \theta_2, \cdots, \theta_r)$，其中 $\theta_1, \theta_2, \cdots, \theta_r$ 为未知参数. 设 $X_1, X_2, \cdots, X_n$ 是取自总体 X 的样本，现要用此样本来检验假设：

H_0：总体 X 的分布函数为 $F(x, \theta_1, \theta_2, \cdots, \theta_r)$.

此类情况可按如下步骤进行检验：

1° 利用样本 $X_1, X_2, \cdots, X_n$，求出 $\theta_1, \theta_2, \cdots, \theta_r$ 的最大似然估计 $\hat\theta_1, \hat\theta_2, \cdots, \hat\theta_r$；

2° 在分布函数 $F(x, \theta_1, \theta_2, \cdots, \theta_r)$ 中用 $\hat\theta_i$ 代替 $\theta_i (i=1,2,\cdots,r)$，则得到一个完全已知的分布函数 $F(x, \hat\theta_1, \hat\theta_2, \cdots, \hat\theta_r)$；

3° 利用 $F(x, \hat\theta_1, \hat\theta_2, \cdots, \hat\theta_r)$，计算 p_i 的估计值 $\hat p_i (i=1,2,\cdots,k)$；

4° 计算要检验的统计量

$$\chi^2 = \sum_{i=1}^{k}(f_i - n\hat p_i)^2 / n\hat p_i,$$

当 n 充分大时，统计量 χ^2 近似服从 $\chi^2(k-r-1)$ 分布；

5° 对给定的显著性水平 α，得拒绝域

$$\chi^2 = \sum_{i=1}^{k}(f_i - n\hat p_i)^2 / n\hat p_i > \chi_\alpha^2(k-r-1).$$

注 在使用皮尔逊 χ^2 检验法时，要求 $n \geq 50$，以及每个理论频数
$$n p_i \geq 5 \quad (i=1,2,\cdots,k),$$
否则应适当地合并相邻的小区间，使 np_i 满足要求.

例1 将一颗骰子掷 120 次，所得数据见表 8-4.

表 8-4

点数 i	1	2	3	4	5	6
出现次数 f_i	23	26	21	20	15	15

问这颗骰子是否均匀、对称（取 $\alpha = 0.05$）？

解 若这颗骰子是均匀、对称的，则 1~6 点中每点出现的可能性相同，都为 1/6. 如果用 A_i 表示第 i 点出现，$i=1,2,\cdots,6$，则待检验假设为

$$H_0: P(A_i) = 1/6, \quad i=1,2,\cdots,6.$$

在 H_0 成立的条件下，理论概率 $p_i = p(A_i) = 1/6$，由 $n = 120$ 得频率

$$np_i = 20, \quad i = 1,2,\cdots,6.$$

计算结果如表 8-5 所示.

表 8-5

i	f_i	p_i	np_i	$(f_i - np_i)^2/(np_i)$
1	23	1/6	20	9/20
2	26	1/6	20	36/20
3	21	1/6	20	1/20
4	20	1/6	20	0
5	15	1/6	20	25/20
6	15	1/6	20	25/20
合计	120			4.8

因所求分布不含未知参数，又 $k=6, \alpha=0.05$，查表得

$$\chi_\alpha^2(k-1) = \chi_{0.05}^2(5) = 11.071,$$

由表 8-5 计算知 $\chi^2 = \sum_{i=1}^{6} \dfrac{(f_i - np_i)^2}{np_i} = 4.8 < 11.071$，故接受 H_0，认为这颗骰子是均匀对称的.

例 2 检验引例中对战争次数 X 提出的假设 $H_0: X$ 服从参数为 λ 的泊松分布.

解 根据观察结果，得参数 λ 的最大似然估计为 $\hat{\lambda} = \bar{x} = 0.69$，按参数为 0.69 的泊松分布，计算事件 $X=i$ 的概率 p_i，p_i 的估计是

$$\hat{p}_i = \frac{e^{-0.69} 0.69^i}{i!}, \quad i = 0,1,2,3,4,$$

由附表 1，将有关计算结果列表，如表 8-6 所示.

表 8-6

战争次数 x	0	1	2	3	4
实测频数 f_i	223	142	48	15	4
$\hat{p}_i$	0.58	0.31	0.18	0.01	0.02
$n\hat{p}_i$	216.7	149.5	51.6	12.0	2.16
				14.16	
$\dfrac{(f_i - m\hat{p}_i)^2}{m\hat{p}_i}$	0.183	0.376	0.251	1.623	$\sum = 2.433$

将 $n\hat{p}_i < 5$ 的组予以合并，即将发生 3 次及 4 次战争的组归并为一组.

因 H_0 所假设的理论分布中有一个未知参数，故自由度为 $4-1-1=2$.

$\alpha=0.05$，自由度为 $4-1-1=2$ 查 χ^2 分布表得

$$\chi^2_{0.05}(2) = 5.991.$$

由于统计量 χ^2 的观察值为 $\chi^2 = 2.433 < 5.991$,未落入拒绝域,故认为每年发生战争次数 X 服从参数为 0.69 的泊松分布.

*8.6 子样容量的确定

在抽样过程中,子样 $X_1, X_2, \cdots, X_n$ 容量 n 的确定是一个重要而实际的问题. 样本太小,随机性影响大,无法得到满意和可用的结果;样本太大,不但费时费力,而且当样本量过大时,每单位抽样在精度上的平均收益随着样本容量的增加而递减,所以需要决定一个合适的样本容量. 本节就参数估计与假设检验中遇到的子样容量 n 的确定问题做简要的讨论.

8.6.1 参数估计与检验中 n 的确定

假设总体 X 服从正态分布 $N(\mu, \sigma^2)$,其中 μ 及 σ 都是未知参数,给定显著性水平 α,要判断原假设 $H_0: \mu = \mu_0$,当 H_0 成立时,由

$$\sqrt{n-1}\,\frac{\overline{X} - \mu_0}{S} \approx t(n-1),$$

选择临界值 $t_{\frac{\alpha}{2}}(n-1)$,使得

$$P\left\{\left|\sqrt{n-1}\,\frac{\overline{X} - \mu_0}{S}\right| \geq t_{\frac{\alpha}{2}}(n-1)\right\} = \alpha, \tag{8.6.1}$$

亦即

$$P\left\{\left|\sqrt{n-1}\,\frac{\overline{X} - \mu_0}{S}\right| \leq t_{\frac{\alpha}{2}}(n-1)\right\} = 1 - \alpha,$$

其中

$$\overline{X} = \frac{1}{n}\sum_{i=1}^{n} X_i, \quad S^2 = \frac{1}{n}\sum_{i=1}^{n}(X_i - \overline{X})^2.$$

式 (8.6.1) 可以回答三方面的问题:① 当 H_0 成立时,给出了 H_0 的否定域;② 当 n 已知时,给出了子样平均 $\overline{X}$ 的控制量;③ 当 μ 未知时,给出了 n 的置信水平为 $1-\alpha$ 的区间估计

$$\left(\overline{X} - \frac{S}{\sqrt{n-1}} t_{\frac{\alpha}{2}}(n-1),\ \overline{X} + \frac{S}{\sqrt{n-1}} t_{\frac{\alpha}{2}}(n-1)\right),$$

这个置信区间的长度为 2Δ,其中

$$\Delta = \frac{S}{\sqrt{n-1}} t_{\frac{\alpha}{2}}(n-1). \tag{8.6.2}$$

在实际工作中,常称 Δ 为估计精度、误差精度或试验精度. 在式 (8.6.2) 中,如

果事先给定 Δ 值,则有

$$n = 1 + \frac{S^2}{\Delta^2} t_{\frac{\alpha}{2}}^2(n-1). \tag{8.6.3}$$

如总体的方差 σ^2 由以往经验能确定为 σ_0^2,用 σ_0^2 代替 S^2;给定显著性水平 α,能查得临界值 $t_{\frac{\alpha}{2}}(n-1)$. 这时,$n$ 值才能由(8.6.3)式所确定. 但是,确定临界值 $t_{\frac{\alpha}{2}}(n-1)$ 本身,事先就要知道 n 值,即自由度 $n-1$ 的值. 因此(8.6.3)式还没有真正解决计算 n 值的问题. 然而,从 t 分布临界值表中看到,对于显著性水平 $\alpha \leqslant 0.05$ 的情形,当 $n \geqslant 30$ 时,其临界值 $t_{\frac{\alpha}{2}}(n-1) \approx 2$,这个临界值对大于 30 的各个 n 值的影响不太大. 因此,可先采用近似公式

$$n = 1 + \frac{4S^2}{\Delta^2} \tag{8.6.4}$$

计算 n. 当计算出的 n 远超过 30 时,这就与 $t_{\frac{\alpha}{2}}(n-1) \approx 2$ 不矛盾了.

在试验工作中是这样确定 n 的. 给定 S 及 Δ 的值,按(8.6.4)式计算 n,若 $n > 30$,就用这个 n 值作子样的容量,若 $n \leqslant 30$,则采用"试差法"确定子样的容量."试差法"是这样的:由(8.6.4)式计算出的 n,作为第二次查临界值 $t_{\frac{\alpha}{2}}(n-1)$ 时用的 n,将查得的临界值 $t_{\frac{\alpha}{2}}(n-1)$ 代入(8.6.3)式计算 n 值;再由这个 n 值作为第 3 次查临界值 $t_{\frac{\alpha}{2}}(n-1)$ 时用的 n,又将查得的临界值 $t_{\frac{\alpha}{2}}(n-1)$ 再代入式(8.6.3)计算 n 值;如此循环,直至(8.6.3)式中两边的 n 值相同或差异很小为止. 下面通过一个具体的实例说明在区间估计中如何确定样本容量.

例 1 为估计一群居中吸烟的人的比例 p. 要求估计值与真值之间的最大误差不超过 0.05,样本容量 n 至少是多少(置信水平为 0.99)?

解 前面已求得,比例 p 的一个置信水平为 $1-\alpha$ 的近似置信区间为

$$p \pm u_{\alpha/2} \sqrt{p(1-p)/n},$$

要求估计值与真值之间的最大误差不超过 0.05,即

$$u_{\alpha/2} \sqrt{p(1-p)/n} \leqslant 0.05,$$

从中解得

$$n \geqslant 400 p(1-p)(u_{\alpha/2})^2,$$

我们并不知道 $\hat{p}$,但是,不论在任何情况下,总有 $\hat{p}(1-\hat{p}) \leqslant 1/4$,故取

$$n \geqslant 400(1/4)(u_{\alpha/2})^2 = 100(u_{\alpha/2})^2,$$

将 $u_{\alpha/2} = u_{0.005} = 2.58$,代入得 $n \geqslant 665.64$,因此样本容量 n 至少为 666.

8.6.2 最佳检验中 n 的确定

假设总体 X 服从正态分布 $N(\mu, \sigma^2)$,其中 μ 为未知参数,σ 为已知,记为 σ_0,提出假设检验问题:

$$H_0:\mu=\mu_0;\quad H_1:\mu=\mu_1,$$

其中 $\mu_0<\mu_1$,给出犯两类错误的概率 α 及 β 的大小,用最佳检验法判断这个假设,试问子样的容量 n 应为多大?

我们知道,对上述假设检验问题,最佳否定域为 $\overline{X}\geqslant k$. 当原假设 H_0 为真时,子样平均 $\overline{X}$ 服从正态分布 $N\left(\mu_0,\dfrac{\sigma_0}{\sqrt{n}}\right)$;当 H_0 不为真,即备选假设 H_1 为真时,子样平均 $\overline{X}$ 服从正态分布 $N\left(\mu_1,\dfrac{\sigma_0}{\sqrt{n}}\right)$. 因而有方程组:

$$\begin{cases}\displaystyle\int_k^{+\infty}\dfrac{1}{\sqrt{2\pi}\,\dfrac{\sigma_0}{\sqrt{n}}}e^{-\dfrac{(\overline{X}-\mu_0)^2}{2(\sigma/\sqrt{n})^2}}d\overline{X}=\alpha,\\[2ex]\displaystyle\int_{-\infty}^k\dfrac{1}{\sqrt{2\pi}\,\dfrac{\sigma_0}{\sqrt{n}}}e^{-\dfrac{(\overline{X}-\mu_0)^2}{2(\sigma/\sqrt{n})^2}}d\overline{X}=\beta.\end{cases}\quad(8.6.5)$$

将子样平均 $\overline{X}$ 标准正态化,作变换

$$U=\dfrac{\overline{X}-\mu_0}{\sigma_0/\sqrt{n}},$$

U 服从正态分布 $N(0,1)$,则方程组(8.6.5)等价于

$$\begin{cases}\displaystyle\int_{\frac{k-\mu_0}{\sigma_0/\sqrt{n}}}^{+\infty}\dfrac{1}{\sqrt{2\pi}}e^{-\dfrac{u^2}{2}}du=\alpha,\\[2ex]\displaystyle\int_{-\infty}^{\frac{k-\mu_1}{\sigma_0/\sqrt{n}}}\dfrac{1}{\sqrt{2\pi}}e^{-\dfrac{u^2}{2}}du=\beta.\end{cases}\quad(8.6.6)$$

在标准正态分布表中,给定 α,查得数值 $u_\alpha=\dfrac{k-\mu_0}{\dfrac{\sigma_0}{\sqrt{n}}}$,使得 $P\{U\geqslant u_\alpha\}=\alpha$,给定 β,查出 $u_\beta=\dfrac{k-\mu_1}{\dfrac{\sigma_0}{\sqrt{n}}}$,使得 $P\{U\leqslant u_\beta\}=\beta$,于是

$$u_\alpha\dfrac{\sigma_0}{\sqrt{n}}+\mu_0=u_\beta\dfrac{\sigma_0}{\sqrt{n}}+\mu_1,$$

从而解得

$$\begin{cases}n=\dfrac{(u_\alpha-u_\beta)^2\sigma_0^2}{(\mu_1-\mu_0)^2},\\[2ex]k=\dfrac{\mu_1 u_\alpha-\mu_0 u_\beta}{u_\alpha-u_\beta}.\end{cases}\quad(8.6.7)$$

习 题 8

A

1. 选择题

(1) 在假设检验问题中,犯第一类错误的概率 α 的意义是( ).

A. 在 H_0 不成立的条件下,经检验 H_0 被拒绝的概率

B. 在 H_0 不成立的条件下,经检验 H_0 被接受的概率

C. 在 H_0 成立的条件下,经检验 H_0 被拒绝的概率

D. 在 H_0 成立的条件下,经检验 H_0 被接受的概率

(2) 某厂生产的某种型号的电池,其寿命 $X \sim N(\mu, \sigma^2)$,现随机抽取 n 只电池,测出其寿命的样本均值为 $\bar{x}$,样本方差分别为 s^2,要检验该厂生产的电池的平均寿命是否为 μ_0,提出假设 $H_0: \mu = \mu_0$, $H_1: \mu \neq \mu_0$,选用的检验统计量及其分布为( ).

A. $\dfrac{\bar{X} - \mu_0}{\sigma/\sqrt{n}} \sim N(0,1)$ B. $\dfrac{\bar{X} - \mu_0}{S/\sqrt{n}} \sim N(0,1)$

C. $\dfrac{\bar{X} - \mu_0}{\sigma/\sqrt{n}} \sim t(n)$ D. $\dfrac{\bar{X} - \mu_0}{S/\sqrt{n}} \sim t(n-1)$

(3) 设总体 $X \sim N(\mu, \sigma^2)$,现对 μ 进行假设检验,若在显著性水平 $\alpha = 0.05$ 下接受了 $H_0: \mu = \mu_0$,则在显著性水平 $\alpha = 0.01$ 下( ).

A. 接受 H_0 B. 拒绝 H_0

C. 可能接受,可能拒绝 H_0 D. 犯第一类错误的概率变大

2. 填空题

(1) 设检验水平为 α,记 H_0, H_1 分别为原假设和备择假设,则 $P\{接受 H_0 | H_1 不真\} = $ _____.

(2) 某厂生产一种电子元件,已知该电子元件寿命服从正态分布,且寿命的方差不超过 64 小时产品为合格。现从一批该种电子元件中随机抽取容量为 n 的样本,以检验这批电子元件寿命的方差是否合格,应选用的统计量是 _____.

(3) 设 $X_1, X_2, \cdots, X_n$ 是取自正态总体 $N(\mu, \sigma^2)$ 的一个样本,其中 σ^2 已知,检验问题 $H_0: \mu = \mu_0, H_1: \mu \neq \mu_0$,则应选取的统计量及其拒绝域分别是 _____.

3. 设 $X_1, X_2, \cdots, X_{16}$ 是来自总体 $N(\mu, 4)$ 的简单随机样本,考虑假设检验问题:
$$H_0: \mu \leqslant 10, \quad H_1: \mu > 10,$$
若该检验问题的拒绝域为 $W = \{\bar{X} \geqslant 11\}$,则 $\mu = 11.5$ 时,该检验犯第二类错误的概率为多少?

4. 某车间用一台包装机包装葡萄糖,额定标准为每袋净质量 0.5kg,由以往经验知,用包装机包装的每袋葡萄糖的净质量服从正态分布,且 $\sigma = 0.015$ kg,某天开工后,为检验包装机工作是否正常,随机抽取它所包装的葡萄糖 9 袋,称得净质量为

    0.497, 0.506, 0.518, 0.524, 0.488, 0.511, 0.517, 0.511, 0.512.

问这天包装机的工作是否正常?($\alpha = 0.05$)

5. 设某次考试的成绩服从正态分布,随机抽取了 36 位考生的成绩,算得平均分为 66.5 分,标准差 $s=15$. 问:在显著性水平 $\alpha=0.05$ 下,是否可以认为这次考试的平均成绩为 70 分?

6. 设某厂生产的维尼纶纤度 $X\sim N(\mu,\sigma^2)$,μ 未知,某日抽取 5 根纤维,测得其纤度为 1.32,1.55,1.36,1.40,1.44,若规定加工精度 σ^2 不能超过 0.048^2,问:在显著水平 $\alpha=0.05$ 下,该厂这天生产的维尼纶纤度的方差是否正常?

B

1. 选择题

(1) 假设检验中,犯第一类错误的概率记为 α,犯第二类错误的概率记为 β,下列说法中错误的是(　　).

A. $\alpha+\beta=1$　　　　　　　　B. $\alpha=P\{$拒绝 $H_0\mid H_0$ 为真$\}$

C. α 即为检验水平　　　　　D. $\beta=P\{$接受 $H_0\mid H_0$ 不真$\}$

(2) 对显著性水平 α,检验假设 $H_0:\mu=\mu_0$,$H_1:\mu\neq\mu_0$,问当 μ_0,μ,α 一定时,若增大样本容量 n,则犯第二类的错误概率 β(　　).

A. 不变　　　　B. 减小　　　　C. 增大　　　　D. 无法确定

(3) 假设某产品的重量服从正态分布,现在从一批产品中随机抽取 16 件,测得平均重量为 820 克,标准差为 60 克,若以显著性水平 $\alpha=0.01$ 与 $\alpha=0.05$,分别检验这批产品的平均重量是否为 800 克,即 $H_0:\mu_0=800$,$H_1:\mu_0\neq 800$,则(　　).

A. 在两个显著性水平下都拒绝原假设

B. 在两个显著性水平下都接受原假设

C. 在 $\alpha=0.01$ 下接受原假设,在 $\alpha=0.05$ 下拒绝原假设

D. 在 $\alpha=0.01$ 下拒绝原假设,在 $\alpha=0.05$ 下接受原假设

2. 填空题

(1) 设总体 X 服从正态分布 $N(\mu,1)$,$X_1,X_2,\cdots,X_9$ 是该总体的样本,对于假设 $H_0:\mu=2$,$H_1:\mu>2$,已知拒绝域是 $\{\overline{X}>2.6\}$,则犯第一类错误的概率为 _____.

(2) 某产品以往的废品率不高于 5%,今从一批产品中抽取一样本,以检验这批产品的废品率是否高于 5%,提出假设 $H_0:\mu\leqslant 0.05$,　$H_1:\mu>0.05$,在显著性水平 α 下,检验的拒绝域为 _____.

(3) 微波炉在炉门关闭时的辐射量是一个重要质量指标. 某厂该指标服从正态分布,长期以来其均值都符合要求不超过 0.12. 为检验该厂近期生产的微波炉是否仍合格,提出的原假设和备择假设是 _____.

3. 设某电器零件的电阻服从正态分布,平均电阻一直保持在 2.64Ω,改变加工工艺后,测得 100 个零件的平均电阻为 2.62Ω,若改变工艺前后电阻的标准差保持在 0.06Ω,问新工艺对此零件的电阻有无显著影响($\alpha=0.05$)?

4. 某材料抗拉强度 X 服从正态分布,且 $\mu_0=70$,$\sigma_0=2.5$,工艺改革后,从用新工艺加工的材料中抽取 9 个样品,测得其抗拉强度的平均值 $\overline{x}=72$,若方差无变化,问:采用新工艺后,这种材料的抗拉强度是否比以往有所提高($\alpha=0.05$)?

5. 公司从生产商购买牛奶,怀疑生产商在牛奶中掺水以谋利. 通过测定牛奶的冰点,可以检验牛奶是否掺水. 天然牛奶的冰点温度近似服从正态分布,均值 $\mu_0=-0.545$℃,牛奶掺水可

使冰点温度升高. 现测得生产商提交的 5 批牛奶的冰点温度,算得样本均值为 $\bar{x}=-0.535℃$, 样本标准差 $s=0.01℃$. 问是否可以认为生产商在牛奶中掺了水？($\alpha=0.05$).

6. 甲、乙两机床加工同一种零件,抽样测量其产品的数据(单位:mm),经计算得

甲机床：$n_1=80, \bar{x}=33.75, s_1=0.1$;

乙机床：$n_2=100, \bar{y}=34.15, s_2=0.15$,

问：在 $\alpha=0.01$ 下,两机床加工的产品尺寸有无显著差异？

7. 从某锌矿的东、西两支矿脉中,各抽取样本容量分别为 9 和 8 的样本进行测试,得到样本含锌平均数及修正的样本方差如下：

东支：$\bar{x}=0.230, s_1^2=0.1337$；西支：$\bar{y}=0.269, s_2^2=0.1736$.

如果东、西两支矿脉的含锌量都服从正态分布且方差相同,试问东、西两支矿脉含锌量的平均值是否可以看作是一样的？($\alpha=0.05$)

8. 掷一个骰子 60 次,结果如下：

点数	1	2	3	4	5	6
次数	7	8	12	11	9	13

试在显著性水平 $\alpha=0.05$ 下检验这颗骰子是否均匀？

9. 某厂近年来发生了 63 起事故,按星期几统计如下表所示,问：事故的发生是否与星期几有关($\alpha=0.05$)？

星期	一	二	三	四	五	六
频数 f_i	9	10	11	8	13	12

费希尔

第 8 章测试题

第 9 章 方差分析和回归分析

第 8 章我们讨论了在方差相同的条件下双正态总体均值是否相等的假设检验问题,而工作生活中常会遇到判别多个正态总体在方差相同的条件下均值是否相等的问题. 这正是方差分析研究的内容. 方差分析是对具有相同方差的多个正态总体的均值进行检验,鉴别各因素效应的一种有效的统计方法.

实际中需要从定量的角度去研究变量之间的相关关系. 回归分析是研究一个随机变量与一个或多个普通变量之间相关关系的一种统计方法. 回归分析包括以下内容:①提供建立有相关关系的变量之间的数学表达式(经验公式)的一般方法;②判别所建立的经验公式是否有效,并从影响随机变量的诸变量中判别哪些变量的影响是显著的;③利用所得的经验公式进行预测和控制.

9.1 方 差 分 析

工作生活中常会遇到比较多个总体的均值是否相等的问题. 例如某厂五个检验员检验同一产品的检验技术水平是否一致?由不同厂家生产的同一产品的质量是否相同?为此需要找出对事物有显著影响的因素. 方差分析就是在影响事物的诸多因素中找出有显著影响的那些因素的方法. 方差分析是由英国统计学家费希尔首先使用到农业试验上的,后来方差分析法逐步推广到其他领域.

下面通过一个例子来具体介绍方差分析的思想方法.

例 1 为寻求适应本地区的高产油菜品种,今选了 5 个不同品种,每一品种在 4 块试验田上试种,得到在每一块实验田上的产量,如表 9-1 所示.

表 9-1

品种 实验田	A_1	A_2	A_3	A_4	A_5
1	256	244	250	288	206
2	222	300	277	280	212
3	280	290	230	315	220
4	298	275	322	259	212

试判别不同品种的油菜平均亩产量是否有显著差异?

此时遇到的问题就是比较 5 个总体的均值. 假设各总体均服从正态分布,且相互独立,考察油菜品种对亩产量的影响是否显著就是要检验均值是否相等. 这是多正态总体均值的假设检验问题,检验这个假设的有效方法是需要通过把样本的某些偏差平方和进行分解而进行,称为方差分析法.

方差分析是通过对试验数据的分析找出对该事物有显著影响的因素. 把试验中要考察的那些可以加以控制的条件称为试验的因素,用 $A,B,\cdots$ 表示. 为了考察同一个因素对试验结果的影响,一般把它控制在几个不同的状态或等级,因素的每一个状态或等级称为它的一个水平,用 $A_1, A_2, \cdots$ 表示. 方差分析就是检验因素在不同水平下的均值是否相等. 如果在试验中只有一个因素在变化,其他的因素不变,称为单因素方差分析;若试验中变化的因素多于一个,则称为多因素方差分析. 本书只讨论单因素方差分析.

单因素方差分析只考察因素 A 对试验结果的影响. 控制 A 在 k 个水平上,在水平 A_i 下进行 n_i 次重复试验. 因为试验中有随机因素的影响,所以在水平 A_i 下的结果是随机变量,记为 X_i,它是一个总体,而 $X_{ij}(i=1,2,\cdots,k;j=1,2,\cdots,n_i)$ 是 X_i 的样本.

假定 $X_i \sim N(\mu_i, \sigma^2)$ 相互独立,我们的问题就是检验假设 ,$H_0: \mu_1 = \mu_2 = \cdots = \mu_k$. 样本 $X_{ij} \sim N(\mu_i, \sigma^2)$,而 X_{ij} 与 μ_i 不会总是一致的,记 $\varepsilon_{ij} = X_{ij} - \mu_i$,则 $\varepsilon_{ij} \sim N(0, \sigma^2)$,从而可得到单因素方差分析的统计模型

$$\begin{cases} x_{ij} = \mu_i + \varepsilon_{ij}, \\ \varepsilon_{ij} \sim N(0, \sigma^2). \end{cases}$$

为更仔细地描述数据,引入一般平均与效应的概念. 称诸 μ_i 的加权平均 $\mu = \dfrac{1}{n} \sum_{i=1}^{k} n_i \mu_i$ 为一般平均,其中 $n = \sum_{i=1}^{k} n_i$;称 $a_i = \mu_i - \mu$ 为因子 A 第 i 个水平的主效应,简称为 A_i 的效应,且 $\sum_{i=1}^{k} n_i a_i = 0$. 易见 $\mu_i = a_i + \mu$,这表明第 i 个总体的均值是一般平均与其效应的叠加. 此时单因子方差分析的统计模型可改写为

$$\begin{cases} x_{ij} = \mu + a_i + \varepsilon_{ij}, \\ \varepsilon_{ij} \sim N(0, \sigma^2), \\ \sum_{i=1}^{k} n_i a_i = 0. \end{cases}$$

引起 X_{ij} 波动的原因有两个:当 $H_0: \mu_1 = \mu_2 = \cdots = \mu_k$ 为真时,X_{ij} 的波动完全由随机因素造成;当 $H_0: \mu_1 = \mu_2 = \cdots = \mu_k$ 不真时,X_{ij} 的波动除随机因素外还包含由 μ_i 不同而引起. 我们想用一个量描述 X_{ij} 之间总的波动,并将两个原因引起的波动分解,这就是方差分析中常用的偏差平方和分解的方法.

反映 X_{ij} 总波动的总偏差平方和

$$S_T = \sum_{i=1}^{k}\sum_{j=1}^{n_i}(x_{ij}-\overline{x})^2,$$

其中

$$\overline{X} = \frac{1}{n}\sum_{i=1}^{k}\sum_{j=1}^{n_i}X_{ij}$$

反映各总体样本 X_{ij} 与样本均值 $\overline{X_{i\cdot}}$ 的偏差平方和

$$S_E = \sum_{i=1}^{k}\sum_{j=1}^{n_i}(x_{ij}-\overline{x_i})^2,$$

其中

$$\overline{X_{i\cdot}} = \frac{1}{n_i}\sum_{j=1}^{n_i}X_{ij}.$$

它一定程度上反映了随机因素引起的波动,因而也称为组内偏差平方和或误差偏差平方和;反映各总体样本均值 $\overline{X_{i\cdot}}$ 和样本总平均 $\overline{X}$ 的偏差平方和

$$S_A = \sum_{i=1}^{k}\sum_{j=1}^{n_i}(\overline{X_{i\cdot}}-\overline{X})^2 = \sum_{i=1}^{k}n_i(\overline{X_i}-\overline{X})^2.$$

它一定程度上反映各总体均值 μ_i 之间的差异所引起的波动,称为组间偏差平方和或效应平方.

由于

$$S_T = \sum_{i=1}^{k}\sum_{j=1}^{n_i}[(X_{ij}-\overline{X_{i\cdot}})+(\overline{X_{i\cdot}}-\overline{x})]^2 = \sum_{i=1}^{k}\sum_{j=1}^{n_i}(X_{ij}-\overline{x_{i\cdot}})^2 + \sum_{i=1}^{k}\sum_{j=1}^{n_i}(\overline{X_{i\cdot}}-\overline{X})^2,$$

从而可推出偏差平方和分解式

$$S_T = S_E + S_A.$$

因为样本来自正态总体 $N(\mu_i,\sigma^2)$,从而有

$$\frac{1}{\sigma^2}\sum_{j=1}^{n_i}(X_{ij}-\overline{X_i})^2 \sim \chi^2(n_i-1),$$

由 χ^2 分布的可加性知

$$\frac{S_E}{\sigma^2} = \frac{1}{\sigma^2}\sum_{i=1}^{k}\sum_{j=1}^{n_i}(X_{ij}-\overline{X_i})^2 \sim \chi^2(n-k).$$

当假设

$$H_0:\mu_1 = \mu_2 = \cdots = \mu_k$$

为真时

$$\frac{S_T}{\sigma^2} = \frac{1}{\sigma^2}\sum_{i=1}^{k}\sum_{j=1}^{n_i}(X_{ij}-\overline{X})^2 \sim \chi^2(n-1),$$

从而有

$$\frac{S_A}{\sigma^2} = \frac{1}{\sigma^2}\sum_{i=1}^{k} n_i(\overline{X_i} - \overline{X})^2 \sim \chi^2(k-1).$$

进一步计算可得

$$E(S_A) = \sum_{i=1}^{k} E\Big(\sum_{j=1}^{n_i}(\overline{X_{i\cdot}} - \overline{X})^2\Big) = (k-1)\sigma^2 + \sum_{i=1}^{k} n_i(\mu_i - \mu)^2,$$

$$E(S_E) = \sum_{i=1}^{k} E\sum_{j=1}^{n_i}(X_{ij} - \overline{X_i})^2 = (n-k)\sigma^2,$$

其中 σ^2 是试验误差的数字特征,而

$$\sum_{i=1}^{k} n_i(\mu_i - \mu)^2 = \sum_{i=1}^{k} n_i a_i^2,$$

则反映了各个总体之间的差异.

因为

$$E\Big(\frac{S_E}{n-k}\Big) = \sigma^2,$$

$$E\Big(\frac{S_A}{k-1}\Big) = \sigma^2 + \frac{\sum_{i=1}^{k} n_i(\mu_i - \mu)^2}{k-1},$$

所以,不管对 μ_i 的假设如何,它总是 σ^2 的无偏估计,而 $\frac{S_A}{k-1}$ 仅当假设 H_0 成立时才是 σ^2 的无偏估计.

因为当比值

$$F = \frac{S_A/(k-1)}{S_E/(n-k)} = \frac{(n-k)S_A}{(k-1)S_E}$$

较大时,可认为 μ_i 之间的差异显著,从而拒绝假设 H_0,所以,可将 F 作为检验 H_0 的统计量

$$F = \frac{S_A/\sigma^2(k-1)}{S_E/\sigma^2(n-k)} = \frac{\overline{S_A}}{\overline{S_E}} \sim F(k-1, n-k),$$

其中

$$\overline{S_A} = \frac{S_A}{k-1}$$

为组间平均偏差平方和,

$$\overline{S_E} = \frac{S_E}{n-k}$$

为组内平均偏差平方和.

对给定的显著性水平 α,由 F 分布表查得 $F_\alpha(k-1, n-k)$,若根据样本观测值算得 F 的值满足 $F \geqslant F_\alpha(k-1, n-k)$,则在显著性水平 α 下拒绝假设 H_0,即认为因

素 A 对试验指标有显著影响；若 $F<F_a(k-1,n-k)$，则接受假设 H_0，认为因素 A 对试验指标的影响不显著. 上述过程可列表进行，称为单因素方差分析表（表 9-2）. 为简化计算，可将所有数据 X_{ij} 都减去同一常数 C，易证明这并不影响最后的结果.

表 9-2 单因素方差分析表

方差来源	偏差平方和	自由度	平均偏差平方和	F 值
组间	$S_A = Q - P$	$k-1$	$\overline{S_A} = \dfrac{S_A}{k-1}$	$F = \dfrac{\overline{S_A}}{\overline{S_E}}$
组内	$S_E = R - Q$	$n-k$	$\overline{S_E} = \dfrac{S_E}{n-k}$	
总和	$S_T = R - P$	$n-1$		

注：其中 $Q = \sum\limits_{i=1}^{k} \dfrac{1}{n_i} \left(\sum\limits_{j=1}^{n_i} X_{ij} \right)^2, R = \sum\limits_{i=1}^{k} \sum\limits_{j=1}^{n_i} X_{ij}^2, P = \dfrac{1}{n} \left(\sum\limits_{i=1}^{k} \sum\limits_{j=1}^{n_i} X_{ij} \right)^2.$

方差分析是通过对各样本值与总平均值之间的偏差平方和进行分解，比较各因素的效应平方和与误差平方和的大小，从而判断因素对试验结果的影响是否显著.

方差分析的步骤如下：①计算各水平下的数据和及总和；②计算各类平方和；③按公式计算各类偏差平方和；④填写方差分析表；⑤对给定的显著性水平，查分布表，进而作出判断.

下面对本章例 1 进行详细的单因素方差分析. 为方便，列表计算如表 9-3 所示.

表 9-3

田块＼品种	A_1	A_2	A_3	A_4	A_5	
1	256	244	250	288	206	
2	222	300	277	280	212	
3	280	290	230	315	220	
4	298	275	322	259	212	
y_i	1056	1109	1079	1142	850	$\sum\limits_i \sum\limits_j y_{ij} = 5236$
y_i^2	1115136	1229881	1164241	1304164	722500	$\sum\limits_i y_i^2 = 5535922$

$\sum\limits_i \sum\limits_j y_{ij}^2 = 1395472, \dfrac{1}{20}\left(\sum\limits_i \sum\limits_j y_{ij} \right)^2 = 1370784.8, S_T = 1395472 - 1370784.8 = 24687.2, S_A = \dfrac{1}{4} \times 5535922 - 1370784.8 = 13195.7, S_E = 24687.2 - 13195.7 = 11491.5$，运用单因素方差分析表计算结果如表 9-4 所示.

表 9-4

方差来源	偏差平方和	自由度	平均偏差平方和	F 值
组间	$S_A = Q - P = 13195.7$	$k-1 = 4$	$\overline{S_A} = \dfrac{S_A}{k-1} = 3298.925$	$F = \dfrac{\overline{S_A}}{\overline{S_E}} = 4.31$
组内	$S_E = R - Q = 11491.5$	$n-k = 15$	$\overline{S_E} = \dfrac{S_E}{n-k} = 766.1$	
总和	$S_T = R - P = 24687.2$	$n-1 = 19$	$F_{0.05}(4, 15) = 3.06$	

由于 $4.31 > 3.06$,所以在显著性水平 $\alpha = 0.05$ 下拒绝假设 H_0,即认为不同品种的油菜亩产量在水平 0.05 下有显著差异.

例 2 在入户推销上有五种方法,某公司想比较这五种方法有无显著的效果差异,设计了一项试验,从应聘的且无推销经验的人员中随机挑选一部分人,随机地分为五个组,每组用一种推销方法进行培训,培训相同时间后观察得一个月内的推销额,如表 9-5 所示.

表 9-5

组别	推销额						
第一组	20.0	16.8	17.9	21.2	23.9	26.8	22.4
第二组	24.9	21.3	22.6	30.2	29.9	22.5	20.7
第三组	16.0	20.1	17.3	20.9	22.0	26.8	20.8
第四组	17.5	18.2	20.2	17.7	19.1	18.4	16.5
第五组	25.2	26.2	26.9	29.3	30.4	29.7	28.2

为比较这五种推销方法间有无显著差异,做方差分析,试回答以下问题:①写出进行方差分析的数学模型;②对数据进行分析,检验在显著性水平 $\alpha = 0.05$ 下这五种方法有无显著差异?③哪种推销方法效果最好?

解 (1) 用 y_{ij} 表示第 i 组第 j 个推销员的推销额,则进行方差分析的统计模型为

$$\begin{cases} y_{ij} = \mu + a_i + \varepsilon_{ij}, i = 1, 2, \cdots, 5, j = 1, 2, \cdots, 7, \\ \sum_{i=1}^{5} a_i = 0, \\ \text{各 } \varepsilon_{ij} \text{ 相互独立,且 } \varepsilon_{ij} \sim N(0, \sigma^2). \end{cases}$$

(2) 设 $\overline{X_{i\cdot}} = \dfrac{1}{n_i} \sum_{j=1}^{n_i} X_{ij}, \overline{X} = \dfrac{1}{n} \sum_{i=1}^{k} \sum_{j=1}^{n_i} X_{ij}$,代入数据可计算得

$$S_T = \sum_{i=1}^{5} \sum_{j=1}^{7} (x_{ij} - \overline{x})^2 = 675.27, \quad S_E = \sum_{i=1}^{5} \sum_{j=1}^{7} (x_{ij} - \overline{x_i})^2 = 269.74,$$

$$S_A = \sum_{i=1}^{5}\sum_{j=1}^{7}(\overline{x_{i\cdot}}-\overline{x})^2 = 405.53, \quad F = \frac{S_A/(k-1)}{S_E/(n-k)} = \frac{(n-k)S_A}{(k-1)S_E} = 11.28,$$

查表得 $F_\alpha(k-1, n-k) = F_{0.05}(4, 30) = 2.69$,显然 $F > F_\alpha(k-1, n-k)$,所以五种推销方法的月平均推销额有显著差异.

(3) 因为计算出 $\overline{X_{1\cdot}} = 21.286, \overline{X_{2\cdot}} = 24.586, \overline{X_{3\cdot}} = 20.557, \overline{X_{4\cdot}} = 18.229, \overline{X_{5\cdot}} = 27.986$,所以第五种推销方法一个月的平均推销额最高,其平均值为 27.986.

9.2 回归分析

现实中常需要研究变量之间的关系,变量之间的关系一般可分为两类:一类是确定性关系,变量间的关系可用确定的函数关系式表达,如匀速直线运动物体的位移与时间的关系;另一类是非确定性关系,变量之间没有明确的函数关系表达式,如由于遗传关系父亲的身高对子女身高有影响,父高子也高,但已知父身高却未必能得出子辈身高. 此类相关关系的不确定性是由于变量中存在随机变量. 研究随机变量与普通变量之间相互关系的统计方法称为回归分析. 本节以一元线性回归为主介绍回归分析的基本方法.

9.2.1 一元线性回归

"回归"一词首次由英国统计学家弗朗西斯·高尔顿提出,后来其学生统计学家皮尔逊将这一概念和数理统计法相结合逐步形成了回归分析的理论体系. 回归分析是研究变量间相关关系的一种统计方法. 回归分析中研究的变量分为因变量与自变量,因变量是随机变量,自变量也称为因素变量是可加以控制的变量. 回归分析一般解决以下问题:确定因变量与因素变量之间联系的定量表达式,即回归模型,并确定它们联系的密切程度;通过控制可控变量的数值,借助于求出的数学模型来预测或控制因变量的取值和精度;进行因素分析,从影响因变量变化的因素中区别重要因素和次要因素.

回归分析若主要研究变量之间的线性关系,称为线性回归分析,否则称为非线性回归. 按照影响因变量的因素变量的多少可分为一元回归和多元回归.

1. 一元线性回归的数学模型

设随机变量与可控变量之间存在相关关系,即当自变量取一定值时,因变量有一个确定的条件分布与之对应. 若随机变量的数学期望存在,则一般认为数学期望的值将随自变量的值而变是自变量的函数,即 $u(x) = E(Y|x)$,称 $u(x)$ 为 Y 关于 x 的回归函数. 由于 $u(x)$ 的大小在一定程度上反映了随机变量 Y 在 x 处的观测值,因而在一定条件下可用它对 Y 进行预测.

若假定 Y 与 x 满足:$Y = u(x) + \varepsilon$,其中 $\varepsilon \sim N(0, \sigma^2)$ 是随机误差,这就是回归模

型.这种模型可以被赋予各种实际意义,如收入与支出的关系、身高与体重的关系等.

回归分析的任务是利用试验数据来推断回归函数 $u(x)$.线性函数是比较简单的函数,若将回归函数限制为线性函数,即 $u(x)=a+bx,a,b\in \mathbf{R}$,则对 $u(x)$ 的推断就简化为对线性函数 $a+bx$ 中的两个未知参数进行估计.

设 x 是可控变量,Y 是与之对应的随机变量,假定它们满足
$$Y=a+bx+\varepsilon, \quad \varepsilon\sim N(0,\sigma^2), \tag{9.2.1}$$
其中,a,b 和 σ^2 均是与 x 无关的未知参数,则(9.2.1)为一元线性回归模型,a 和 b 称为回归系数.

一元线性回归模型主要研究:①利用试验数据估计参数 a,b 与 σ^2;②对回归系数进行假设检验;③根据 x 的取值预测 Y.

当 x 取一组不全相同的值 $x_1,x_2,\cdots,x_n$ 时,对 Y 依次作独立观测试验,可得样本的数据 $(x_1,y_1),(x_2,y_2),\cdots,(x_n,y_n)$.在平面直角坐标中画出数据对应的点,所得图像称为散点图.若散点图中点的分布集中在一条直线附近,则直观上可认为 Y 与 x 的关系符合一元线性回归模型,它们满足关系式:$Y_i=a+bx_i+\varepsilon_i,i=1,2,\cdots,n$.

2. 一元线性回归模型的参数估计

对未知参数进行估计的方法常用的有两种:极大似然估计和最小二乘估计.

1) 极大似然估计

当 $Y_i=a+bx_i+\varepsilon_i,\varepsilon_i\sim N(0,\sigma^2),i=1,2,\cdots,n$ 时,$Y_i\sim N(a+bx_i,\sigma^2)$,$Y_i$ 相互独立,相应的似然函数为

$$L(a,b,\sigma^2)=\prod_{i=1}^{n}\frac{1}{\sqrt{2\pi}\sigma}\exp\left[-\frac{(y_i-a-bx_i)^2}{2\sigma^2}\right]$$
$$=\frac{1}{(\sqrt{2\pi}\sigma)^n}\exp\left[-\frac{1}{2\sigma^2}\sum_{i=1}^{n}(y_i-a-bx_i)^2\right].$$

对数似然函数为

$$\ln L(a,b,\sigma^2)=-\frac{1}{2}\left[n\ln 2\pi+n\ln\sigma^2+\frac{1}{\sigma^2}\sum_{i=1}^{n}(y_i-a-bx_i)^2\right],$$

于是 a,b,σ^2 的极大似然估计应满足

$$\begin{cases}\dfrac{\partial \ln L}{\partial a}=\dfrac{1}{\hat{\sigma}^2}\sum_{i=1}^{n}(y_i-\hat{a}-\hat{b}x_i)=0,\\ \dfrac{\partial \ln L}{\partial b}=\dfrac{1}{\hat{\sigma}^2}\sum_{i=1}^{n}(y_i-\hat{a}-\hat{b}x_i)x_i=0,\\ \dfrac{\partial \ln L}{\partial \sigma^2}=-\dfrac{1}{2}\left[\dfrac{n}{\hat{\sigma}^2}-\dfrac{1}{\hat{\sigma}^4}\sum_{i=1}^{n}(y_i-\hat{a}-\hat{b}x_i)^2\right]=0.\end{cases}$$

解方程组可得 a,b 和 σ^2 的极大似然估计量

$$\hat{a} = \overline{Y} - \hat{b}\overline{x}, \quad \hat{b} = \frac{\sum_{i=1}^{n}(x_i - \overline{x})(y_i - \overline{Y})}{\sum_{i=1}^{n}(x_i - \overline{x})^2}, \quad \hat{\sigma}^2 = \frac{1}{n}\sum_{i=1}^{n}(y_i - \hat{y}_i)^2,$$

其中

$$\overline{x} = \frac{1}{n}\sum_{i=1}^{n}x_i, \quad \overline{Y} = \frac{1}{n}\sum_{i=1}^{n}y_i, \quad \hat{y}_i = \hat{a} + \hat{b}x_i.$$

2) 最小二乘估计

估计回归系数的一个直观思想是要求观测值与其均值的偏差越小越好. 为避免正负差相抵消, 做误差平方和 $Q(a,b) = \sum_{i=1}^{n}(y_i - a - bx_i)^2$, 选择参数, 使 $Q(a,b)$ 达到最小, 此法称为最小二乘估计法. 求 $Q(a,b)$ 对变量的一阶偏导数并令其为零, 得正规方程

$$\begin{cases} \dfrac{\partial Q}{\partial a} = -2\sum_{i=1}^{n}(y_i - a - bx_i) = 0, \\ \dfrac{\partial Q}{\partial b} = -2\sum_{i=1}^{n}(y_i - a - bx_i)x_i = 0, \end{cases}$$

经整理得

$$\begin{cases} na + n\overline{x}b = n\overline{y}, \\ n\overline{x}a + \sum_{i=1}^{n}x_i^2 b = \sum_{i=1}^{n}x_i y_i. \end{cases}$$

可求得

$$\begin{cases} \hat{b} = \dfrac{l_{xy}}{l_{xx}}, \\ \hat{a} = \overline{y} - \hat{b}\overline{x}, \end{cases}$$

其中

$$l_{xx} = \sum_{i=1}^{n}x_i^2 - n\overline{x}^2 = \sum_{i=1}^{n}(x_i - \overline{x})^2 = \sum_{i=1}^{n}x_i^2 - \frac{1}{n}\left(\sum_{i=1}^{n}x_i\right)^2,$$

$$l_{xy} = \sum_{i=1}^{n}x_i y_i - n\overline{x}\,\overline{y} = \sum_{i=1}^{n}(x_i - \overline{x})(y_i - \overline{y}) = \sum_{i=1}^{n}x_i y_i - \frac{1}{n}\left(\sum_{i=1}^{n}x_i\right)\left(\sum_{i=1}^{n}y_i\right).$$

最小二乘法的特点是使回归值与实际观测值的误差平方和达到最小, 理论依据是函数的极值原理. 最小二乘估计可按如下步骤进行: ① 求出 $\sum_{i=1}^{n}x_i, \sum_{i=1}^{n}y_i$ 及 $\overline{x}, \overline{y}$; ② 求出 $\sum_{i=1}^{n}x_i^2, \sum_{i=1}^{n}x_i y_i$ 并计算 l_{xx} 及 l_{xy}; ③ 求出 $\hat{a}, \hat{b}$, 写出回归方程 $\hat{y} = \hat{a} + \hat{b}x$.

回归方程一般有两种表达方式：$\hat{y} = \hat{a} + \hat{b}x$ 和 $\hat{y} = \bar{y} + \hat{b}(x - \bar{x})$，这表明回归直线必经过点 $(0, \hat{a})$ 与点 $(\bar{x}, \bar{y})$。

通过最小二乘估计，对于每一个 x_i，可确定一个回归值 $\hat{y}_i = \hat{a} + \hat{b}x_i$，实值与回归值的差为残差，而称 $\sum_{i=1}^{n}(y_i - \hat{y}_i)^2$ 为模型的残差平方和。

记

$$l_{yy} = \sum_{i=1}^{n} y_i^2 - n\bar{y}^2 = \sum_{i=1}^{n}(y_i - \bar{y})^2 = \sum_{i=1}^{n} y_i^2 - \frac{1}{n}\left(\sum_{i=1}^{n} y_i\right)^2,$$

从而可以证明

$$l_{yy} = \sum_{i=1}^{n}(y_i - \bar{y})^2 = \sum_{i=1}^{n}(\hat{y}_i - \bar{y})^2 + \sum_{i=1}^{n}(y_i - \hat{y}_i)^2 = \sum_{i=1}^{n}(\hat{y}_i - \bar{y})^2 + \sum_{i=1}^{n}\varepsilon_i^2.$$

记

$$\text{SST}(总平方和) = l_{yy} = \sum_{i=1}^{n}(y_i - \bar{y})^2 = \sum_{i=1}^{n}(\hat{y}_i - \bar{y})^2 + \sum_{i=1}^{n}(y_i - \hat{y}_i)^2.$$

而

$$\text{SSR}(回归平方和) = \sum_{i=1}^{n}(\hat{y}_i - \bar{y})^2 = \sum_{i=1}^{n}(\hat{a} + \hat{b}x_i - \hat{a} - \hat{b}\bar{x})^2$$

$$= \hat{b}^2 \sum_{i=1}^{n}(x_i - \bar{x})^2 = \hat{b}^2 l_{xx},$$

$$\text{SSE}(残差平方和) = \sum_{i=1}^{n}(y_i - \hat{y}_i)^2 = l_{yy} - \hat{b}^2 l_{xx},$$

则有

$$\text{SST}(总平方和) = \text{SSR}(回归平方和) + \text{SSE}(残差平方和).$$

因为 $\sigma^2 = D(\varepsilon) = E\varepsilon^2$，可考虑用 $\frac{1}{n}\sum_{i=1}^{n}\varepsilon_i^2$ 作为 σ^2 的矩估计。由于 $\varepsilon_i = Y_i - a - bx_i$，用 $\hat{a}, \hat{b}$ 替换未知参数可得

$$\hat{\sigma}^2 = \frac{1}{n}\sum_{i=1}^{n}(y_i - \hat{a} - \hat{b}x_i)^2 = \frac{1}{n}\sum_{i=1}^{n}(y_i - \bar{y})^2 - \frac{\hat{b}^2}{n}\sum_{i=1}^{n}(x_i - \bar{x})^2.$$

与极大似然估计不同，最小二乘估计求出的回归系数的估计不需要正态性的假设，这使得最小二乘法在建立回归模型时应用更广。

3) 估计量的性质

由于 $Y_i = a + bx_i + \varepsilon_i, \varepsilon_i \sim N(0, \sigma^2)$，则可得估计量的如下结论。

定理 9.2.1 假设 $\hat{a}, \hat{b}$ 为 a 和 b 的最小二乘估计量，则有

(1) $\hat{a}, \hat{b}$ 为 a 和 b 的无偏估计量；

(2) $\hat{a} \sim N\left(a, \sigma^2\left(\frac{1}{n} + \frac{\bar{x}^2}{l_{xx}}\right)\right), \hat{b} \sim N\left(b, \frac{\sigma^2}{l_{xx}}\right)$；

(3) $\hat{y}=\hat{a}+\hat{b}x\sim N\left(a+bx,\left(\dfrac{1}{n}+\dfrac{(x-\bar{x})^2}{l_{xx}}\sigma^2\right)\right)$;

(4) $\dfrac{\text{SSR}}{\sigma^2}\sim\chi^2(1),\dfrac{\text{SSE}}{\sigma^2}\sim\chi^2(n-2)$;

(5) $\text{Cov}(\hat{a},\hat{b})=-\dfrac{\bar{x}}{l_{xx}}\sigma^2$.

注意存在四个关系式:真实的统计模型 $Y=a+bx+\varepsilon$;估计的统计模型 $\hat{Y}=\hat{a}+\hat{b}x+\varepsilon$;真实的回归直线 $u(x)=a+bx$,估计的回归直线 $\hat{Y}=\hat{a}+\hat{b}x$.

回归直线对观测值的拟合程度称为拟合优度,度量拟合优度的统计量为

$$r^2=\dfrac{\sum\limits_{i=1}^{n}(\hat{Y}_i-\bar{Y})^2}{\sum\limits_{i=1}^{n}(Y_i-\bar{Y})^2}=\dfrac{\text{SSR}}{\text{SST}},$$

值越大拟合度越好,即 $|r|$ 越大线性相关关系越显著.

3. 一元线性回归模型的显著性检验与置信区间

1) 回归方程的显著性检验

求回归方程的目的是反映 Y 随 x 变化的规律,因此检验回归方程是否有意义转化为检验假设 $H_0:b=0$ 是否为真.下面介绍常用的三种检验方法,使用时可选择其一.

(1) t 检验.

在 $H_0:b=0$ 成立的条件下,选择检验统计量

$$T=\dfrac{\dfrac{\hat{b}-b}{\sigma}\sqrt{l_{xx}}}{\sqrt{\dfrac{\text{SSE}}{\sigma^2(n-2)}}}=\dfrac{\hat{b}-b}{\hat{\sigma}}\sqrt{l_{xx}}\sim t(n-2),$$

其中

$$\hat{\sigma}=\sqrt{\dfrac{\text{SSE}}{n-2}}=\sqrt{\dfrac{l_{xx}l_{yy}-l_{xy}^2}{(n-2)l_{xx}}}.$$

对给定的显著性水平 α,有如下结论:

(i) 若对立假设 $H_1:b\neq 0$,则原假设的拒绝域为:$w=\{|T|>t_{\frac{\alpha}{2}}(n-2)\}$;

(ii) 若对立假设 $H_1:b>0$,则原假设的拒绝域为:$w=\{T>t_\alpha(n-2)\}$;

(iii) 若对立假设 $H_1:b<0$,则原假设的拒绝域为:$w=\{T<-t_\alpha(n-2)\}$.

我们还可利用 $\hat{b}$ 估计 b 的置信区间,对给定的置信水平 $1-\alpha$,有

$$P\{|T|<t_{\frac{\alpha}{2}}(n-2)\}=1-\alpha,$$

可得 b 的置信区间

$$\left(\hat{b}-\frac{\hat{\sigma}}{\sqrt{l_{xx}}}t_{\frac{\alpha}{2}}(n-2),\ \hat{b}+\frac{\hat{\sigma}}{\sqrt{l_{xx}}}t_{\frac{\alpha}{2}}(n-2)\right).$$

(2) F 检验.

此法源于方差分析理论,$H_0:b=0$ 成立的条件下选择统计量

$$F=\frac{\text{SSR}}{\frac{\text{SSE}}{n-2}}\sim F(1,n-2),$$

对给定的显著性水平 α,拒绝域为

$$F>F_\alpha(1,n-2),$$

具体检验如表 9-6 所示.

表 9-6

来源	平方和	自由度	均方和	F 比
回归	SSR	1	MSR=SSR/1	$F=\dfrac{\text{MSR}}{\text{MSE}}$
残差	SSE	$n-2$	MSE=SSE/$(n-2)$	
总计	SST	$n-1$		

(3) 相关系数检验.

样本的相关系数定义为

$$r=\frac{\sum_{i=1}^{n}(x_i-\bar{x})(y_i-\bar{y})}{\sqrt{\sum_{i=1}^{n}(x_i-\bar{x})^2\sum_{i=1}^{n}(y_i-\bar{y})^2}}=\frac{l_{xy}}{\sqrt{l_{xx}l_{yy}}}=\hat{b}\sqrt{\frac{l_{xx}}{l_{yy}}},$$

因为满足

$$r^2=\frac{l_{xy}^2}{l_{xx}l_{yy}}=\frac{\text{SSR}}{\text{SST}}=\frac{1}{\frac{\text{SSE}+\text{SSR}}{\text{SSR}}}=\frac{1}{1+\frac{\text{SSE}}{\text{SSR}}\cdot(n-2)}=\frac{1}{1+\frac{n-2}{F}},$$

所以当原假设 $H_0:b=0$ 为真时,拒绝域为

$$|r|\geqslant\frac{1}{1+\frac{n-2}{F_\alpha(1,n-2)}},$$

且 $|r|$ 值越大说明变量 x,y 之间的线性相关程度越显著.

2) 预测与控制

当求出回归方程 $\hat{y}=\hat{a}+\hat{b}x$,并经检验回归方程是显著的时可将该方程用于预测. 所谓预测是指当自变量已知,即 $x=x_0$ 时,对相应的因变量 y 的取值 y_0 所做的推断. 由于模型 $y_0=a+bx_0+\varepsilon$ 是一个随机变量,预测随机变量的取值是不可能的,只能预测其均值 $E(y_0)$. 这种统计推断有两类:一类是给出 $E(y_0)$ 的估计值,也

称为点预测值；另一类是给出 y_0 的一个预测区间.

由前面的讨论可知，在已知自变量 $x=x_0$ 时，回归值为
$$\hat{y}_0=\hat{a}+\hat{b}x_0,$$
且
$$\hat{y}=\hat{a}+\hat{b}x \sim N\left(a+bx,\left(\frac{1}{n}+\frac{(x-\overline{x})^2}{l_{xx}}\sigma^2\right)\right),$$
因而 $\hat{y}_0$ 是相应的期望值的无偏估计，即为点预测值.
$$E(y_0)=a+bx_0.$$

当 $x=x_0$ 时，随机变量 y_0 的取值与预测值 $\hat{y}_0$ 总会有一定的偏离，可要求这种绝对偏离 $|y_0-\hat{y}_0|$ 不超过某个值的概率为 $1-\alpha$，即 $P(|y_0-\hat{y}_0|\leqslant\delta)=1-\alpha$，则称 $[\hat{y}_0-\delta,\hat{y}_0+\delta]$ 为 y_0 的置信度为 $1-\alpha$ 的预测区间.

可见要求出预测区间关键是先求解 δ. 因为
$$y_0-\hat{y}_0 \sim N\left(0,\left(1+\frac{1}{n}+\frac{(x-\overline{x})^2}{l_{xx}}\right)\sigma^2\right),$$
$$\frac{\text{SSE}}{\sigma^2}\sim\chi^2(n-2),\quad \hat{y}_0=\hat{a}+\hat{b}x_0=\overline{y}+\hat{b}(x_0-\overline{x}),$$
从而有
$$\frac{\dfrac{y_0-\hat{y}_0}{\sigma\sqrt{1+\dfrac{1}{n}+\dfrac{(x_0-\overline{x})^2}{l_{xx}}}}}{\sqrt{\dfrac{\text{SSE}}{\sigma^2(n-2)}}}=\frac{y_0-\hat{y}_0}{\hat{\sigma}\sqrt{1+\dfrac{1}{n}+\dfrac{(x_0-\overline{x})^2}{l_{xx}}}}\sim t(n-2),$$
其中
$$\hat{\sigma}=\sqrt{\frac{\text{SSE}}{n-2}}=\sqrt{\frac{l_{xx}l_{yy}-l_{xy}^2}{(n-2)l_{xx}}}$$
是 σ 的无偏估计.

由
$$P(|y_0-\hat{y}_0|\leqslant\delta)=P\left[\left|\frac{y_0-\hat{y}_0}{\hat{\sigma}\sqrt{1+\dfrac{1}{n}+\dfrac{(x_0-\overline{x})^2}{l_{xx}}}}\right|\leqslant\frac{\delta}{\hat{\sigma}\sqrt{1+\dfrac{1}{n}+\dfrac{(x_0-\overline{x})^2}{l_{xx}}}}\right]=1-\alpha,$$
可得
$$\delta=\delta(x_0)=t_{\frac{\alpha}{2}}(n-2)\hat{\sigma}\sqrt{1+\frac{1}{n}+\frac{(x_0-\overline{x})^2}{l_{xx}}}$$
代入即可得预测区间.

控制是预测的反问题，即若要求将 Y 的预测值控制在指定的区间 (y_1,y_2) 内，应把自变量 x 控制在什么范围内？对给定的置信水平 $1-\alpha$，可令 $y_1(x)=\hat{a}+\hat{b}x_1-$

$\hat{\sigma}\mu_{\frac{\alpha}{2}}$, $y_2(x)=\hat{a}+\hat{b}x_2+\hat{\sigma}\mu_{\frac{\alpha}{2}}$,从中解出 x_1 与 x_2,则当 $\hat{b}>0$ 时控制区间为 (x_1,x_2);当 $\hat{b}<0$ 时,控制区间为 (x_2,x_1). 为实现控制,区间 (y_1,y_2) 的长度应大于 $2\mu_{\frac{\alpha}{2}}$.

例1 营业税税收总额与社会商品零售总额有关,为了解二者关系收集数据如表 9-7 所示.

表 9-7

序号	社会商品零售总额 x/亿元	营业税税收总额 y/亿元
1	142.08	3.93
2	177.30	5.96
3	204.68	7.85
4	242.88	9.82
5	316.24	12.50
6	341.99	15.55
7	332.99	15.79
8	389.29	16.39
9	453.40	18.45

(1) 建立营业税税收总额与商品零售总额的线性回归方程;

(2) 回归方程的显著性检验(显著性水平 $\alpha=0.05$);

(3) 预测社会商品零售总额 300 亿元时营业税的税收总额和概率 0.95 的预测区间.

解 (1) 利用所给数据,计算可得

$$\bar{x}=\frac{1}{9}\sum_{i=1}^{9}x_i=288.9833,$$

$$\bar{y}=\frac{1}{9}\sum_{i=1}^{9}y_i=11.8044.$$

由最小二乘估计可得

$$\hat{b}=\frac{\sum_{i=1}^{n}(x_i-\bar{x})(y_i-\bar{y})}{\sum_{i=1}^{n}(x_i-\bar{x})^2}=0.0487,$$

$$\hat{a}=\bar{y}-\hat{b}\bar{x}=-2.2691,$$

所以线性回归方程为

$$\hat{y}=-2.2691+0.0487x.$$

(2) 回归方程的显著性检验.

a. t 检验法.

(在 $H_0:b=0$ 成立的条件下)选择检验统计量

第9章 方差分析和回归分析

$$T=\frac{\frac{\hat{b}-b}{\sigma}\sqrt{l_{xx}}}{\sqrt{\frac{\text{SSE}}{\sigma^2(n-2)}}}=\frac{\hat{b}-b}{\hat{\sigma}}\sqrt{l_{xx}}\sim t(n-2),$$

其中

$$l_{xx}=\sum_{i=1}^{n}(x_i-\bar{x})^2=85869.8127,$$

$$l_{yy}=\sum_{i=1}^{n}(y_i-\bar{y})^2=211.3284,$$

$$l_{xy}=\sum_{i=1}^{n}(x_i-\bar{x})(y_i-\bar{y})=4179.8624,$$

$$\hat{\sigma}=\sqrt{\frac{\text{SSE}}{n-2}}=\sqrt{\frac{l_{xx}l_{yy}-l_{xy}^2}{(n-2)l_{xx}}}=1.0601,$$

则有

$$t=\frac{\hat{b}-b}{\hat{\sigma}}\sqrt{l_{xx}}=13.46,$$

而

$$t_{\frac{\alpha}{2}}(n-2)=t_{0.025}(7)=2.365,$$

因为 $|t|>2.365$，所以拒绝原假设，可认为回归方程是显著的.

b. F 检验法.

（在 $H_0:b=0$ 成立的条件下）选择检验统计量

$$F=\frac{\text{SSR}}{\frac{\text{SSE}}{n-2}}\sim F(1,n-2).$$

因为

$$\text{SST}=l_{yy}=211.3284,$$
$$\text{SSR}=\hat{b}^2 l_{xy}=0.0487^2\times 85869.8127=203.6566,$$
$$\text{SSE}=\text{SST}-\text{SSR}=211.3284-203.6566=7.6778,$$

而

$$F=\frac{\text{SSR}}{\frac{\text{SSE}}{n-2}}=181.9899>F_{0.95}(1,7)=5.59,$$

所以拒绝原假设，可认为回归方程显著.

c. 相关系数检验.

$$r=\frac{\sum_{i=1}^{n}(x_i-\bar{x})(y_i-\bar{y})}{\sqrt{\sum_{i=1}^{n}(x_i-\bar{x})^2\sum_{i=1}^{n}(y_i-\bar{y})^2}}=\frac{l_{xy}}{\sqrt{l_{xx}l_{yy}}}$$

$$= \frac{4179.8624}{\sqrt{85869.8127 \times 211.3284}} = 0.98.$$

因为 $F_{0.05}(1,7)=5.59, r=0.98 > \dfrac{1}{1+\dfrac{7}{5.59}}=0.444$，所以拒绝原假设，认为回归方程显著.

(3) 将零售额 $x_0=300$ 亿元代入回归方程则可得营业税税收的点预测值
$$\hat{y}_0 = -2.2691 + 0.0487 \times 300 = 12.3409 (亿元).$$
因为
$$\delta(x_0) = \hat{\sigma} t_{\frac{\alpha}{2}}(n-2)\sqrt{1+\frac{1}{n}+\frac{(x_0-\bar{x})^2}{l_{xx}}}$$
$$= 2.365 \times 1.0601 \sqrt{1+\frac{1}{9}+\frac{(300-288.9833)^2}{85869.8127}} = 2.6444,$$
所以当社会商品零售额为 300 亿元时，营业税税收总额的预测区间为
$$(\hat{y}_0 - \delta(x_0), \hat{y}_0 + \delta(x_0)) = (12.3409 - 2.6444, 12.3409 + 2.6444)$$
$$= (9.6965, 14.9853).$$

例 2 在某种产品表面进行腐蚀刻线试验，得到腐蚀深度 y 与腐蚀时间 x 对应的一组数据如表 9-8 所示.

表 9-8

x_i/s	5	10	15	20	30	40	50	60	70	90	120
$y_i/\mu\text{m}$	6	10	10	13	16	17	19	23	25	29	46

(1) 试建立腐蚀深度与时间的线性回归方程；

(2) 预测腐蚀时间为 75 s 时，腐蚀深度的范围；($1-\alpha=0.95$)

(3) 对 $1-\alpha=0.95$，若要求腐蚀深度在 $10 \sim 20 \mu\text{m}$ 内，问腐蚀时间应如何控制？

解 (1) 先求出线性回归方程
$$\hat{y} = \hat{a} + \hat{b}x,$$
利用所给数据，计算可得
$$\bar{x} = \frac{1}{n}\sum_{i=1}^{n} x_i = 46.36, \quad \bar{y} = \frac{1}{n}\sum_{i=1}^{n} y_i = 19.46.$$
因而由最小二乘法计算得
$$\hat{b} = \frac{\sum_{i=1}^{n}(x_i-\bar{x})(y_i-\bar{y})}{\sum_{i=1}^{n}(x_i-\bar{x})^2} = 0.304, \quad \hat{a} = \bar{y} - \hat{b}\bar{x} = 5.37,$$

所以
$$\hat{y} = 5.37 + 0.304x,$$

(2) 把 $x_0 = 75$ 代入回归方程得
$$\hat{y}_0 = 5.37 + 0.304x_0 = 5.37 + 0.304 \times 75 = 28.17,$$

又因为
$$l_{xx} = \sum_{i=1}^{n}(x_i - \overline{x})^2 = 13014.55,$$
$$t_{\frac{\alpha}{2}}(n-2) = t_{0.025}(9) = 2.26,$$
$$l_{xy} = \sum_{i=1}^{n}(x_i - \overline{x})(y_i - \overline{y}) = 3988.18,$$
$$l_{yy} = \sum_{i=1}^{n}(y_i - \overline{y})^2 = 1258.73,$$

所以
$$\hat{\sigma} = \sqrt{\frac{l_{xx}l_{yy} - l_{xy}^2}{(n-2)l_{xx}}} = 2.02.$$

进而
$$\delta(x_0) = \hat{\sigma} t_{\frac{\alpha}{2}}(n-2)\sqrt{1 + \frac{1}{n} + \frac{(x_0 - \overline{x})^2}{l_{xx}}}$$
$$= 2.02 \times 2.26 \sqrt{1 + \frac{1}{11} + \frac{(75 - 46.36)^2}{13014.55}} = 4.90.$$

所以,腐蚀时间为 $x_0 = 75$s 时,腐蚀深度的预测区间为
$(\hat{y}_0 - \delta(x_0), \hat{y}_0 + \delta(x_0)) = (28.17 - 4.90, 28.17 + 4.90) = (23.27, 33.07).$

(3) 当要求腐蚀深度在 10~20 μm 内时,需要控制自变量即腐蚀时间. 因为
$$y_1(x) = \hat{a} + \hat{b}x_1 - \hat{\sigma}\mu_{\frac{\alpha}{2}},$$
$$y_2(x) = \hat{a} + \hat{b}x_2 + \hat{\sigma}\mu_{\frac{\alpha}{2}},$$

代入已知条件即
$$\mu_{\frac{\alpha}{2}} = 1.96, \quad \hat{b} = 0.304, \quad \hat{a} = 5.37,$$

可得如下方程
$$10 = 5.37 + 0.304x_1 - 1.96 \times 2.02,$$
$$20 = 5.37 + 0.304x_2 + 1.96 \times 2.02,$$

从中可解得 $x_1 = 28.25, x_2 = 35.10$,即自变量腐蚀时间 x 应控制在 28.25~35.10 内.

9.2.2 多元线性回归

包含多个自变量的回归模型称为多元回归模型,本书简单介绍研究线性回归. 多元线性回归分析法与一元线性回归类似,只是计算更复杂.

1. 多元线性回归模型

多元线性回归模型如下
$$Y_i = a + b_1 x_{i1} + b_2 x_{i2} + \cdots + b_p x_{ip} + \varepsilon_i,$$
其中,Y_i 是第 i 次试验的因变量观测值,$x_{i1}, x_{i2}, \cdots, x_{ip}$ 是第 i 次试验自变量观测值,ε_i 是随机误差项,且 $\varepsilon_i \sim N(0, \sigma^2)$.

2. 参数的最小二乘估计法

根据最小二乘原理,参数的最小二乘估计应满足
$$Q = \sum_{i=1}^{n}(y_i - \hat{a} - \hat{b}_1 x_{i1} - \hat{b}_2 x_{i2} - \cdots - \hat{b}_p x_{ip})^2$$
$$= \min \sum_{i=1}^{n}(y_i - a - b_1 x_{i1} - b_2 x_{i2} - \cdots - b_p x_{ip})^2,$$
为此可求 Q 对各参数的一阶偏导并令其为零,可得正规方程组
$$\begin{cases} \dfrac{\partial Q}{\partial a} = -2\sum_{i=1}^{n}(y_i - a - b_1 x_{i1} - b_2 x_{i2} - \cdots - b_p x_{ip}) = 0, \\ \dfrac{\partial Q}{\partial b_1} = -2\sum_{i=1}^{p}(y_i - a - b_1 x_{i1} - b_2 x_{i2} - \cdots - b_p x_{ip}) x_{i1} = 0, \\ \dfrac{\partial Q}{\partial b_2} = -2\sum_{i=1}^{n}(y_i - a - b_1 x_{i1} - b_2 x_{i2} - \cdots - b_p x_{ip}) x_{i2} = 0, \\ \quad \cdots \cdots \\ \dfrac{\partial Q}{\partial b_p} = -2\sum_{i=1}^{n}(y_i - a - b_1 x_{i1} - b_2 x_{i2} - \cdots - b_p x_{ip}) x_{ip} = 0, \end{cases}$$
经整理得
$$\begin{cases} na + \left(\sum_{i=1}^{n} x_{i1}\right) b_1 + \left(\sum_{i=1}^{n} x_{i2}\right) b_2 + \cdots + \left(\sum_{i=1}^{n} x_{ip}\right) b_p = \sum_{i=1}^{n} y_i, \\ \left(\sum_{i=1}^{n} x_{i1}\right) a + \left(\sum_{i=1}^{n} x_{i1}^2\right) b_1 + \left(\sum_{i=1}^{n} x_{i1} x_{i2}\right) b_2 + \cdots + \left(\sum_{i=1}^{n} x_{i1} x_{ip}\right) b_p = \sum_{i=1}^{n} x_{i1} y_i, \\ \quad \cdots \cdots \\ \left(\sum_{i=1}^{n} x_{ip}\right) a + \left(\sum_{i=1}^{n} x_{i1} x_{ip}\right) b_1 + \left(\sum_{i=1}^{n} x_{i2} x_{ip}\right) b_2 + \cdots + \left(\sum_{i=1}^{n} x_{ip}^2\right) b_p = \sum_{i=1}^{n} x_{ip} y_i, \end{cases}$$
求解方程组,得参数的估计.因为计算复杂,实际中常采用计算机软件进行求解.

3. 显著性检验

类似一元回归分析,显著性检验步骤如下.
(1) 建立检验假设,$H_0:b_1=b_2=\cdots=b_p=0$,$H_1:b_1,b_2,\cdots,b_p$ 不全为 0;
(2) 选择检验统计量

$$F=\frac{\mathrm{SSR}/p}{\mathrm{SSE}/(n-p-1)}\sim F(p,n-p-1),$$

其中

$$\mathrm{SSR}=\sum_{i=1}^n(\hat{y_i}-\bar{y})^2,\quad \mathrm{SSE}=\sum_{i=1}^n(y_i-\hat{y})^2.$$

(3) 对给定的显著性水平 α,查表得拒绝域为

$$F\geqslant F_\alpha(p,n-p-1).$$

9.2.3 可线性化的非线性回归

在实际应用中,变量 Y 与 x 的相关关系往往是非线性的,对这类问题的回归分析要采用非线性回归法. 非线性回归分析要复杂得多,下面我们只介绍最简单的一类——可利用变量代换的方法将非线性回归化为一元线性回归分析的问题. 下面介绍一些常见的曲线如何通过变量代换化为直线的例子.

(1) 双曲线 $y=a+\dfrac{b}{x}$,令 $t=\dfrac{1}{x}$,$y=z$,则转换为 $z=a+bt$;
(2) 幂函数曲线 $y=ax^b$,作变换,则有 $t=\ln x$,$z=\ln y$,$z=a'+bt(a'=\ln a)$;
(3) 指数函数曲线 $y=ae^{bx}$,作变换 $z=\ln y$,$t=x$,则有 $z=a'+bt(a'=\ln a)$;
(4) 对数函数曲线 $y=a+b\ln x$,作变换 $z=y$,$t=\ln x$,则有 $z=a+bt$;
(5) S 形曲线 $y=\dfrac{1}{a+be^{-x}}$,作变换 $z=\dfrac{1}{y}$,$t=e^{-x}$,则有 $z=a+bt$.

有时还需要对原来模型中的变量进行变换,以使其化为线性模型,这时误差项将发生变化,为方便常将误差项忽略.

例 3 将以下忽略了误差项的非线性回归模型转换为线性回归模型.

(1) $\dfrac{1}{y}=a+\dfrac{b}{x}$; (2) $y=\dfrac{1}{a+be^x}$; (3) $y=ae^{bx}$.

解 (1) 令 $x'=\dfrac{1}{x}$,$y'=\dfrac{1}{y}$,则 $y'=a+bx'$;

(2) 令 $x'=e^x$,$y'=\dfrac{1}{y}$,则 $y'=a+bx'$;

(3) 令 $y'=\ln y$,$a=\ln a$,$x'=x$ 则 $y'=a'+bx'$.

*9.3 统计模型

现实中有些过程无法直接由理论方法导出其数学模型,但可通过试验的方法先测得数据然后运用数理统计的方法推断出各变量间的关系,建立统计模型. 本节结合实例简单说明方差分析和回归分析理论在数学建模中的应用.

9.3.1 方差分析模型

方差分析是通过对试验数据进行分析,检验方差相同的多正态总体的均值是否相等,并加以判断各因素对试验指标的影响是否存在显著差异,是以部分推断总体的方法. 方差分析广泛应用于许多领域,下面通过实例说明方差分析理论在数学建模中的应用.

例1 为了考察工艺对灯泡寿命的影响,从四种不同的工艺生产的灯泡中分别抽取一些灯泡,测得寿命,如表 9-9 所示.

表 9-9

工艺	寿命/h				
A_1	1620	1670	1700	1750	1800
A_2	1580	1600	1640	1720	
A_3	1460	1540	1620		
A_4	1500	1550	1610	1680	

试检验不同工艺对灯泡的寿命是否有显著影响,并考虑哪种工艺生产的灯泡寿命最长?

分析:只研究工艺对寿命的影响,显然此问题可用单因素方差分析法解决.

求解:由方差分析理论可知,将所有数据都减去同一常数不影响离差平方和的计算结果. 为简化计算把所有数据都减去 1600,列表计算结果如表 9-10 所示.

表 9-10

水平	试验数据					n_i	$\sum_{j=1}^{n_i} x_{ij}$	$\dfrac{1}{n_i}\left(\sum_{j=1}^{n_i} x_{ij}\right)^2$	$\sum_{j=1}^{n_i} x_{ij}^2$
A_1	20	70	100	150	200	5	540	58320	77800
A_2	−20	0	40	120		4	140	4900	16400
A_3	−140	−60	20			3	−180	10800	23600
A_4	−100	−50	10	80		4	−60	900	19000
Σ						16	440	74920	136800
							$P=12100$	$Q=74920$	$R=136800$

将有关计算的结果填入单因素方差分析表,结果如表 9-11 所示.

表 9-11

来源	自由度	偏差平方和	均方偏差和	F 值
组间	3	$S_A=62820$	$\overline{S_A}=\dfrac{S_A}{k-1}=20940$	$F=\dfrac{\overline{S_A}}{\overline{S_E}}=4.06$
组内	12	$S_E=61880$	$\overline{S_E}=\dfrac{S_E}{n-k}=5157$	
总和	15	$S_T=124700$		

查表可得 $F_{0.05}(3,12)=3.49$，因为 $F=4.06>3.49=F_{0.05}(3,12)$，所以在显著性水平 $\alpha=0.05$ 下，可认为由不同工艺生产的灯泡寿命有显著差异．

进一步利用表中的计算结果可得如下各未知参数的估计值：

$$\hat{\sigma}^2=\overline{S_E}=5157,\quad \hat{\mu}_1=\overline{x_1}=1600+\frac{540}{5}=1708,\quad \hat{\mu}_2=\overline{x_2}=1600+\frac{140}{4}=1635,$$

$$\hat{\mu}_3=\overline{x_3}=1600-\frac{180}{3}=1540,\quad \hat{\mu}_4=\overline{x_4}=1600-\frac{60}{4}=1585,$$

经比较可知，用第一种工艺生产的灯泡的寿命是最长的．

9.3.2 回归模型

回归分析是对具有相关关系的变量所进行的一种数理统计分析．只有当变量之间确实存在某种关系时所建立的回归方程才有意义．因此作为自变量的因素和作为因变量的预测对象是否有关，相关程度如何以及判断这种相关程度的把握性有多大成为回归分析在数学建模中所必须研究的问题．

回归分析是研究一个随机变量与一个或多个自变量之间的相互关系，并估计或预测自变量对因变量的影响．根据相关的理论，利用所得的样本资料估计未知的参数，进而确定变量之间的关系，建立回归模型．回归模型是否可用于实际预测取决于对回归模型的相关性检验．回归方程只有通过检验后才可将其作为预测模型进行相应的预测．

例 2 一元线性回归模型在家庭消费支出预测中的应用．

预测是指对当前未知或目前不明确事物的预先估计和推断，是决策科学化的前提．研究城镇居民的家庭收入与支出，进行支出与收入的相关性预测，可以促进宏观经济调控的合理化．现将 2001~2010 年城镇居民的家庭人均可支配收入与城镇居民人均消费支出的统计数据，如表 9-12 所示．

表 9-12

年份	收入/千元	支出/千元
2001	6.86	6.81
2002	7.70	7.16
2003	8.47	7.49
2004	9.42	8.06

续表

年份	收入/千元	支出/千元
2005	10.49	8.91
2006	11.76	9.64
2007	13.79	10.68
2008	15.78	12.21
2009	17.17	13.85
2010	19.11	15.03

试根据数据分析判断城镇居民收入与支出之间的相互关系,建立回归方程,并利用收入来预测支出金额,从而对宏观政策的制定给出一定建议和指导.

分析:设 x 表示收入,Y 代表支出.

1. 相关系数检验

由所给数据计算可得

$$\bar{x} = \frac{1}{10}\sum_{i=1}^{10} x_i = 12.055, \quad \bar{y} = 9.984, \quad l_{xy} = \sum_{i=1}^{10}(x_i-\bar{x})(y_i-\bar{y}) = 109.454,$$

$$l_{xx} = \sum_{i=1}^{10}(x_i-\bar{x})^2 = 161.1078, \quad l_{yy} = \sum_{i=1}^{10}(y_i-\bar{y})^2 = 75.0904,$$

从而可得

$$r = \frac{\sum_{i=1}^{10}(x_i-\bar{x})(y_i-\bar{y})}{\sqrt{\sum_{i=1}^{10}(x_i-\bar{x})^2 \sum_{i=1}^{10}(y_i-\bar{y})^2}} = \frac{l_{xy}}{\sqrt{l_{xx}l_{yy}}} = 0.9951.$$

因为 $0.8 < r < 1$,所以可认为两变量存在高度的线性相关关系,即居民消费支出与收入之间具有线性相关关系.

从而可假设城镇居民消费支出与家庭收入间具有如下线性相关关系

$$y = a + bx + \varepsilon.$$

2. 回归方程的建立

回归分析首要任务是利用样本数据估计未知参数,从而建立回归方程

$$\hat{y} = \hat{a} + \hat{b}x,$$

由最小二乘法估计得

$$\hat{b} = \frac{\sum_{i=1}^{n}(x_i-\bar{x})(y_i-\bar{y})}{\sum_{i=1}^{n}(x_i-\bar{x})^2} = 0.6794, \quad \hat{a} = \bar{y} - \hat{b}\bar{x} = 1.7938,$$

所以回归方程为

$$\hat{y} = \hat{a} + \hat{b}x = 1.7938 + 0.6794x.$$

3. 显著性检验

显著性检验实质上是对回归模型的整体检验. 在给定的显著性水平下, 选择检验统计量

$$F = \frac{\text{SSR}}{\frac{\text{SSE}}{n-2}} = \frac{r^2}{1-r^2}(n-2) \sim F(1, n-2).$$

若

$$F \geqslant F_\alpha(1, n-2),$$

则可认为回归方程有效. 因为有

$$F_\alpha(1, n-2) = F_{0.05}(1, 8) = 5.32,$$
$$F = \frac{r^2}{1-r^2}(n-2) = 810.3306.$$

易见回归方程显著.

4. 应用回归方程进行预测

预测是回归分析的主要目的, 由给定的 x_0 的值来确定 y_0 的取值及其范围. 实际中常利用 $\hat{y}_0 = \hat{a} + \hat{b}x_0$ 作为 y_0 的估计, 称为点估计预测值.

当 $x_0 = 21$ 千元时, 消费支出为

$$\hat{y}_0 = \hat{a} + \hat{b}x_0 = 1.7938 + 0.6794 \times 21 = 16.0612.$$

因为

$$\hat{\sigma} = \sqrt{\frac{l_{xx}l_{yy} - l_{xy}^2}{(n-2)l_{xx}}} = 0.3019,$$
$$t_{\frac{\alpha}{2}}(n-2) = t_{0.025}(8) = 2.306,$$

所以 y_0 的区间估计为

$$\left(\hat{y}_0 - t_{\frac{\alpha}{2}}(n-2)\hat{\sigma}\sqrt{1 + \frac{1}{n} + \frac{(x_0 - \bar{x})^2}{l_{xx}}}, \hat{y}_0 + t_{\frac{\alpha}{2}}(n-2)\hat{\sigma}\sqrt{1 + \frac{1}{n} + \frac{(x_0 - \bar{x})^2}{l_{xx}}} \right).$$

代入已知数据, 可知有 95% 的把握可预测人均消费支出的区间为 15.2688~16.8536, 即当人均收入在 21 千元时, 可预测消费支出为 15.2688~16.8536 千元.

研究城镇居民收入与支出之间的相互关系, 从而可通过预测, 针对不同的经济环境调整相应的政策, 有利于社会的和谐发展.

利用回归分析进行预测时应注意所用数据的必须准确可靠, 并要定性分析变量之间是否存在相关关系, 而且要避免回归预测的任意外推.

习 题 9

1. 3 部机床 A, B, C 制造一种产品, 每部机床各统计 5 天的日产量如下:

A:41,48,41,49,57； B:66,57,54,72,64； C:45,51,56,48,48.
试在显著性水平 $\alpha=0.01$ 下检验三部机床的日产量有无显著差异.

2. 某加工厂试验三种储藏方法对粮食含水率有无显著影响粮食.现取一批粮食分成若干份,分别用三种方法储藏,过段时间后测得的含水率如下表：

储藏方法	含水率数据				
A_1	7.3	8.3	7.6	8.4	8.3
A_2	5.4	7.4	7.1		
A_3	7.9	9.5	10.0		

假定各种储藏方法粮食的含水率服从正态分布,且方差相等,试在水平 $\alpha=0.05$ 上检验这三种方法对含水率有无显著差异？

3. 今有某种型号的电池三批,分别是 A,B,C 三厂生产的,为评比质量,各随机抽取 5 只电池为样品,测得寿命(单位:h)如下表,试在显著性水平 $\alpha=0.05$ 下检验这三个工厂生产的电池的寿命有无显著差异？

工厂	电池寿命/h				
A	40	48	38	42	45
B	26	34	30	28	32
C	39	40	43	50	50

4. 已知悬挂了不同重量 x(单位:g)的物体时弹簧的长度 Y(单位:cm).

x	5	10	15	20	25	30
Y	7.25	8.12	8.95	9.90	10.90	11.80

(1) 求 Y 关于 x 的回归直线方程；
(2) 要使弹簧的长度控制在 10~11cm 内,问悬挂物体的重量应控制在什么范围内？

5. 为了考察某一化学反应过程中,温度 x(单位:℃)对产品得率 Y 的影响,测得数据如下：

x	100	110	120	130	140	150	160	170	180	190
Y	45	51	54	61	66	70	74	78	85	89

(1) 求 Y 关于 x 的回归直线方程；
(2) 在 $\alpha=0.05$ 下检验回归效果是否显著？

6. 某长途运输公司在同一类型的卡车中,对行驶千米数与行驶天数进行统计的数据如下：

x/天	3.5	1.0	4.0	2.0	1.0	3.0	4.5	1.5	3.0	5.0
Y/千米	825	215	1070	550	480	920	1350	325	670	1215

过原点的回归模型为 $\begin{cases} y_i=\beta x_i+\varepsilon_i, \\ \varepsilon_i \text{ 独立,且 } \varepsilon_i \sim N(0,\sigma^2) \end{cases}$, 试以最小二乘法建立过原点的回归方程.

7. 设 x 固定时 Y 为正态变量,有如下表的数据:

x	−2.0	0.6	1.4	1.3	0.1	−1.6	−1.7	0.7	−1.8	−1.1
Y	−6.1	−0.5	7.2	6.9	−0.2	−2.1	−3.9	3.8	−7.5	−2.1

(1) 求 Y 对 x 的线性回归方程;
(2) 求相关系数,检验线性相关的显著性;
(3) 当 $x=0.05$ 时,求 Y 的 95% 的预测区间;
(4) 若要求 $|Y|<4$,x 应控制在何范围内?

8. 设回归函数形为 $y=\dfrac{x}{a+bx}$,请找出一个变换使其化为一元线性回归的形式.

第10章 Python 在概率论与数理统计中的应用

Python 软件在数学建模中有很多应用,本章主要介绍 Python 软件解决概率论与数理统计中的一些简单问题.

10.1 随机变量的概率计算

例1 设 $X \sim N(2, 4^2)$,
(1) $P\{1 < X < 5\}$;
(2) 确定 c,使得 $P\{-4c < X < 1c\} = 0.5$.

```
# 程序文件 Px10_1.py
from scipy.stats import norm
from scipy.optimize import fsolve
print("p=",norm.cdf(5,2,4)- norm.cdf(1,2,4))
f=lambda c:norm.cdf(1* c,2,4)- norm.cdf(- 4* c,2,4)- 0.5
print("c=", fsolve(f,0))
```

求得 $P\{1 < X < 5\} = 0.37207897330605544$,$c = 2.05347062$.

10.2 随机变量数字特征计算

例1 计算二项分布 $B(30, 0.9)$ 的均值和方差.

```
# 程序文件 Px10_2.py
from scipy.stats import binom
n,p=30,0.9
print("期望和方差分布为:",binom.stats(n,p))
```
运行结果:
期望和方差分布为:(array(27),array(2.67))

即二项分布 $b(30, 0.9)$ 的期望为 27,方差为 2.67.

10.3 参 数 估 计

10.3.1 极大似然估计

例1 工厂随机抽取 100 名工人,测量他们的身高和体重,所得数据如表 10-1 所示.

表 10-1 100 名工人身高和体重数据

身高/cm	体重/kg	身高/cm	体重/kg	身高/cm	体重/kg	身高/cm	体重/kg	身高/cm	体重/kg
171	62	169	55	169	64	171	65	167	47
172	75	168	67	165	52	169	62	168	65
160	55	168	65	164	59	170	58	165	64
166	62	175	67	173	74	172	64	168	57
155	57	176	64	172	69	169	58	176	57
173	58	168	50	169	52	167	72	170	57
166	55	161	49	173	57	175	76	158	51
170	63	169	63	173	61	164	59	165	62
167	53	171	61	166	70	166	63	172	53
173	60	178	64	163	57	169	54	169	66
178	60	177	66	170	56	167	54	169	58
173	73	170	58	160	65	179	62	172	50
163	47	173	67	165	58	176	63	162	52
165	66	172	59	177	66	182	69	175	75
170	60	170	62	169	63	186	77	174	66
163	50	172	59	176	60	166	76	167	63
172	57	177	58	177	67	169	72	166	50
182	63	176	68	172	56	173	59	174	64
171	59	175	68	165	56	169	65	168	62
177	64	184	70	166	49	171	71	170	59

假定工人的身高服从正态分布，求总体均值和标准差的极大似然估计．

```
# 程序文件 Pex10_3.py
Import numpy as np
Import matplotlib.pyplot as plt
From scipy.stats import norm
a=np.loadtxt("Pdata462.txt")
h=a[:,::2];h=h.flatten()
mu=np.mean(h);s=np.std(h);
print("样本均值和标准差为:",[mu,s])
print("极大似然估计值为:",norm.fit(h))
```

从程序计算结果可知，总体均值和标准差的极大似然估计就是样本均值和样本标准差，分别为 170.25，5.3747．

10.3.2 区间估计

例 2 从一批小白兔糖果中随机地取 16 袋,称得重量(以 g 计)如下:
606, 608, 499, 603, 604, 610, 497, 612,
614, 605, 493, 496, 606, 602, 609, 496.
设袋装糖果的重量近似地服从正态分布.试求总体均值 μ 的置信水平为 0.95 的置信区间.

解 μ 的一个置信水平为 $1-\alpha$ 的置信区间为 $\left(\overline{X}\pm\dfrac{S}{\sqrt{n}}t_{\alpha/2}(n-1)\right)$. 这里显著性水平 $\alpha=0.05, \alpha/2=0.025, n-1=15, t_{0.025}(15)=2.1315$,由给出的数据算得 $\overline{x}=572.5, s=53.230317176085535$. 计算得总体均值 μ 的置信水平为 0.95 的置信区间为 (544.1355661612635, 600.8644338387365).

```
# 程序文件 Px10_4.py
from numpy import array,sqrt
from scipy.stats import t

a=array([606,608,499,603,604,610,497,612,
614,605,493,496,606,602,609,496])
#ddof  取值为1时,标准偏差除的是(N-1);NumPy中的std计算默认是除以N
mu=a.mean(); s=a.std(ddof=1)      # 计算均值和标准差
print(mu,s); alpha=0.05; n=len(a)
val=(mu- s/sqrt(n)* t.ppf(1- alpha/2,n- 1),mu+ s/sqrt(n)* t.ppf(1- alpha/2,n- 1))
print("置信区间为:",val)
```

直接调用库函数求置信区间的 Python 程序如下:

```
# 程序文件 Px10_4_2.py
import numpy as np
import scipy.stats as ss
from scipy import stats
a=np.array([606,608,499,603,604,610,497,612,
614,605,493,496,606,602,609,496])
alpha=0.95; df=len(a)- 1
ci=ss.t.interval(alpha,df,loc=a.mean(),scale=ss.sem(a))
print("置信区间为:",ci)
```

10.4 假设检验

10.4.1 单个总体均值的假设检验

例1 某厂用包装机包装小白兔糖果.包得的袋装糖重是一个随机变量,它服从正态分布.当机器正常时,其均值为 0.5kg,标准差为 0.015kg.某日开工后为检验包装机是否正常,随机地抽取它所包装的 9 袋糖,称得净重(kg)为 0.497,0.606,0.618,0.624,0.498,0.611,0.620,0.615,0.612,问机器是否正常?

解 按题意总体 $X \sim N(\mu, \sigma^2)$,μ 未知,$\sigma=0.015$ 已知,要求在显著性水平 $\alpha=0.05$ 下检验假设

$$H_0: \mu=0.5; H_1: \mu \neq 0.5.$$

因 σ 已知,故采用 Z 检验,取检验统计量为 $Z=\dfrac{\overline{X}-0.5}{\sigma/\sqrt{n}}$,$\alpha=0.05$,$z_{\alpha/2}=1.96$,拒绝域为

$$|z|=\left|\dfrac{\overline{x}-0.5}{\sigma/\sqrt{n}}\right|=17.8>1.96.$$

因 Z 的观测值 z 落在拒绝域内,故在显著性水平 $\alpha=0.05$ 下拒绝原假设 H_0,认为这天包装机工作不正常.

statsmodels 库中作总体均值检验的函数为 statsmodels.stats.weightstats.ztest,其调用格式为

```
tstat,pvalue=statsmodels.stats,weightstats.ztest(x1,x2
=None,value=0,alternative='two-sided',usevar='pooled',ddof
=1.0)
```

帮助文档参看

https://www.statsmodels.org/stable/generated/statsmodels.stats.weightstats.ztest.html

statsmodels 库中 ztest 函数的检验统计量为

$$T=\dfrac{\overline{X}-\mu_0}{s/\sqrt{n}},$$

其中,s 为样本方差,实际上它是我们下面介绍的单个总体 t 检验的统计量.可以借助 T 统计量计算 Z 统计量的观测值,它们之间的关系为 $z=t\dfrac{s}{\sigma}$.计算例 5 的 Python 程序如下:

```
# 程序文件 Px10_5.py
```

```
import numpy as np
from statsmodels.stats.weightstats import ztest
sigma=0.015
a=np.array([0.497,0.606,0.618,0.624,0.498,0.611,0.620,
0.615,0.612])
tstat1,pvalue=ztest(a,value=0.5)   # 计算T统计量的观测值及p值

tstat2=tstat1* a.std(ddof=1)/sigma   # 转换为Z统计量的观测值
print('t 值为:',round(tstat1,4))
print('z 值为:', round(tstat2,4)); print('p 值为:', round(pvalue,4))
```

结果:

t 值为: 5.1207

z 值为: 17.8

p 值为: 0.0

例 2 某厂一批矿砂的 5 个样品中的镍含量(%),经测定为

3.35, 3.37, 3.24, 3.26, 3.24.

设测定值总体服从正态分布,但参数均未知,问在 $\alpha=0.01$ 下能否接受假设:这批矿砂的镍含量的均值为 3.25.

解 按题意总体 $X \sim N(\mu,\sigma^2)$,μ,σ^2 均未知,要求在显著性水平 $\alpha=0.01$ 下检验假设

$$H_0: \mu=3.25, \quad H_1: \mu \neq 3.25.$$

因 σ^2 未知,故采用 t 检验,取检验统计量为 $t=\dfrac{\overline{X}-3.25}{S/\sqrt{n}}$,令 $n=5, \alpha=0.01$,$t_{\alpha/2}(n-1)=t_{0.005}(4)=4.6041$,拒绝域为

$$|t|=\left|\frac{\overline{x}-3.25}{s/\sqrt{n}}\right| \geqslant t_{\alpha/2}(n-1)=4.6041.$$

$|t|=1.49<4.6041$ 不落在拒绝域之内,故在显著性水平 $\alpha=0.01$ 下接受原假设 H_0,即认为这批矿砂镍含量的均值为 3.25.

```
# 程序文件 Px10_6.py
import numpy  as np
from statsmodels.stats.weightstats  import  ztest
a=np.array([3.35,3.37,3.24,3.26,3.24])
tstat,pvalue=ztest(a,value=3.25)
print('检验统计量为:',tstat); print('p 值为:',pvalue)
```

结果:

检验统计量为:1.4905242260741292.

例3 按规定,100g 罐头番茄汁中的平均维生素 C 含量(mg/g)不得少于 21mg/g. 现从工厂的产品中抽取 17 个罐头,其 100g 番茄汁中,测得维生素 C 含量记录如下 16,35,31,30,33,31,19,15,13,33,17,30,39,18,32,16,32.

设维生素含量服从正态分布 $N(\mu,\sigma^2)$,μ,σ^2 均未知,问这批罐头是否符合要求(取显著性水平 $\alpha=0.05$).

解本题需检验假设($\alpha=0.05$),

$$H_0:\mu\geqslant 21,\quad H_1:\mu<21.$$

令 $n=17$,$t_{0.05}(16)=1.7459$,拒绝域为 $t=\dfrac{\bar{x}-21}{s/\sqrt{n}}<-1.7459$. 检验统计量的观测值

$$t=2.34>-1.7459,$$

故接受 H_0,认为这批罐头是符合规定的.

计算的 Python 程序如下:

```
# 程序文件 Px10_7.Py
import numpy as np
from statsmodels.stats.weightstats import ztest
a=np.array([16,35,31,30,33,31,19,15,13,33,17,30,39,18,32,16,32])
tstat, pvalue=ztest(a,value=21,alternative='smaller')
print('检验统计量为:',tstat); print('p 值为:',pvalue)
```

结果:

检验统计量为:2.3383760985036988.

10.4.2 两个总体均值的假设检验

例4 表 10-2 分别给出两位作家,第一位作家的 8 篇小品文,以及第二位作家的 10 篇小品文中由 3 个字母组成的单词的比例.

表 10-2 两位作家作品中单词统计数据

第一位作家	0.325	0.362	0.317	0.340	0.330	0.329	0.335	0.317		
第二位作家	0.309	0.305	0.196	0.310	0.302	0.307	0.324	0.3230	0.320	0.301

设两组数据分别来自正态总体,且两个总体方差相等,但参数均未知. 两个样本相互独立. 问两位作家所写的小品文中包含由 3 个字母组成的单词的比例是否有显著差异(取 $\alpha=0.05$)?

解 按题意总体 $X \sim N(\mu_1, \sigma^2)$, $Y \sim N(u_2, \sigma^2)$，两个样本相互独立. 本题需在显著性水平 $\alpha = 0.05$ 下检验假设

$$H_1: \mu_1 = u_2, \quad H_1: \mu_1 \neq u_2.$$

采用 t 检验，取检验统计量为 $t = \dfrac{\overline{X} - \overline{Y}}{\sqrt{\dfrac{(n_1-1)S_1^2 + (n_2-1)S_2^2}{n_1+n_2-1}} \cdot \sqrt{\dfrac{1}{n_1} + \dfrac{1}{n_2}}}$，拒绝域为

$$|t| = \left| \dfrac{\overline{x} - \overline{y}}{\sqrt{\dfrac{(n_1-1)S_1^2 + (n_2-1)S_2^2}{n_1+n_2-1}} \cdot \sqrt{\dfrac{1}{n_1} + \dfrac{1}{n_2}}} \right| \geq t_{\alpha/2}(n_1+n_2-2).$$

令 $n_1 = 8, n_2 = 10, t_{0.025}(16) = 2.1199$.

因观测值 $|t| = 2.29 > 2.1199$，落在拒绝域之内，故拒绝 H_0，认为两位作家所写的小品文中包含由 3 个字母组成的单词的比例有显著的差异.

计算的 Python 程序如下：

```
# 程序文件 Px10_8.Py
import numpy as np
from statsmodels.stats.weightstats import ttest_ind
a=np.array([0.325,0.362,0.317,0.340,0.330,0.329,0.335,0.317])
b=np.array([0.309,0.305,0.196,0.310,0.302,0.307,0.324,0.323,0.320,0.301])
tstat,pvalue, df=ttest_ind(a,b,value=0)
print('检验统计量为:',tstat); print('p 值为:',pvalue)
print('自由度为:',df)
```

结果：

检验统计量为：2.287798682573515.

10.5 一元线性回归

变量间的关系有两类：一类可用函数关系表示，称为确定性关系；另一类关系不能用函数来表示，称为相关关系. 具有相关关系的变量虽然不具有确定的函数关系，但可以借助函数关系来表示它们之间的统计规律. 回归分析方法是处理变量之间相关关系的一种统计方法，它不仅提供建立变量间关系的数学表达式经验公式，而且可以利用概率统计知识进行分析讨论，从而判断经验公式的正确性.

下面举例介绍一元线性回归分析.

例1　表 10-3 是 19 个国家每人每年平均饮用葡萄酒中所摄取酒精升数,以及一年中心脏病死亡率(每 10 万人死亡人数).

表 10-3　葡萄酒与心脏病死亡率数据

国家	摄取酒精/L	死亡人数	国家	摄取酒精/L	死亡人数
澳大利亚	3.5	311	荷兰	1.8	167
奥地利	3.9	167	新西兰	1.9	366
比利时	3.9	131	挪威	0.8	377
加拿大	3.4	191	西班牙	6.5	86
丹麦	3.9	320	瑞典	1.6	307
芬兰	0.8	397	瑞士	5.8	115
法国	9.1	71	英国	1.3	385
冰岛	0.8	311	美国	1.2	199
爱尔兰	0.7	300	德国	3.7	172
意大利	7.9	107			

(1)根据表 10-3 中数据作散点图.

(2)预测摄取酒精为 8L 时,心脏病的死亡率.

解　(1)记心脏病死亡率为 y,酒精摄取量为 x,将 y 与 x 作散点图如图 10.1 所示. 从散点图可以看出这 19 个点大致位于一条直线附近,因此可以用一元线性回归方法确定回归系数的点估计.

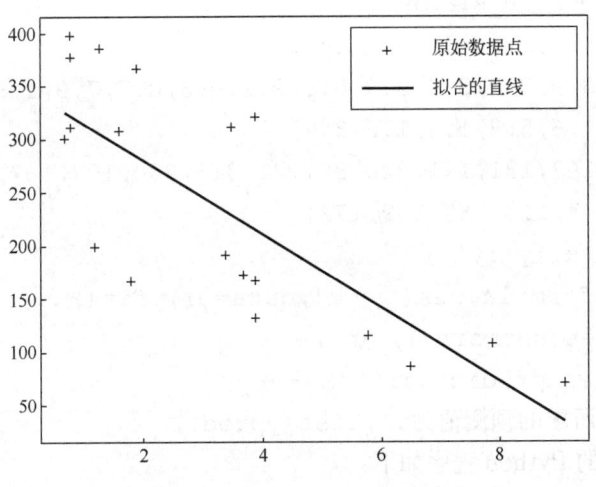

图 10.1　散点图与拟合的直线

(2)拟合参数时,可以使用 NumPy 库中的 polyfit 函数,或者使用 scipy.optimize 模块的 curve_fit 函数.利用 Python 软件求得摄取酒精为 8L 时,心脏病死亡率为所求的预测值为 72.80713134046215.

```
# 程序文件 Px10_9_1.py
import matplotlib.pyplot as plt
import numpy as np
x=[3.5,3.9,3.9,3.4,3.9,0.8,9.1,0.8,0.7,7.9,1.8,1.9,0.8,6.5,1.6,5.8,1.3,1.2,3.7]
y=[311,167,131,191,320,397,71,311,300,107,167,366,377,86,307,115,385,199,172]
plt.plot(x,y,'+k',label="原始数据点")
p=np.polyfit(x,y,deg=1)      # 拟合一次多项式
print("拟合的多项式为:{}* x+ {}".format(p[0],p[1]))
plt.rc('font',size=16); plt.rc('font',family='SimHei')
plt.plot(x,np.polyval(p,x),label="拟合的直线")
print("预测值为:",np.polyval(p,8));plt.legend()
plt.savefig("figure10_9.png",dpi=500);plt.show()
```

为了得到线性回归模型的一些检验统计量,可以使用 statsmodels 库函数进行计算,statsmodels 可以使用两种模式求解回归分析模型:一种是基于公式的模式;另一种是基于数组的模式.

基于公式的 Python 程序如下:

```
# 程序文件 Px10_9_2.py
import statsmodels.api as sm
x=[3.5,3.9,3.9,3.4,3.9,0.8,9.1,0.8,0.7,7.9,1.8,1.9,0.8,
    6.5,1.6,5.8,1.3,1.2,3.7]
y=[311,167,131,191,320,397,71,311,300,107,167,366,377,
    86,307,115,385,199,172]
df={'x':x,'y':y}
res=sm.formula.ols('y~ x',data=df).fit()
print(res.summary(),'\n')
ypred=res.predict(dict(x=8))
print('所求的预测值为:',list(ypred))
```

基于数组的 Python 程序如下:

```
# 程序文件 Px10_9_3.py
import statsmodels.api as sm
import numpy as np
```

```
x=np.array([3.5,3.9,3.9,3.4,3.9,0.8,9.1,0.8,0.7,7.9,1.8,
            1.9,0.8,6.5,1.6,5.8,1.3,1.2,3.7])
y=np.array([311,167,131,191,320,397,71,311,300,107,167,
            366,377,86,307,115,385,199,172])
X=sm.add_constant(x)
md=sm.OLS(y,X).fit()                    # 构建并拟合模型
print(md.params,'\n- - - - - - - - \n') # 提取回归系数
print(md.summary2())
ypred=md.predict([1,8])                 # 第一列必须加 1
print("预测值为:",ypred)
```

习 题 10

1.某工厂生产的元件的寿命 X(以 h 计)服从均值 $\mu=150$,标准差 $\sigma(\sigma>0)$ 的正态分布,若要求 $P\{100<X\leqslant180\}\geqslant0.80$,允许 σ 最大为多少?

2.某人每天从报站批发报纸零售,晚上将没有卖完的报纸退回.设每份报纸的批发价为 b,零售价为 a,退回价为 c,且设 $a>b>c>0$.因此,每售出一份报纸赚 $a-b$,退回一份报纸赔 $b-c$.每天如果批发的报纸太少,不够卖的话就会少赚钱;如果批发的报纸太多,卖不完的话就会赔钱.应如何确定他每天批发的报纸数量,才能获得最大的收益?

3.商家对家电的销售采用先使用后付款的方式.记家电寿命为 X(以年计),规定:$X\leqslant1$,一台电器付款 1000 元;$1<X\leqslant2$,一台电器付款 1500 元;$2<X\leqslant3$,一台电器付款 2000 元;$X>3$,一台电器付款 2500 元.

设寿命 X 服从指数分布,概率密度为

$$f(x)=\begin{cases}\dfrac{1}{8}e^{-x/8}, & x>0,\\ 0, & x\leqslant0.\end{cases}$$

试求该商店一台这种家用电器收费 Y 的数学期望.

4.表 10-4 列出了 18 名学生的体重和体积测量值.

表 10-4　18 名学生的体重和体积测量值

体重 x/kg	10.5	17.1	13.8	15.7	11.9	10.4	15.0	16.0	17.8
体积 y/dm³	10.4	16.7	13.5	15.7	11.6	10.2	14.5	15.8	17.6
体重 x/kg	15.8	15.1	12.1	18.4	17.1	16.7	16.5	15.1	15.1
体积 y/dm³	15.2	14.8	11.9	18.3	16.7	16.6	15.9	15.1	14.5

(1)画出散点图.

(2)求 y 关于 x 的线性回归方程.

参 考 文 献

北京大学数学力学系概率统计组. 1976. 正交设计法. 北京:石油化学工业出版社
边馥萍,侯文华,梁冯珍. 2005. 数学模型方法与算法. 北京:高等教育出版社
陈魁. 2000. 应用概率统计. 北京:清华大学出版社
董付国. 2015. Python 程序设计. 北京:清华大学出版社
费史 M. 1962. 概率论及数理统计. 王福保译. 上海:上海科学技术出版社
复旦大学. 1979. 概率论(第一、二册). 北京:人民教育出版社
葛余博. 2005. 概率论与数理统计. 北京:清华大学出版社
贺才兴,童品苗,王纪林,等. 2000. 概率论与数理统计. 北京:科学出版社
黄润龙. 2004. 数据统计与分析技术——SPSS 软件实用教程. 北京:高等教育出版社
刘顺忠. 2005. 数理统计理论、方法、应用和软件计算. 武汉:华中科技大学出版社
刘卫国. 2016. Python 语言程序设计. 北京:电子工业出版社
任善强,雷鸣. 2008. 数学模型. 2 版. 重庆:重庆大学出版社
沈恒范. 2003. 概率论与数理统计教程. 4 版. 北京:高等教育出版社
盛骤,谢式千,潘承毅. 2008. 概率论与数理统计. 4 版. 北京:高等教育出版社
汪仁官. 2000. 概率论引论. 北京:北京大学出版社
王福保,闵华玲,叶润修,等. 1984. 概率论及数理统计. 上海:同济大学出版社
王松桂,张忠占,程维虎,等. 2006. 概率论与数理统计. 2 版. 北京:科学出版社
王颖喆. 2008. 概率与数理统计. 北京:北京师范大学出版社
魏振军. 2009. 概率论与数理统计. 北京:中国铁道出版社
吴赣昌. 2004. 概率论与数理统计(理工类). 北京:中国人民大学出版社
肖筱南. 2004. 新编概率论与数理统计. 北京:北京大学出版社
徐雅静,段清堂,汪远征. 2009. 概率论与数理统计. 北京:科学出版社
叶俊,赵衡秀. 2005. 概率论与数理统计. 北京:清华大学出版社
袁荫棠. 1990. 概率论与数理统计. 北京:中国人民大学出版社
苑延华,母丽华,蔡吉花,等. 2009. 概率论与数理统计. 北京:科学出版社
曾刚. 2018. Python 编程入门与案例详解. 北京:清华大学出版社
曾建军,李世航,王永国,等. 2005. MATLAB 语言与数学建模. 合肥:安徽大学出版社
中国科学院数学研究所数理统计组. 1974. 回归分析方法. 北京:科学出版社
中国科学院数学研究所统计组. 1973. 常用数理统计方法. 北京:科学出版社
中国科学院数学研究所统计组. 1977. 方差分析. 北京:科学出版社
中山大学数学力学系. 1980. 概率论及数理统计(上、下册). 北京:人民教育出版社

附录 A 常用概率统计表

附表 1 泊松分布表

$$P(X \geqslant x) = 1 - F(x-1) = \sum_{r=x}^{\infty} \frac{e^{-\lambda}\lambda^r}{r!}$$

x	$\lambda=0.1$	$\lambda=0.2$	$\lambda=0.3$	$\lambda=0.4$	$\lambda=0.5$	$\lambda=0.6$
0	1.0000000	1.0000000	1.0000000	1.0000000	1.0000000	1.0000000
1	0.0951626	0.1812692	0.2591818	0.3296800	0.393469	0.451188
2	0.0046788	0.0175231	0.0369363	0.0615519	0.090204	0.121901
3	0.0001547	0.0011485	0.0035995	0.0079263	0.014388	0.023115
4	0.0000038	0.0000568	0.0002658	0.0007763	0.001752	0.003358
5		0.0000023	0.0000158	0.0000612	0.000172	0.000394
6		0.0000001	0.0000008	0.0000040	0.000014	0.000039
7				0.0000002	0.0000001	0.0000003

x	$\lambda=0.7$	$\lambda=0.8$	$\lambda=0.9$	$\lambda=1.0$	$\lambda=1.2$	$\lambda=1.4$
0	1.0000000	1.0000000	1.0000000	1.0000000	1.0000000	1.0000000
1	0.503415	0.550671	0.593430	0.632121	0.698806	0.753403
2	0.155805	0.191208	0.227518	0.264241	0.337373	0.408167
3	0.034142	0.047423	0.062857	0.080301	0.120513	0.166502
4	0.005753	0.009080	0.013459	0.018988	0.033769	0.053725
5	0.000786	0.001411	0.002344	0.003660	0.007746	0.014253
6	0.000090	0.000184	0.000343	0.000594	0.001500	0.003201
7	0.000009	0.000021	0.000043	0.000083	0.000251	0.000622
8	0.000001	0.000002	0.000005	0.000010	0.000037	0.000107
9				0.000001	0.000005	0.000016
10					0.000001	0.000002

x	$\lambda=1.6$	$\lambda=1.8$	$\lambda=2.0$	$\lambda=2.2$	$\lambda=2.4$	$\lambda=2.5$
0	1.0000000	1.0000000	1.0000000	1.0000000	1.0000000	1.0000000
1	0.798103	0.834701	0.864665	0.889197	0.909282	0.917915
2	0.475069	0.537163	0.593994	0.645430	0.691559	0.712703
3	0.216642	0.269379	0.323324	0.377286	0.430291	0.456187
4	0.078813	0.108708	0.142877	0.180648	0.221277	0.242424
5	0.023682	0.036407	0.052653	0.072496	0.095869	0.108822
6	0.006040	0.010378	0.016564	0.024910	0.035673	0.042021
7	0.001336	0.002569	0.004534	0.007461	0.011594	0.014187
8	0.000260	0.000562	0.001097	0.001978	0.003339	0.004247
9	0.000045	0.000110	0.000237	0.000470	0.000862	0.001140
10	0.000007	0.000019	0.000046	0.000101	0.000202	0.000277
11	0.000001	0.000003	0.000008	0.000020	0.000043	0.000062
12			0.000001	0.000004	0.000008	0.000013
13				0.000001	0.000002	0.000002

续表

x	$\lambda=2.6$	$\lambda=2.8$	$\lambda=3.0$	$\lambda=3.2$	$\lambda=3.4$	$\lambda=3.8$
0	1.0000000	1.0000000	1.0000000	1.0000000	1.0000000	1.0000000
1	0.925726	0.939190	0.950213	0.959238	0.966627	0.977629
2	0.732615	0.763922	0.800852	0.828799	0.853158	0.892620
3	0.481570	0.530546	0.576810	0.620096	0.660260	0.731103
4	0.263998	0.308063	0.352768	0.397480	0.441643	0.526515
5	0.122577	0.152324	0.184737	0.219387	0.255818	0.332156
6	0.049037	0.065110	0.083918	0.105408	0.129458	0.184444
7	0.017170	0.024411	0.033509	0.044619	0.057853	0.090892
8	0.005334	0.008131	0.011905	0.016830	0.023074	0.040107
9	0.001437	0.002433	0.003803	0.005714	0.008293	0.015984
10	0.000376	0.000660	0.001102	0.001762	0.002709	0.005799
11	0.000087	0.000164	0.000292	0.000497	0.000810	0.001929
12	0.000018	0.000037	0.000071	0.000129	0.000223	0.000592
13	0.000004	0.000008	0.000016	0.000031	0.000057	0.000168
14	0.000001	0.000002	0.000003	0.000007	0.000014	0.000045
15			0.000001	0.000001	0.000003	0.000011
16					0.000001	0.000003
17						0.000001
x	$\lambda=4.0$	$\lambda=4.2$	$\lambda=4.4$	$\lambda=4.6$	$\lambda=4.8$	$\lambda=5.0$
0	1.0000000	1.0000000	1.0000000	1.0000000	1.0000000	1.0000000
1	0.981684	0.985004	0.987723	0.989948	0.991770	0.993262
2	0.908422	0.922023	0.933702	0.943710	0.952267	0.959572
3	0.761897	0.789762	0.814858	0.837361	0.857461	0.875348
4	0.566530	0.604597	0.640552	0.674294	0.705770	0.734974
5	0.371163	0.410173	0.448816	0.486766	0.523741	0.559507
6	0.214870	0.246857	0.280088	0.314240	0.348994	0.384039
7	0.110674	0.132536	0.156355	0.181971	0.209195	0.237817
8	0.051134	0.063943	0.078579	0.095051	0.113334	0.133372
9	0.021363	0.027932	0.035803	0.045072	0.055817	0.068094
10	0.008132	0.011127	0.014890	0.019527	0.025141	0.031828
11	0.002840	0.004069	0.005688	0.007777	0.010417	0.013696
12	0.000915	0.001374	0.002008	0.002863	0.003992	0.005453
13	0.000274	0.000431	0.000658	0.000979	0.001422	0.002019
14	0.000076	0.000126	0.000201	0.000312	0.000473	0.000698
15	0.000020	0.000034	0.000058	0.000093	0.000147	0.000226
16	0.000005	0.000009	0.000016	0.000026	0.000043	0.000069
17	0.000001	0.000002	0.000004	0.000007	0.000012	0.000020
18			0.000001	0.000002	0.000003	0.000005
19					0.000001	0.000001

附表 2　标准正态分布表

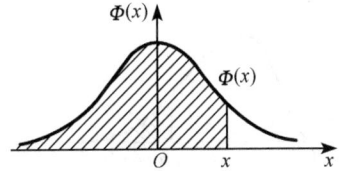

$$\Phi(x) = \int_{-\infty}^{x} \frac{1}{\sqrt{2\pi}} e^{-\frac{t^2}{2}} dt \quad (x \geqslant 0)$$

x	0.00	0.01	0.02	0.03	0.04	0.05	0.06	0.07	0.08	0.09
0.0	0.5000	0.5040	0.5080	0.5120	0.5160	0.5199	0.5239	0.5279	0.5319	0.5359
0.1	0.5398	0.5438	0.5478	0.5517	0.5557	0.5596	0.5636	0.5675	0.5714	0.5753
0.2	0.5793	0.5832	0.5871	0.5910	0.5948	0.5987	0.6026	0.6064	0.6103	0.6141
0.3	0.6179	0.6217	0.6255	0.6293	0.6331	0.6368	0.6406	0.6443	0.6480	0.6517
0.4	0.6554	0.6591	0.6628	0.6664	0.6700	0.6736	0.6772	0.6808	0.6844	0.6879
0.5	0.6915	0.6950	0.6985	0.7019	0.7054	0.7088	0.7123	0.7157	0.7190	0.7224
0.6	0.7257	0.7291	0.7324	0.7357	0.7389	0.7422	0.7454	0.7486	0.7517	0.7549
0.7	0.7580	0.7611	0.7642	0.7673	0.7703	0.7734	0.7764	0.7794	0.7823	0.7852
0.8	0.7881	0.7910	0.7939	0.7967	0.7995	0.8023	0.8051	0.8078	0.8106	0.8133
0.9	0.8159	0.8186	0.8212	0.8238	0.8264	0.8289	0.8315	0.8340	0.8365	0.8389
1.0	0.8413	0.8438	0.8461	0.8485	0.8508	0.8531	0.8554	0.8577	0.8599	0.8621
1.1	0.8643	0.8665	0.8686	0.8708	0.8729	0.8749	0.8770	0.8790	0.8810	0.8830
1.2	0.8849	0.8869	0.8888	0.8907	0.8925	0.8944	0.8962	0.8980	0.8997	0.9015
1.3	0.9032	0.9049	0.9066	0.9082	0.9099	0.9115	0.9131	0.9147	0.9162	0.9177
1.4	0.9192	0.9207	0.9222	0.9236	0.9251	0.9265	0.9278	0.9292	0.9306	0.9319
1.5	0.9332	0.9345	0.9357	0.9370	0.9382	0.9394	0.9406	0.9418	0.9430	0.9441
1.6	0.9452	0.9463	0.9474	0.9484	0.9495	0.9505	0.9515	0.9525	0.9535	0.9545
1.7	0.9554	0.9564	0.9573	0.9582	0.9591	0.9599	0.9608	0.9616	0.9625	0.9633
1.8	0.9641	0.9648	0.9656	0.9664	0.9671	0.9678	0.9686	0.9693	0.9700	0.9706
1.9	0.9713	0.9719	0.9726	0.9732	0.9738	0.9744	0.9750	0.9756	0.9762	0.9767
2.0	0.9772	0.9778	0.9783	0.9788	0.9793	0.9798	0.9803	0.9808	0.9812	0.9817
2.1	0.9821	0.9826	0.9830	0.9834	0.9838	0.9842	0.9846	0.9850	0.9854	0.9857
2.2	0.9861	0.9864	0.9868	0.9871	0.9874	0.9878	0.9881	0.9884	0.9887	0.9890
2.3	0.9893	0.9896	0.9898	0.9901	0.9904	0.9906	0.9909	0.9911	0.9913	0.9916
2.4	0.9918	0.9920	0.9922	0.9925	0.9927	0.9929	0.9931	0.9932	0.9934	0.9936
2.5	0.9938	0.9940	0.9941	0.9943	0.9945	0.9946	0.9948	0.9949	0.9951	0.9952
2.6	0.9953	0.9955	0.9956	0.9957	0.9959	0.9960	0.9961	0.9962	0.9963	0.9964
2.7	0.9965	0.9966	0.9967	0.9968	0.9969	0.9970	0.9971	0.9972	0.9973	0.9974
2.8	0.9974	0.9975	0.9976	0.9977	0.9977	0.9978	0.9979	0.9979	0.9980	0.9981
2.9	0.9981	0.9982	0.9982	0.9983	0.9984	0.9984	0.9985	0.9985	0.9986	0.9986
3.0	0.9987	0.9990	0.9993	0.9995	0.9997	0.9998	0.9998	0.9999	0.9999	1.0000

附表3 χ^2 分布表

$$P(\chi^2 > \chi_\alpha^2(n)) = \alpha$$

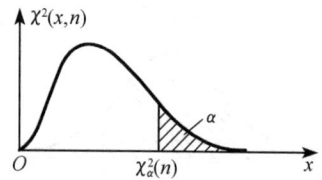

n \ α	0.995	0.99	0.975	0.95	0.90	0.75
1	—	—	0.001	0.004	0.016	0.102
2	0.010	0.020	0.051	0.103	0.211	0.575
3	0.072	0.115	0.216	0.352	0.584	1.213
4	0.207	0.297	0.484	0.711	1.064	1.923
5	0.412	0.554	0.831	1.145	1.610	1.675
6	0.676	0.872	1.237	1.635	2.204	3.455
7	0.989	1.239	1.690	2.167	2.833	4.255
8	1.344	1.646	2.180	2.733	3.490	5.071
9	1.735	2.088	2.700	3.325	4.168	5.899
10	2.156	2.558	3.247	3.940	4.865	6.737
11	2.603	3.053	3.816	4.575	5.578	7.584
12	3.074	3.571	4.404	5.226	6.304	8.438
13	3.565	4.107	5.009	5.892	7.042	9.299
14	4.075	4.660	5.629	6.571	7.790	10.165
15	4.601	5.229	6.262	7.261	8.547	11.037
16	5.142	5.812	6.908	7.962	9.312	11.912
17	5.697	6.408	7.564	8.672	10.085	12.792
18	6.265	7.015	8.231	9.390	10.865	13.675
19	6.844	7.633	8.907	10.117	11.651	14.562
20	7.434	8.260	9.591	10.851	12.443	15.452
21	8.034	9.897	10.283	11.591	13.240	16.344
22	8.643	9.542	10.982	12.338	14.042	17.240
23	9.260	10.196	11.689	13.091	14.848	18.137
24	9.886	10.856	12.401	13.848	15.659	19.037
25	10.520	11.524	13.120	14.611	16.473	19.939
26	11.160	12.198	13.844	15.379	17.292	20.843
27	11.808	12.879	14.573	16.151	18.114	21.749
28	12.461	13.565	15.308	16.928	18.939	22.657
29	13.121	14.257	16.047	17.708	19.768	23.567
30	13.787	14.954	16.791	18.493	20.599	24.478
31	14.458	15.655	17.539	19.821	21.434	25.390
32	15.134	16.362	18.291	20.072	22.271	26.304
33	15.815	17.074	19.047	20.867	23.110	27.219
34	16.501	17.789	19.806	21.664	23.952	28.136
35	17.192	18.509	20.569	22.465	24.797	29.054
36	17.887	19.233	21.336	23.269	25.643	29.973
38	19.289	20.691	22.878	24.884	27.343	31.815
40	20.707	22.164	24.433	26.509	29.051	33.660
43	22.859	24.398	26.785	28.965	31.625	36.436
45	24.311	25.901	28.366	30.612	33.350	38.291

续表

n \ α	0.25	0.10	0.05	0.025	0.01	0.005
1	1.323	2.706	3.841	5.024	6.635	7.879
2	2.273	4.605	5.991	7.378	9.210	10.597
3	4.108	6.251	7.815	9.348	11.345	12.838
4	5.385	7.779	9.488	11.143	13.277	14.860
5	6.626	9.236	11.071	12.833	15.086	16.750
6	7.841	10.645	12.592	14.449	16.812	18.548
7	9.037	12.017	14.067	16.013	18.475	20.278
8	10.219	13.362	15.507	17.535	20.090	21.955
9	11.389	14.684	16.919	19.023	21.666	23.589
10	12.549	15.987	18.307	20.483	23.209	15.188
11	13.701	17.275	19.675	21.920	24.725	26.757
12	14.845	18.549	21.026	23.337	26.217	28.299
13	15.984	19.812	22.362	24.736	27.688	29.819
14	17.117	21.604	23.685	26.119	29.141	31.319
15	18.245	22.307	24.996	27.488	30.578	32.801
16	19.369	23.542	26.296	28.845	32.000	34.267
17	20.489	24.769	27.587	30.191	33.409	35.718
18	21.605	25.989	28.869	31.526	34.805	37.156
19	22.718	27.204	30.144	32.852	36.191	38.582
20	23.828	28.412	31.410	34.170	37.566	39.997
21	24.935	29.615	32.671	35.479	38.932	41.401
22	26.039	30.813	33.924	36.781	40.289	42.796
23	27.141	32.007	35.172	38.076	41.638	44.181
24	28.241	33.196	56.415	39.364	42.980	45.559
25	29.339	34.382	37.653	40.646	44.314	46.928
26	30.435	35.563	38.885	41.923	45.642	48.290
27	31.528	36.741	40.113	43.194	46.963	49.645
28	32.620	37.916	42.337	44.461	48.278	50.993
29	33.711	39.087	42.557	45.722	49.588	52.336
30	34.800	40.256	43.773	46.979	50.892	53.672
31	35.887	41.422	44.985	48.232	52.191	55.003
32	36.973	42.585	46.194	49.480	53.486	56.328
33	38.058	43.741	47.400	50.725	54.776	58.648
34	39.141	44.903	48.602	51.966	56.061	58.964
35	40.223	46.059	49.802	53.203	57.342	60.275
36	41.304	47.212	50.998	54.437	58.619	61.581
38	43.462	49.513	53.384	56.896	61.162	64.181
40	45.616	51.805	55.758	59.342	63.691	66.766
43	48.840	55.230	59.304	62.990	67.459	70.616
45	50.985	57.505	61.656	65.410	69.957	73.166

附表4　t 分布表

$P(T > t_\alpha(n)) = \alpha$

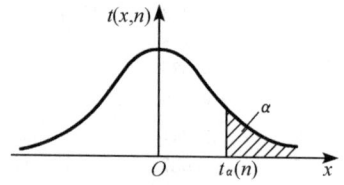

n \ α	0.25	0.10	0.05	0.025	0.01	0.005
1	1.0000	3.0777	6.3138	12.7062	31.8207	63.6574
2	0.8165	1.8856	2.9200	4.3027	6.9646	9.9248
3	0.7649	1.6377	2.3534	3.1824	4.5407	5.8409
4	0.7407	1.5332	2.1318	2.7764	3.7469	4.6041
5	0.7267	1.4759	2.0150	2.5706	3.3349	4.0322
6	0.7176	1.4398	1.9432	2.4469	3.1427	3.7074
7	0.7111	1.4149	1.8946	2.3646	2.9980	3.4995
8	0.7064	1.3968	1.8595	2.3060	2.8965	3.3554
9	0.7027	1.3830	1.8331	2.2622	2.8214	3.2498
10	0.6998	1.3722	1.8125	2.2281	2.7638	3.1693
11	0.6974	1.3634	1.7959	2.2010	2.7181	3.1058
12	0.6955	1.3562	1.7823	2.1788	2.6810	3.0545
13	0.6938	1.3502	1.7709	2.1604	2.6503	3.0123
14	0.6924	1.3450	1.7613	2.1448	2.6245	2.9768
15	0.6912	1.3406	1.7531	2.1315	2.6025	2.9467
16	0.6901	1.3368	1.7459	2.1199	2.5835	2.9208
17	0.6892	1.3334	1.7396	2.1098	2.5669	2.8982
18	0.6884	1.3304	1.7341	2.1009	2.5524	2.8784
19	0.6876	1.3277	1.7291	2.0930	2.5395	2.8609
20	0.6870	1.3253	1.7247	2.0860	2.5280	2.8453
21	0.6864	1.3232	1.7207	2.0796	2.5177	2.8314
22	0.6858	1.3212	1.7171	2.0739	2.5083	2.8188
23	0.6853	1.3195	1.7139	2.0687	2.4999	2.8073
24	0.6848	1.3178	1.7109	2.0639	2.4922	2.7969
25	0.6844	1.3163	1.7081	2.0595	2.4851	2.7874
26	0.6840	1.3150	1.7056	2.0555	2.4786	2.7787
27	0.6837	1.3137	1.7033	2.0518	2.4727	2.7707
28	0.6834	1.3125	1.7011	2.0484	2.4671	2.7633
29	0.6830	1.3114	1.6991	2.0452	2.4620	2.7564
30	0.6828	1.3104	1.6973	2.0423	2.4573	2.7500
31	0.6825	1.3095	1.6955	2.0395	2.4528	2.7440
32	0.6822	1.3086	1.6939	2.0369	2.4487	2.7385
33	0.6820	1.3077	1.6924	2.0345	2.4448	2.7333
34	0.6818	1.3070	1.6909	2.0322	2.4411	2.7284
35	0.6816	1.3062	1.6896	2.0301	2.4377	2.7238
36	0.6814	1.3055	1.6883	2.0281	2.4345	2.7195
38	0.6810	1.3042	1.6860	2.0244	2.4286	2.7116
40	0.6807	1.3031	1.6839	2.0211	2.4233	2.7045
43	0.6802	1.3016	1.6811	2.0167	2.4163	2.6951
45	0.6800	1.3006	1.6794	2.0141	2.4121	2.6896

附表 5　F 分布表

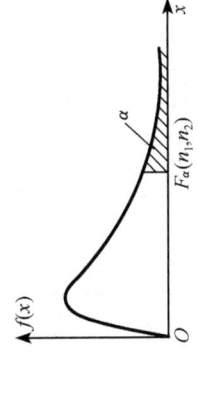

$$P(F(n_1,n_2) > F_\alpha(n_1,n_2)) = \alpha$$

$\alpha=0.10$

n_2 \ n_1	1	2	3	4	5	6	7	8	9	10	12	15	20	24	30	40	60	120	∞
1	39.86	49.50	53.59	55.83	57.24	58.20	58.91	59.44	59.86	60.19	60.71	61.22	61.74	62.00	62.26	62.53	62.79	63.06	63.33
2	8.53	9.00	9.16	9.24	9.29	9.33	9.35	9.37	9.38	9.39	9.41	9.42	9.44	9.45	9.46	9.47	9.47	9.48	9.49
3	5.54	5.46	5.39	5.34	5.31	5.28	5.27	5.25	5.24	5.23	5.22	5.20	5.18	5.18	5.17	5.16	5.15	5.14	5.13
4	4.54	4.32	4.19	4.11	4.05	4.01	3.98	3.95	3.94	3.92	3.90	3.87	3.84	3.83	3.82	3.80	3.79	3.78	3.76
5	4.06	3.78	3.62	3.52	3.45	3.40	3.37	3.34	3.32	3.30	3.27	3.24	3.21	3.19	3.17	3.16	3.14	3.12	3.10
6	3.78	3.46	3.29	3.18	3.11	3.05	3.01	2.98	2.96	2.94	2.90	2.87	2.84	2.82	2.80	2.78	2.76	2.74	2.72
7	3.59	3.26	3.07	2.96	2.88	2.83	2.78	2.75	2.72	2.70	2.67	2.63	2.59	2.58	2.56	2.54	2.51	2.49	2.47
8	3.46	3.11	2.92	2.81	2.73	2.67	2.62	2.59	2.56	2.54	2.50	2.46	2.42	2.40	2.38	2.36	2.34	2.32	2.29
9	3.36	3.01	2.81	2.69	2.61	2.55	2.51	2.47	2.44	2.42	2.38	2.34	2.30	2.28	2.25	2.23	2.21	2.18	2.16
10	3.29	2.92	2.73	2.61	2.52	2.46	2.41	2.38	2.35	2.32	2.28	2.24	2.20	2.18	2.16	2.13	2.11	2.08	2.06
11	3.23	2.86	2.66	2.54	2.45	2.39	2.34	2.30	2.27	2.25	2.21	2.17	2.12	2.10	2.08	2.05	2.03	2.00	1.97
12	3.18	2.81	2.61	2.48	2.39	2.33	2.28	2.24	2.21	2.19	2.15	2.10	2.06	2.04	2.01	1.99	1.96	1.93	1.90
13	3.14	2.76	2.56	2.43	2.35	2.28	2.23	2.20	2.16	2.14	2.10	2.05	2.01	1.98	1.96	1.93	1.90	1.88	1.85

续表

n_2 \ n_1	1	2	3	4	5	6	7	8	9	10	12	15	20	24	30	40	60	120	∞
14	3.10	2.73	2.52	2.39	2.31	2.24	2.19	2.15	2.12	2.10	2.05	2.01	1.96	1.94	1.91	1.89	1.86	1.83	1.80
15	3.07	2.70	2.49	2.36	2.27	2.21	2.16	2.12	2.09	2.06	2.02	1.97	1.92	1.90	1.87	1.85	1.82	1.79	1.76
16	3.05	2.67	2.46	2.33	2.24	2.18	2.13	2.09	2.06	2.03	1.99	1.94	1.89	1.87	1.84	1.81	1.78	1.75	1.72
17	3.03	2.64	2.44	2.31	2.22	2.15	2.10	2.06	2.03	2.00	1.96	1.91	1.86	1.84	1.81	1.78	1.75	1.72	1.69
18	3.01	2.62	2.42	2.29	2.20	2.13	2.08	2.04	2.00	1.98	1.93	1.89	1.84	1.81	1.78	1.75	1.72	1.69	1.66
19	2.99	2.61	2.40	2.27	2.18	2.11	2.06	2.02	1.98	1.96	1.91	1.86	1.81	1.79	1.76	1.73	1.70	1.67	1.63
20	2.97	2.59	2.38	2.25	2.16	2.09	2.04	2.00	1.96	1.94	1.89	1.84	1.79	1.77	1.74	1.71	1.68	1.64	1.61
21	2.96	2.57	2.36	2.23	2.14	2.08	2.02	1.98	1.95	1.92	1.87	1.83	1.78	1.75	1.72	1.69	1.66	1.62	1.59
22	2.95	2.56	2.35	2.22	2.13	2.06	2.01	1.97	1.93	1.90	1.86	1.81	1.76	1.73	1.70	1.67	1.64	1.60	1.57
23	2.94	2.55	2.34	2.21	2.11	2.05	1.99	1.95	1.92	1.89	1.84	1.80	1.74	1.72	1.69	1.66	1.62	1.59	1.55
24	2.93	2.54	2.33	2.19	2.10	2.04	1.98	1.94	1.91	1.88	1.83	1.78	1.73	1.70	1.67	1.64	1.61	1.57	1.53
25	2.92	2.53	2.32	2.18	2.09	2.02	1.97	1.93	1.89	1.87	1.82	1.77	1.72	1.69	1.66	1.63	1.59	1.56	1.52
26	2.91	2.52	2.31	2.17	2.08	2.01	1.96	1.92	1.88	1.86	1.81	1.76	1.71	1.68	1.65	1.61	1.58	1.54	1.50
27	2.90	2.51	2.30	2.17	2.07	2.00	1.95	1.91	1.87	1.85	1.80	1.75	1.70	1.67	1.64	1.60	1.57	1.53	1.49
28	2.89	2.50	2.29	2.16	2.06	2.00	1.94	1.90	1.87	1.84	1.79	1.74	1.69	1.66	1.63	1.59	1.56	1.52	1.48
29	2.89	2.50	2.28	2.15	2.06	1.99	1.93	1.89	1.86	1.83	1.78	1.73	1.68	1.65	1.62	1.58	1.55	1.51	1.47
30	2.88	2.49	2.28	2.14	2.05	1.98	1.93	1.88	1.85	1.82	1.77	1.72	1.67	1.64	1.61	1.57	1.54	1.50	1.46
40	2.84	2.44	2.23	2.09	2.00	1.93	1.87	1.83	1.79	1.76	1.71	1.66	1.61	1.57	1.54	1.51	1.47	1.42	1.38
60	2.79	2.39	2.18	2.04	1.95	1.87	1.82	1.77	1.74	1.71	1.66	1.60	1.54	1.51	1.48	1.44	1.40	1.35	1.29
120	2.75	2.35	2.13	1.99	1.90	1.82	1.77	1.72	1.68	1.65	1.60	1.55	1.48	1.45	1.41	1.37	1.32	1.26	1.19
∞	2.71	2.30	2.08	1.94	1.85	1.77	1.72	1.67	1.63	1.60	1.55	1.49	1.42	1.38	1.34	1.30	1.24	1.17	1.00

附录 A 常用概率统计表

续表

$\alpha = 0.05$

n_1 \ n_2	1	2	3	4	5	6	7	8	9	10	12	15	20	24	30	40	60	120	∞
1	161.4	199.5	215.7	224.6	230.2	234.0	236.8	238.9	240.5	241.9	243.9	245.9	248.0	249.1	250.1	251.1	252.2	253.3	254.3
2	18.51	19.00	19.16	19.25	19.30	19.33	19.35	19.37	19.38	19.40	19.41	19.43	19.45	19.45	19.46	19.47	19.48	19.49	19.50
3	10.13	9.55	9.28	9.12	9.01	8.94	8.89	8.85	8.81	8.79	8.74	8.70	8.66	8.64	8.62	8.59	8.57	8.55	8.53
4	7.71	6.94	6.59	6.39	6.26	6.16	6.09	6.04	6.00	5.96	5.91	5.86	5.80	5.77	5.75	5.72	5.69	5.66	5.63
5	6.61	5.79	5.41	5.19	5.05	4.95	4.88	4.82	4.77	4.74	4.68	4.62	4.56	4.53	4.50	4.46	4.43	4.40	4.36
6	5.99	5.14	4.76	4.53	4.39	4.28	4.21	4.15	4.10	4.06	4.00	3.94	3.87	3.84	3.81	3.77	3.74	3.70	3.67
7	5.59	4.74	4.35	4.12	3.97	3.87	3.79	3.73	3.68	3.64	3.57	3.51	3.44	3.41	3.38	3.34	3.30	3.27	3.23
8	5.32	4.46	4.07	3.84	3.69	3.58	3.50	3.44	3.39	3.35	3.28	3.22	3.15	3.12	3.08	3.04	3.01	2.97	2.93
9	5.12	4.26	3.86	3.63	3.48	3.37	3.29	3.23	3.18	3.14	3.07	3.01	2.94	2.90	2.86	2.83	2.79	2.75	2.71
10	4.96	4.10	3.71	3.48	3.33	3.22	3.14	3.07	3.02	2.98	2.91	2.85	2.77	2.74	2.70	2.66	2.62	2.58	2.54
11	4.84	3.98	3.59	3.36	3.20	3.09	3.01	2.95	2.90	2.85	2.79	2.72	2.65	2.61	2.57	2.53	2.49	2.45	2.40
12	4.75	3.89	3.49	3.26	3.11	3.00	2.91	2.85	2.80	2.75	2.69	2.62	2.54	2.51	2.47	2.43	2.38	2.34	2.30
13	4.67	3.81	3.41	3.18	3.03	2.92	2.83	2.77	2.71	2.67	2.60	2.53	2.46	2.42	2.38	2.34	2.30	2.25	2.21
14	4.60	3.74	3.34	3.11	2.96	2.85	2.76	2.70	2.65	2.60	2.53	2.46	2.39	2.35	2.31	2.27	2.22	2.18	2.13
15	4.54	3.68	3.29	3.06	2.90	2.79	2.71	2.64	2.59	2.54	2.49	2.40	2.33	2.29	2.25	2.20	2.16	2.11	2.07
16	4.49	3.63	3.24	3.01	2.85	2.74	2.66	2.59	2.54	2.49	2.42	2.35	2.28	2.24	2.19	2.15	2.11	2.06	2.01
17	4.45	3.59	3.20	2.96	2.81	2.70	2.61	2.55	2.49	2.45	2.38	2.31	2.23	2.19	2.15	2.10	2.06	2.01	1.96
18	4.41	3.55	3.16	2.93	2.77	2.66	2.58	2.51	2.46	2.41	2.34	2.27	2.19	2.15	2.11	2.06	2.02	1.97	1.92
19	4.38	3.52	3.13	2.90	2.74	2.63	2.54	2.48	2.42	2.38	2.31	2.23	2.16	2.11	2.07	2.03	1.98	1.93	1.88
20	4.35	3.49	3.10	2.87	2.71	2.60	2.51	2.45	2.39	2.35	2.28	2.20	2.12	2.08	2.04	1.99	1.95	1.90	1.84
21	4.32	3.47	3.07	2.84	2.68	2.57	2.49	2.42	2.37	2.32	2.25	2.18	2.10	2.05	2.01	1.96	1.92	1.87	1.81
22	4.30	3.44	305	2.82	2.66	2.55	2.46	2.40	2.34	2.30	2.23	2.15	2.07	2.03	1.98	1.94	1.89	1.84	1.78
23	4.28	3.42	3.03	2.80	2.64	2.53	2.44	2.37	2.32	2.27	2.20	2.13	2.05	2.01	1.96	1.91	1.86	1.81	1.76
24	4.26	3.40	3.01	2.78	2.62	2.51	2.42	2.36	2.30	2.25	2.18	2.11	2.03	1.98	1.94	1.89	1.84	1.79	1.73
25	4.24	3.39	2.99	2.76	2.60	2.49	2.40	2.34	2.28	2.24	2.16	2.09	2.01	1.96	1.92	1.87	1.82	1.77	1.71
26	4.23	3.37	2.98	2.74	2.59	2.47	2.39	2.32	2.27	2.22	2.15	2.07	1.99	1.95	1.90	1.85	1.80	1.75	1.69
27	4.21	3.35	2.96	2.73	2.57	2.46	2.37	2.31	2.25	2.20	2.13	2.06	1.97	1.93	1.88	1.84	1.79	1.73	1.67
28	4.20	3.34	2.95	2.71	2.56	2.45	2.36	2.29	2.24	2.19	2.12	2.04	1.96	1.91	1.87	1.82	1.77	1.71	1.65
29	4.18	3.33	2.93	2.70	2.55	2.43	2.35	2.28	2.22	2.18	2.10	2.03	1.94	1.90	1.85	1.81	1.75	1.70	1.64
30	4.17	3.32	2.92	2.69	2.53	2.42	2.33	2.27	2.21	2.16	2.09	2.01	1.93	1.89	1.84	1.79	1.74	1.68	1.62
40	4.08	3.23	2.84	2.61	2.45	2.34	2.25	2.18	2.12	2.08	2.00	1.92	1.84	1.79	1.74	1.69	1.64	1.58	1.51
60	4.00	3.15	2.76	2.53	2.37	2.25	2.17	2.10	2.04	1.99	1.92	1.84	1.75	1.70	1.65	1.59	1.53	1.47	1.39
120	3.92	3.07	2.68	2.45	2.29	2.17	2.09	2.02	1.96	1.91	1.83	1.75	1.66	1.61	1.55	1.50	1.43	1.35	1.25
∞	3.84	3.00	2.60	2.37	2.21	2.10	2.01	1.94	1.88	1.83	1.75	1.67	1.57	1.52	1.46	1.39	1.32	1.22	1.00

续表

$\alpha = 0.025$

n_2\n_1	1	2	3	4	5	6	7	8	9	10	12	15	20	24	30	40	60	120	∞
1	647.8	799.5	864.2	899.6	921.8	937.1	948.2	956.7	963.3	368.6	976.7	984.9	993.1	997.2	1001	1006	1010	1014	1018
2	38.51	39.00	39.17	39.25	39.30	39.33	39.36	39.37	39.39	39.40	39.41	39.43	39.45	39.46	39.46	39.47	39.48	39.49	39.50
3	17.44	16.04	15.44	15.10	14.88	14.73	14.62	14.54	14.47	14.42	14.34	14.25	14.17	14.12	14.08	14.04	13.99	13.95	13.90
4	12.22	10.65	9.98	9.60	9.36	9.20	9.07	8.98	8.90	8.84	8.75	8.66	8.56	8.51	8.46	8.41	8.36	8.31	8.26
5	10.01	8.43	7.76	7.39	7.15	6.98	6.85	6.76	6.68	6.62	6.52	6.43	6.33	6.28	6.23	6.18	6.12	6.07	6.02
6	8.81	7.26	6.60	6.23	5.99	5.82	5.70	5.60	5.52	5.46	5.37	5.27	5.17	5.12	5.07	5.01	4.96	4.90	4.85
7	8.07	6.54	5.89	5.52	5.29	5.12	4.99	4.90	4.82	4.76	4.67	4.57	4.47	4.42	4.36	4.31	4.25	4.20	4.14
8	7.57	6.06	5.42	5.05	4.82	4.65	4.53	4.43	4.36	4.30	4.20	4.10	4.00	3.95	3.89	3.84	3.78	3.73	3.67
9	7.21	5.71	5.08	4.72	4.48	4.32	4.20	4.10	4.03	3.96	3.87	3.77	3.67	3.61	3.56	3.51	3.45	3.39	3.33
10	6.94	5.46	4.83	4.47	4.24	4.07	3.95	3.85	3.78	3.72	3.62	3.52	3.42	3.37	3.31	3.26	3.20	3.14	3.08
11	6.72	5.26	4.63	4.28	4.04	3.88	3.76	3.66	3.59	3.53	3.43	3.33	3.23	3.17	3.12	3.06	3.00	2.94	2.88
12	6.55	5.10	4.47	4.12	3.89	3.73	3.61	3.51	3.44	3.37	3.28	3.18	3.07	3.02	2.96	2.91	2.85	2.79	2.72
13	6.41	4.97	4.35	4.00	3.77	3.60	3.48	3.39	3.31	3.25	3.15	3.05	2.95	2.89	2.84	2.78	2.72	2.66	2.60
14	6.30	4.86	4.24	3.89	3.66	3.50	3.38	3.29	3.21	3.15	3.05	2.95	2.84	2.79	2.73	2.67	2.61	2.55	2.49
15	6.20	4.77	4.15	3.80	3.58	3.41	3.29	3.20	3.12	3.06	2.96	2.86	2.76	2.70	2.64	2.59	2.52	2.46	2.40
16	6.12	4.69	4.08	3.73	3.50	3.34	3.22	3.12	3.05	2.99	2.89	2.79	2.68	2.63	2.57	2.51	2.45	2.38	2.32
17	6.04	4.62	4.01	3.66	3.44	3.28	3.16	3.06	2.98	2.92	2.82	2.72	2.62	2.56	2.50	2.44	2.38	2.32	2.25
18	5.98	4.56	3.95	3.61	3.38	3.22	3.10	3.01	2.93	2.87	2.77	2.67	2.56	2.50	2.44	2.38	2.32	2.26	2.19
19	5.92	4.51	3.90	3.56	3.33	3.17	3.05	2.96	2.88	2.82	2.72	2.62	2.51	2.45	2.39	2.33	2.27	2.20	2.13
20	5.87	4.46	3.86	3.51	3.29	3.13	3.01	2.91	2.84	2.77	2.68	2.57	2.46	2.41	2.35	2.29	2.22	2.16	2.09
21	5.83	4.42	3.82	3.48	3.25	3.09	2.97	2.87	2.80	2.73	2.64	2.53	2.42	2.37	2.31	2.25	2.18	2.11	2.04
22	5.79	4.38	3.78	3.44	3.22	3.05	2.93	2.84	2.76	2.70	2.60	2.50	2.39	2.33	2.27	2.21	2.14	2.08	2.00
23	5.75	4.35	3.75	3.41	3.18	3.02	2.90	2.81	2.73	2.67	2.57	2.47	2.36	2.30	2.24	2.18	2.11	2.04	1.97
24	5.72	4.32	3.72	3.38	3.15	2.99	2.87	2.78	2.70	2.64	2.54	2.44	2.33	2.27	2.21	2.15	2.08	2.01	1.94
25	5.69	4.29	3.69	3.35	3.13	2.97	2.85	2.75	2.68	2.61	2.51	2.41	2.30	2.24	2.18	2.12	2.05	1.98	1.91
26	5.66	4.27	3.67	3.33	3.10	2.94	2.82	2.73	2.65	2.59	2.49	2.39	2.28	2.22	2.16	2.09	2.03	1.95	1.88
27	5.63	4.24	3.65	3.31	3.08	2.92	2.80	2.71	2.63	2.57	2.47	2.36	2.25	2.19	2.13	2.07	2.00	1.93	1.85
28	5.61	4.22	3.63	3.29	3.06	2.90	2.78	2.69	2.61	2.55	2.45	2.34	2.23	2.17	2.11	2.05	1.98	1.91	1.83
29	5.59	4.20	3.61	3.27	3.04	2.88	2.76	2.67	2.59	2.53	2.43	2.32	2.21	2.15	2.09	2.03	1.96	1.89	1.81
30	5.57	4.18	3.59	3.25	3.03	2.87	2.75	2.65	2.57	2.51	2.41	2.31	2.20	2.14	2.07	2.01	1.94	1.87	1.79
40	5.42	4.05	3.46	3.13	2.90	2.74	2.62	2.53	2.45	2.39	2.29	2.18	2.07	2.01	1.94	1.88	1.80	1.72	1.64
60	5.29	3.93	3.34	3.01	2.79	2.63	2.51	2.41	2.33	2.27	2.17	2.06	1.94	1.88	1.82	1.74	1.67	1.58	1.48
120	5.15	3.80	3.23	2.89	2.67	2.52	2.39	2.30	2.22	2.16	2.05	1.94	1.82	1.76	1.69	1.61	1.53	1.43	1.31
∞	5.02	3.69	3.12	2.79	2.57	2.41	2.29	2.19	2.11	2.05	1.94	1.83	1.71	1.64	1.57	1.48	1.39	1.27	1.00

附录 A 常用概率统计表

续表

$\alpha = 0.01$

n_2 \ n_1	1	2	3	4	5	6	7	8	9	10	12	15	20	24	30	40	60	120	∞
1	4052	4999.5	5403	5625	5764	5859	5928	5982	6022	6056	6106	6157	6209	6235	6261	6287	6313	6339	6366
2	98.50	99.00	99.17	99.25	99.30	99.33	99.36	99.37	99.39	99.40	99.42	99.43	99.45	99.46	99.47	99.47	99.48	99.49	99.50
3	34.12	30.82	29.46	28.71	28.24	27.91	27.67	27.49	27.35	27.23	27.05	26.87	26.69	26.60	26.50	26.41	26.32	26.22	26.13
4	21.20	18.00	16.69	15.98	15.52	15.21	14.98	14.80	14.66	14.55	14.37	14.20	14.02	13.93	13.84	13.75	13.65	13.56	13.46
5	16.26	13.27	12.06	11.39	10.97	10.67	10.46	10.29	10.16	10.05	9.89	9.72	9.55	9.47	9.38	9.29	9.20	9.11	9.02
6	13.75	10.92	9.78	9.15	8.75	8.47	8.26	8.10	7.98	7.87	7.72	7.56	7.40	7.31	7.23	7.14	7.06	6.97	6.88
7	12.25	9.55	8.45	7.85	7.46	7.19	6.99	6.84	6.72	6.62	6.47	6.31	6.16	6.07	5.99	5.91	5.82	5.74	5.65
8	11.26	8.65	7.59	7.01	6.63	6.37	6.18	6.03	5.91	5.81	5.67	5.52	5.36	5.28	5.20	5.12	5.03	4.95	4.86
9	10.56	8.02	6.99	6.42	6.06	5.80	5.61	5.47	5.35	5.26	5.11	4.96	4.81	4.73	4.65	4.57	4.48	4.40	4.31
10	10.04	7.59	6.55	5.99	5.64	5.39	5.20	5.06	4.94	4.85	4.71	4.56	4.41	4.33	4.25	4.17	4.08	4.00	3.91
11	9.65	7.21	6.22	5.67	5.32	5.07	4.89	4.74	4.63	4.54	4.40	4.25	4.10	4.02	3.94	3.86	3.78	3.69	3.60
12	9.33	6.93	5.95	5.41	5.06	4.82	4.64	4.50	4.39	4.30	4.16	4.01	3.86	3.78	3.70	3.62	3.54	3.45	3.36
13	9.07	6.70	5.74	5.21	4.86	4.62	4.44	4.30	4.19	4.10	3.96	3.82	3.66	3.59	3.51	3.43	3.34	3.25	3.17
14	8.86	6.51	5.56	5.04	4.69	4.46	4.28	4.14	4.03	3.94	3.80	3.66	3.51	3.43	3.35	3.27	3.18	3.09	3.00
15	8.68	6.36	5.42	4.89	4.56	4.32	4.14	4.00	3.89	3.80	3.67	3.52	3.37	3.29	3.21	3.13	3.05	2.96	2.87
16	8.53	6.23	5.29	4.77	4.44	4.20	4.03	3.89	3.78	3.69	3.55	3.41	3.26	3.18	3.10	3.02	2.93	2.84	2.75
17	8.40	6.11	5.18	4.67	4.34	4.10	3.93	3.79	3.68	3.59	3.46	3.31	3.16	3.08	3.00	2.92	2.83	2.75	2.65
18	8.29	6.01	5.09	4.58	4.25	4.01	3.84	3.71	3.60	3.51	3.37	3.23	3.08	3.00	2.92	2.84	2.75	2.66	2.57
19	8.18	5.93	5.01	4.50	4.17	3.94	3.77	3.63	3.52	3.43	3.30	3.15	3.00	2.92	2.84	2.76	2.67	2.58	2.49
20	8.10	5.85	4.94	4.43	4.10	3.87	3.70	3.56	3.46	3.37	3.23	3.09	2.94	2.86	2.78	2.69	2.61	2.52	2.42
21	8.02	5.78	4.87	4.37	4.04	3.81	3.64	3.51	3.40	3.31	3.17	3.03	2.88	2.80	2.72	2.64	2.55	2.46	2.36
22	7.95	5.72	4.82	4.31	3.99	3.76	3.59	3.45	3.35	3.26	3.12	2.98	2.83	2.75	2.67	2.58	2.50	2.40	2.31
23	7.88	5.66	4.76	4.26	3.94	3.71	3.54	3.41	3.30	3.21	3.07	2.93	2.78	2.70	2.62	2.54	2.45	2.35	2.26
24	7.82	5.61	4.72	4.22	3.90	3.67	3.50	3.36	3.26	3.17	3.03	2.89	2.74	2.66	2.58	2.49	2.40	2.31	2.21
25	7.77	5.57	4.68	4.18	3.85	3.63	3.46	3.32	3.22	3.13	2.99	2.85	2.70	2.62	2.54	2.45	2.36	2.27	2.17
26	7.72	5.53	4.64	4.14	3.82	3.59	3.42	3.29	3.18	3.09	2.96	2.81	2.66	2.58	2.50	2.42	2.33	2.23	2.13
27	7.68	5.49	4.60	4.11	3.78	3.56	3.39	3.26	3.15	3.06	2.93	2.78	2.63	2.55	2.47	2.38	2.29	2.20	2.10
28	7.64	5.45	4.57	4.07	3.75	3.53	3.36	3.23	3.12	3.03	2.90	2.75	2.60	2.52	2.44	2.35	2.26	2.17	2.06
29	7.60	5.42	4.54	4.04	3.73	3.50	3.33	3.20	3.09	3.00	2.87	2.73	2.57	2.49	2.41	2.33	2.23	2.14	2.03
30	7.56	5.39	4.51	4.02	3.70	3.47	3.30	3.17	3.07	2.98	2.84	2.70	2.55	2.47	2.39	2.30	2.21	2.11	2.01
40	7.31	5.18	4.31	3.83	3.51	3.29	3.12	2.99	2.89	2.80	2.66	2.52	2.37	2.29	2.20	2.11	2.02	1.92	1.80
60	7.08	4.98	4.13	3.65	3.34	3.12	2.95	2.82	2.72	2.63	2.50	2.35	2.20	2.12	2.03	1.94	1.84	1.73	1.60
120	6.85	4.79	3.95	3.48	3.17	2.96	2.79	2.66	2.56	2.47	2.34	2.19	2.03	1.95	1.86	1.76	1.66	1.53	1.38
∞	6.63	4.61	3.78	3.32	3.02	2.80	2.64	2.51	2.41	2.32	2.18	2.04	1.88	1.79	1.70	1.59	1.47	1.32	1.00

续表

$\alpha=0.005$

n_1\n_2	1	2	3	4	5	6	7	8	9	10	12	15	20	24	30	40	60	120	∞
1	16211	20000	21615	22500	23056	23437	23715	23925	24091	24224	24426	24630	24836	24940	25044	25148	25253	25359	25465
2	198.5	199.0	199.2	199.2	199.3	199.3	199.4	199.4	199.4	199.4	199.4	199.4	199.4	199.5	199.5	199.5	199.5	199.5	199.5
3	55.55	49.80	47.47	46.19	45.39	44.84	44.43	44.13	43.88	43.69	43.39	43.08	42.78	42.62	42.47	42.31	42.15	41.99	41.83
4	31.33	26.28	24.26	23.15	22.46	21.97	21.62	21.35	21.14	20.97	20.70	20.44	20.17	20.03	19.89	19.75	19.61	19.47	19.32
5	22.78	18.31	16.53	15.56	14.94	14.51	14.20	13.96	13.77	13.62	13.38	13.15	12.90	12.78	12.66	12.53	12.40	12.27	12.14
6	18.63	14.54	12.92	12.03	11.46	11.07	10.79	10.57	10.39	10.25	10.03	9.81	9.59	9.47	9.36	9.24	9.12	9.00	8.88
7	16.24	12.40	10.88	10.05	9.52	9.16	8.89	8.68	8.51	8.38	8.18	7.97	7.75	7.65	7.53	7.42	7.31	7.19	7.08
8	14.69	11.04	9.60	8.81	8.30	7.95	7.69	7.50	7.34	7.21	7.01	6.81	6.61	6.50	6.40	6.29	6.18	6.06	5.95
9	13.61	10.11	8.72	7.96	7.47	7.13	6.88	6.69	6.54	6.42	6.23	6.03	5.83	5.73	5.62	5.52	5.41	5.30	5.19
10	12.83	9.43	8.08	7.34	6.87	6.54	6.30	6.12	5.97	5.85	5.66	5.47	5.27	5.17	5.07	4.97	4.86	4.75	4.64
11	12.23	8.91	7.60	6.88	6.42	6.10	5.86	5.68	5.54	5.42	5.24	5.05	4.86	4.76	4.65	4.55	4.44	4.34	4.23
12	11.75	8.51	7.23	6.52	6.07	5.76	5.52	5.35	5.20	5.09	4.91	4.72	4.53	4.43	4.33	4.23	4.12	4.01	3.90
13	11.37	8.19	6.93	6.23	5.79	5.48	5.25	5.08	4.94	4.82	4.64	4.46	4.27	4.17	4.07	3.97	3.87	3.76	3.65
14	11.06	7.92	6.68	6.00	5.56	5.26	5.03	4.86	4.72	4.60	4.43	4.25	4.06	3.96	3.86	3.76	3.66	3.55	3.44
15	10.80	7.70	6.48	5.80	5.37	5.07	4.85	4.67	4.54	4.42	4.25	4.07	3.88	3.79	3.69	3.58	3.48	3.37	3.26
16	10.58	7.51	6.30	5.64	5.21	4.91	4.69	4.52	4.38	4.27	4.10	3.92	3.73	3.64	3.54	3.44	3.33	3.22	3.11
17	10.38	7.35	6.16	5.50	5.07	4.78	4.56	4.39	4.25	4.14	3.97	3.79	3.61	3.51	3.41	3.31	3.21	3.10	2.98
18	10.22	7.21	6.03	5.37	4.96	4.66	4.44	4.28	4.14	4.03	3.86	3.68	3.50	3.40	3.30	3.20	3.10	2.99	2.87
19	10.07	7.09	5.92	5.27	4.85	4.56	4.34	4.18	4.04	3.93	3.76	3.59	3.40	3.31	3.21	3.11	3.00	2.89	2.78
20	9.94	6.99	5.82	5.17	4.76	4.47	4.26	4.09	3.96	3.85	3.68	3.50	3.32	3.22	3.12	3.02	2.92	2.81	2.69
21	9.83	6.89	5.73	5.09	4.68	4.39	4.18	4.01	3.88	3.77	3.60	3.43	3.24	3.15	3.05	2.95	2.84	2.73	2.61
22	9.73	6.81	5.65	5.02	4.61	4.32	4.11	3.94	3.81	3.70	3.54	3.36	3.18	3.08	2.98	2.88	2.77	2.66	2.55
23	9.63	6.73	5.58	4.95	4.54	4.26	4.05	3.88	3.75	3.64	3.47	3.30	3.12	3.02	2.92	2.82	2.71	2.60	2.48
24	9.55	6.66	5.52	4.89	4.49	4.20	3.99	3.83	3.69	3.59	3.42	3.25	3.06	2.97	2.87	2.77	2.66	2.55	2.43
25	9.48	6.60	5.46	4.84	4.43	4.15	3.94	3.78	3.64	3.54	3.37	3.20	3.01	2.92	2.82	2.72	2.61	2.50	2.38
26	9.41	6.54	5.41	4.79	4.38	4.10	3.89	3.73	3.60	3.49	3.33	3.15	2.97	2.87	2.77	2.67	2.56	2.45	2.33
27	9.34	6.49	5.36	4.74	4.34	4.06	3.85	3.69	3.56	3.45	3.28	3.11	2.93	2.83	2.73	2.63	2.52	2.41	2.29
28	9.28	6.44	5.32	4.70	4.30	4.02	3.81	3.65	3.52	3.41	3.25	3.07	2.89	2.79	2.69	2.59	2.48	2.37	2.25
29	9.23	6.40	5.28	4.66	4.26	3.98	3.77	3.61	3.48	3.38	3.21	3.04	2.86	2.76	2.66	2.56	2.45	2.33	2.21
30	9.18	6.35	5.24	4.62	4.23	3.95	3.74	3.58	3.45	3.34	3.18	3.01	2.82	2.73	2.63	2.52	2.42	2.30	2.18
40	8.83	6.07	4.98	4.37	3.99	3.71	3.51	3.35	3.22	3.12	2.95	2.78	2.60	2.50	2.40	2.30	2.18	2.06	1.93
60	8.49	5.79	4.73	4.14	3.76	3.49	3.29	3.13	3.01	2.90	2.74	2.57	2.39	2.29	2.19	2.08	1.96	1.83	1.69
120	8.18	5.54	4.50	3.92	3.55	3.28	3.09	2.93	2.81	2.71	2.54	2.37	2.19	2.09	1.98	1.87	1.75	1.61	1.43
∞	7.88	5.30	4.28	3.72	3.35	3.09	2.90	2.74	2.62	2.52	2.36	2.19	2.00	1.90	1.79	1.67	1.53	1.36	1.00

续表

$\alpha=0.001$

n_2\n_1	1	2	3	4	5	6	7	8	9	10	12	15	20	24	30	40	60	120	∞
1	4053†	5000†	5404†	5625†	5764†	5859†	5929†	5981†	6023†	6056†	6107†	6158†	6209†	6235†	6261†	6287†	6313†	6340†	6366†
2	998.5	999.0	999.2	999.2	999.3	999.3	999.4	999.4	999.4	999.4	999.4	999.4	999.4	999.5	999.5	999.5	999.5	999.5	999.5
3	167.0	148.5	141.1	137.1	134.6	132.8	131.6	130.6	129.9	129.2	128.3	127.4	126.4	125.9	125.4	125.0	124.5	124.0	123.5
4	74.14	61.25	56.18	53.44	51.71	50.53	49.66	49.00	48.47	48.05	47.41	46.76	46.10	45.77	45.43	45.09	44.75	44.40	44.05
5	47.18	37.12	33.20	31.09	29.75	28.84	28.16	27.64	27.24	26.92	26.42	25.91	25.39	25.14	24.87	24.60	24.33	24.06	23.79
6	35.51	27.00	23.70	21.92	20.81	20.03	19.46	19.03	18.69	18.41	17.99	17.56	17.12	16.89	16.67	16.44	16.21	15.99	15.75
7	29.25	21.69	18.77	17.19	16.21	15.52	15.02	14.63	14.33	14.08	13.71	13.32	12.93	12.73	12.53	12.33	12.12	11.91	11.70
8	25.42	18.49	15.83	14.39	13.49	12.86	12.40	12.04	11.77	11.54	11.19	10.84	10.48	10.30	10.11	9.92	9.73	9.53	9.33
9	22.86	16.39	13.90	12.56	11.71	11.13	10.70	10.37	10.11	9.89	9.57	9.24	8.90	8.72	8.55	8.37	8.19	8.00	7.81
10	21.04	14.91	12.55	11.28	10.48	9.92	9.52	9.20	8.96	8.75	8.45	8.13	7.80	7.64	7.47	7.30	7.12	6.94	6.76
11	19.69	13.81	11.56	10.35	9.58	9.05	8.66	8.35	8.12	7.92	7.63	7.32	7.01	6.85	6.68	6.52	6.35	6.17	6.00
12	18.64	12.97	10.80	9.63	8.89	8.38	8.00	7.71	7.48	7.29	7.00	6.71	6.40	6.25	6.09	5.93	5.76	5.59	5.42
13	17.81	12.31	10.21	9.07	8.35	7.86	7.49	7.21	6.98	6.80	6.52	6.23	5.93	5.78	5.63	5.47	5.30	5.14	4.97
14	17.14	11.78	9.73	8.62	7.92	7.43	7.08	6.80	6.58	6.40	6.13	5.85	5.56	5.41	5.25	5.10	4.94	4.77	4.60
15	16.59	11.34	9.34	8.25	7.57	7.09	6.74	6.47	6.26	6.08	5.81	5.54	5.25	5.10	4.95	4.80	4.64	4.47	4.31
16	16.12	10.97	9.00	7.94	7.27	6.81	6.46	6.19	5.98	5.81	5.55	5.27	4.99	4.85	4.70	4.54	4.39	4.23	4.06
17	15.72	10.66	8.73	7.68	7.02	6.56	6.22	5.96	5.75	5.58	5.32	5.05	4.78	4.63	4.48	4.33	4.18	4.02	3.85
18	15.38	10.39	8.49	7.46	6.81	6.35	6.02	5.76	5.56	5.39	5.13	4.87	4.59	4.45	4.30	4.15	4.00	3.84	3.67
19	15.08	10.16	8.28	7.26	6.62	6.18	5.85	5.59	5.39	5.22	4.97	4.70	4.43	4.29	4.14	3.99	3.84	3.68	3.51
20	14.82	9.95	8.10	7.10	6.46	6.02	5.69	5.44	5.24	5.08	4.82	4.56	4.29	4.15	4.00	3.86	3.70	3.54	3.38
21	14.59	9.77	7.94	6.95	6.32	5.88	5.56	5.31	5.11	4.95	4.70	4.44	4.17	4.03	3.88	3.74	3.58	3.42	3.26
22	14.38	9.61	7.80	6.81	6.19	5.76	5.44	5.19	4.99	4.83	4.58	4.33	4.06	3.92	3.78	3.63	3.48	3.32	3.15
23	14.19	9.47	7.67	6.69	6.08	5.65	5.33	5.09	4.89	4.73	4.48	4.23	3.96	3.82	3.68	3.53	3.38	3.22	3.05
24	14.03	9.34	7.55	6.59	5.98	5.55	5.23	4.99	4.80	4.64	4.39	4.14	3.87	3.74	3.59	3.45	3.29	3.14	2.97
25	13.88	9.22	7.45	6.49	5.88	5.46	5.15	4.91	4.71	4.56	4.31	4.06	3.79	3.66	3.52	3.37	3.22	3.06	2.89
26	13.74	9.12	7.36	6.41	5.80	5.38	5.07	4.83	4.64	4.48	4.24	3.99	3.72	3.59	3.44	3.30	3.15	2.99	2.82
27	13.61	9.02	7.27	6.33	5.73	5.31	5.00	4.76	4.57	4.41	4.17	3.92	3.66	3.52	3.38	3.23	3.08	2.92	2.75
28	13.50	8.93	7.19	6.25	5.66	5.24	4.93	4.69	4.50	4.35	4.11	3.86	3.60	3.46	3.32	3.18	3.02	2.86	2.69
29	13.39	8.85	7.12	6.19	5.59	5.18	4.87	4.64	4.45	4.29	4.05	3.80	3.54	3.41	3.27	3.12	2.97	2.81	2.64
30	13.29	8.77	7.05	6.12	5.53	5.12	4.82	4.58	4.39	4.24	4.00	3.75	3.49	3.36	3.22	3.07	2.92	2.76	2.59
40	12.61	8.25	6.60	5.70	5.13	4.73	4.44	4.21	4.02	3.87	3.64	3.40	3.15	3.01	2.87	2.73	2.57	2.41	2.23
60	11.97	7.76	6.17	5.31	4.76	4.37	4.09	3.87	3.69	3.54	3.31	3.08	2.83	2.69	2.55	2.41	2.25	2.08	1.89
120	11.38	7.32	5.79	4.95	4.42	4.04	3.77	3.55	3.38	3.24	3.02	2.78	2.53	2.40	2.26	2.11	1.95	1.76	1.54
∞	10.83	6.91	5.42	4.62	4.10	3.74	3.47	3.27	3.10	2.96	2.74	2.51	2.27	2.13	1.99	1.84	1.66	1.45	1.00

† 各方表示要将所列数乘以 100.

附录 B　习题答案

习题答案详见下方二维码.

习题答案